DRANG UND ZWANG

Eine höhere Festigkeitslehre für Ingenieure

Dritter Band

Der ebene Spannungszustand

Von

Dr. phil. Ludwig Föppl

o. Professor an der Technischen Hochschule München

Mit 82 Abbildungen im Text

MÜNCHEN 1947

LEIBNIZ VERLAG

(BISHER R. OLDENBOURG VERLAG)

DEM ANDENKEN

AN

MEINE BEIDEN MUTIGEN, TRAGISCH DAHINGESCHIEDENEN FREUNDE UND KOLLEGEN

CHRISTIAN PRINZ † 1933

HEINRICH SPANGENBERG † 1936

Inhaltsverzeichnis

Vorwort

Die Elastizitätstheorie hat in den letzten Jahren auf allen Teilgebieten große Fortschritte erzielt. Ganz besonders gilt dies von »Drang und Zwang« in der Ebene. Die Vereinfachungen, die der ebene Spannungs- und Formänderungszustand gegenüber dem räumlichen gestattet, legt es nahe, zuerst die einfacheren ebenen Probleme zu behandeln, bevor man sich an die entsprechenden räumlichen Probleme wagen kann.

Dem ebenen Spannungszustand ist in Band I von »Drang und Zwang« ein Abschnitt gewidmet. Bei Neuauflagen dieses Bandes war es aber nicht mehr möglich, die erforderlichen Ergänzungen, die dieser Abschnitt nötig gehabt hätte, um ihn einigermaßen auf den jetzigen Stand unseres Wissens zu vervollständigen, unterzubringen, und so entschloß ich mich, dafür einen besonderen Band des Gesamtwerkes bereitzustellen.

Bei der starken Entwicklung, in der die Elastizitätstheorie begriffen ist, liegt die Aufspaltung in einzelne Teilgebiete, die für sich den Umfang einzelner handlicher Bände füllen, nahe. Es ist dies bei den Abschnitten über die Platten und über die Schalen bereits früher geschehen, wenn man sich an das Buch von A. Nadai, »Elastische Platten«, Springer, Berlin 1925, und das Buch von W. Flügge, »Statik und Dynamik der Schalen«, Springer, Berlin 1934, erinnert. Zu diesen Einzeldarstellungen gesellt sich nunmehr der vorliegende 3. Band von »Drang und Zwang«.

Die große Entwicklung, die die ebene Spannungsoptik im letzten Jahrzehnt genommen hat, hat die Bedeutung von »Drang und Zwang« in der Ebene erneut unterstrichen. Es ist für die richtige Deutung und weitgehende Ausnützung der in der ebenen Spannungsoptik gewonnenen Bilder von größter Bedeutung, daß man die Theorie des ebenen Spannungszustandes beherrscht. Daher gebe ich mich der Hoffnung hin, daß die in diesem Buch behandelten Probleme und Aufgaben auch für die Weiterentwicklung der ebenen Spannungsoptik von Wert sein werden.

Zum Schluß möchte ich noch dankbar der Mithilfe bei diesem Buch Erwähnung tun, die in schwerer Zeit doppelt hoch anzuschlagen ist. Meine Tochter Friederike hat es sich nicht nehmen lassen, in ihrer Freizeit mein Manuskript auf der Maschine ins reine zu schreiben, wofür ich ihr auch an dieser Stelle herzlich danke. Mein Assistent Dr. G. Sonntag hat mich bei der Herstellung der zahlreichen Abbildungen wirksam unterstützt, und schließlich gilt mein Dank besonders noch der Verlagsbuchhandlung, die allen Schwierigkeiten zum Trotz alles darangesetzt hat, das Buch herauszubringen.

Ammerland im August 1946.

L. Föppl.

I. Abschnitt

Allgemeine Grundlagen des ebenen Spannungs- und Formänderungszustandes

§ 1. Die elastischen Grundgleichungen für den ebenen Spannungszustand

Eine Scheibe von überall gleicher Dicke werde durch Kräfte, die in der Scheibenebene wirken und über die Dicke der Scheibe gleichmäßig verteilt sein sollen, elastisch beansprucht. Für irgendeinen Schnitt senkrecht zur Scheibenebene sind die dort übertragenen Spannungen ebenso wie die an der Scheibe angreifenden Kräfte über die Dicke der Scheibe gleichmäßig verteilt. Wir sprechen dann von einem ebenen Spannungszustand.

Die Dicke der Scheibe vor der Beanspruchung wollen wir stets gleich der Einheit setzen. Legen wir ein rechtwinkliges x-y-Koordinatensystem in die Mittelebene der Scheibe und denken uns ein kleines Element $dx \cdot dy$ herausgeschnitten, so müssen die an den vier Schnittflächen auftretenden Spannungen im Gleichgewicht stehen. Dies gilt allerdings nur unter der Voraussetzung, daß das Eigengewicht des Körperteilchens gegenüber diesen Spannungen und ihren Ableitungen vernachlässigbar klein ist. Im allgemeinen trifft dies zu und wir wollen es auch weiterhin voraussetzen. Wenn ausnahmsweise Gewichtskräfte oder andere Massenkräfte wie Zentrifugalkräfte zu berücksichtigen sind, wird darauf besonders hingewiesen werden (s. VIII. Abschnitt). Wenn wir nunmehr das Gleichgewicht der Spannungen am Element $dx\,dy$ zum Ausdruck bringen wollen (s. Bild 1), so ist zunächst darauf hinzuweisen, daß die Schubspannungen τ in senkrechten Schnitten einander gleich sein müssen. Es folgt dies aus dem Momentengleichgewicht der am Körper angreifenden Spannungen für eine Achse, die senkrecht zur xy-Ebene steht. Legt man diese Achse durch den Schwerpunkt des Teilchens, so daß die Normalspannungen σ kein Moment ergeben,

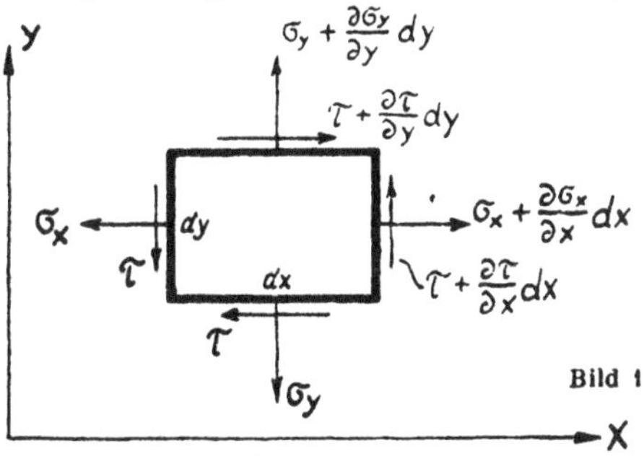

Bild 1

so erhält man bis auf Größen höherer Ordnung ein im Uhrzeigersinn drehendes Moment von der Größe $\tau\, dx\, dy$, das von den an dx angreifenden Schubspannungen τ herrührt. Damit die an den Seiten dy angreifenden Schubspannungen ein gleich großes entgegengesetzt drehendes Moment ergeben, müssen die dort übertragenen Schubspannungen denselben Wert τ haben. Dabei darf man von dem unendlich kleinen Zuwachs $\frac{\partial \tau}{\partial x} dx$ der Schubspannungen beim Fortschreiten um dx absehen, da ihr Beitrag zum Moment von höherer Ordnung unendlich klein ist und daher beim Grenzübergang zu unendlich kleinen Abmessungen dx, dy wegfällt.

Für das Gleichgewicht der Spannungen parallel zur x- und y-Achse kommt es gerade auf die unendlich kleinen Zuwächse der Spannungen beim Fortschreiten um dx und dy an, da die von den endlichen Spannungen σ_x, σ_y und τ herrührenden Anteile in den Gleichgewichtsgleichungen sich gegenseitig aufheben. Streicht man noch den gemeinsamen Faktor $dx\, dy$, so lauten die beiden Gleichungen, die das Gleichgewicht der Spannungen in der x- bzw. y-Richtung ausdrücken, folgendermaßen:

$$\left.\begin{aligned} \frac{\partial \sigma_x}{\partial x} + \frac{\partial \tau}{\partial y} = 0 \\ \frac{\partial \sigma_y}{\partial y} + \frac{\partial \tau}{\partial x} = 0 \end{aligned}\right\} \quad \ldots\ldots\ldots\ldots \quad (1)$$

Was die Festsetzung des positiven Vorzeichens der Spannungen betrifft, so liegt dies hinsichtlich der Normalspannungen σ_x und σ_y von vornherein fest, indem Zugspannungen das positive und Druckspannungen das negative Vorzeichen erhalten; dagegen ergibt eine Umkehrung des Pfeiles der Schubspannungen τ keine Änderung in der Art der Beanspruchung des Werkstoffes, so daß wir willkürlich das positive Vorzeichen der Schubspannungen festlegen können. Wir wollen das positive Vorzeichen der Schubspannungen τ so festlegen, wie es aus Bild 1 hervorgeht. Dann tritt in den Gl. (1) das positive Vorzeichen vor dem Differentialquotienten $\frac{\partial \tau}{\partial x}$ und $\frac{\partial \tau}{\partial y}$ auf. An dieser Vorzeichenfestsetzung der Schubspannungen wollen wir stets festhalten.

Mit den beiden Gl. (1) sind die statischen Gleichgewichtsgleichungen erschöpft. Da für die 3 Unbekannten σ_x, σ_y und τ nur die beiden Gleichgewichtsgleichungen (1) gelten, lassen sich die Spannungen hieraus nicht berechnen. Dazu fehlt noch eine dritte Gleichung. Diese hängt von dem Verhalten des Werkstoffes gegenüber den Spannungen ab. Solange sich der Werkstoff rein elastisch verformt, so daß die Formänderung bei der Entlastung wieder vollständig zurückgeht, liegen die Verhältnisse ganz anders, als wenn plastische Formänderungen eintreten. Mit Rücksicht darauf, daß rein elastische Formänderung bei allen praktischen Aufgaben der Festigkeitslehre angestrebt wird, setzen wir fürs weitere stets diesen Fall voraus, wenn nichts anderes erwähnt wird.

Die vorausgesetzte elastische Formänderung kommt im Hookeschen Gesetz zum Ausdruck, das für den ebenen Spannungszustand folgendermaßen lautet:

$$\left.\begin{aligned} \varepsilon_x &= \frac{\partial \xi}{\partial x} = \frac{1}{E}\left(\sigma_x - \frac{1}{m}\sigma_y\right) \\ \varepsilon_y &= \frac{\partial \eta}{\partial y} = \frac{1}{E}\left(\sigma_y - \frac{1}{m}\sigma_x\right) \\ \gamma &= \frac{\partial \eta}{\partial x} + \frac{\partial \xi}{\partial y} = \frac{\tau}{G} \end{aligned}\right\} \quad \ldots\ldots\ldots \quad (2)$$

Darin bedeuten ξ und η die Verschiebungen des betreffenden Punktes der Ebene parallel zur x- bzw. y-Achse, ε_x und ε_y die entsprechenden Dehnungen, γ die durch die Schubspannungen τ hervorgerufene Winkeländerung des rechten Winkels parallel zur x- und y-Achse und E bzw. G die beiden Elastizitätsmoduln sowie $\frac{1}{m}$ die Poissonsche Konstante der Querdehnung.

Man könnte nun so vorgehen, daß man aus den Gl. (2) die 3 Spannungen σ_x, σ_y und τ durch die Verschiebungsgrößen ξ und η ausdrückt und in die beiden Gl. (1) einsetzt. Man würde damit zwei Gleichungen für die beiden Größen ξ und η erhalten. Mit Rücksicht auf die Anwendungen, bei denen in erster Linie nach den auftretenden Spannungen gefragt wird und auch an den Begrenzungen des Körpers gewöhnlich die Spannungen gegeben sind, ist dieser Übergang zu den Formänderungsgrößen ξ und η unzweckmäßig. Wir versuchen daher, außer den beiden Spannungsgleichungen (1) mit Hilfe der Gl. (2) eine dritte Gleichung zwischen den 3 Spannungen zu gewinnen. Zu diesem Zweck leiten wir aus den Gl. (2) die Verträglichkeitsgleichung zwischen den Verzerrungen ε_x, ε_y und γ ab:

$$\frac{\partial^2 \varepsilon_x}{\partial y^2} + \frac{\partial^2 \varepsilon_y}{\partial x^2} = \frac{\partial^2 \gamma}{\partial x\, \partial y} \quad \ldots\ldots\ldots \quad (3)$$

von deren Richtigkeit man sich durch Einsetzen der Werte von ε_x, ε_y und γ in ξ und η nach den Gl. (2) überzeugt. Ersetzt man in Gl. (3) die Verzerrungen ε_x, ε_y und γ durch die Spannungen nach den Gl. (2), so erhält man

$$\frac{1}{E}\left(\frac{\partial^2 \sigma_x}{\partial y^2} - \frac{1}{m}\frac{\partial^2 \sigma_y}{\partial y^2} + \frac{\partial^2 \sigma_y}{\partial x^2} - \frac{1}{m}\frac{\partial^2 \sigma_x}{\partial x^2}\right) = \frac{1}{G}\frac{\partial^2 \tau}{\partial x\, \partial y} = -\frac{1}{2G}\left(\frac{\partial^2 \sigma_x}{\partial x^2} + \frac{\partial^2 \sigma_y}{\partial y^2}\right),$$

wobei sich die rechte Seite der Gleichung wegen der Gleichgewichtsbedingungen (1) in der angegebenen Weise umschreiben läßt. Berücksichtigt man noch die bekannte Beziehung

$$G = E \frac{m}{2(m+1)} \quad \ldots \ldots \ldots \ldots \quad (4)$$

so erhält man nach einfacher Umformung:

$$\frac{\partial^2}{\partial x^2}(\sigma_x + \sigma_y) + \frac{\partial^2}{\partial y^2}(\sigma_x + \sigma_y) = 0 \quad \ldots \ldots \quad (5)$$

wofür man unter Verwendung des Laplaceschen Operators $\Delta = \frac{\partial^2}{\partial x^2} + \frac{\partial^2}{\partial y^2}$ auch schreiben kann

$$\Delta(\sigma_x + \sigma_y) = 0 \quad \ldots \ldots \ldots \ldots \quad (5a)$$

Dies ist die gesuchte dritte Gleichung für die Spannungen, die neben die beiden Gleichgewichtsgleichungen (1) tritt. Der elastische ebene Spannungszustand ist demnach auf das folgende Gleichungssystem zurückgeführt worden:

$$\left.\begin{aligned} \frac{\partial \sigma_x}{\partial x} + \frac{\partial \tau}{\partial y} &= 0 \\ \frac{\partial \sigma_y}{\partial y} + \frac{\partial \tau}{\partial x} &= 0 \\ \left(\frac{\partial^2}{\partial x^2} + \frac{\partial^2}{\partial y^2}\right)(\sigma_x + \sigma_y) &= 0 \end{aligned}\right\} \quad \ldots \ldots \ldots \quad (6)$$

Wir wollen nun zeigen, daß dasselbe Gleichungssystem auch für den ebenen Formänderungszustand Geltung behält. Letzterer, den man auch als ebenen Verzerrungszustand bezeichnet, ist dadurch gekennzeichnet, daß alle Verschiebungen und Verzerrungen parallel der xy-Ebene erfolgen und keine Verschiebungen ζ senkrecht zu dieser Ebene, also parallel der z-Achse, auftreten. Beim ebenen Spannungszustand treten Verschiebungen parallel zur z-Achse auf, die sich aus

$$\varepsilon_z = \frac{\partial \zeta}{\partial z} = -\frac{1}{mE}(\sigma_x + \sigma_y) \quad \ldots \ldots \ldots \quad (7)$$

berechnen lassen, sobald die Spannungen σ_x und σ_y bekannt sind. Damit beim ebenen Formänderungszustand $\varepsilon_z = \frac{1}{E}\left(\sigma_z - \frac{\sigma_x + \sigma_y}{m}\right)$ überall verschwindet, müssen Spannungen σ_z senkrecht zur Ebene des Formänderungszustandes vorhanden sein von der Größe

$$\sigma_z = \frac{1}{m}(\sigma_x + \sigma_y) \quad \ldots \ldots \ldots \ldots \quad (8)$$

Durch diese Spannungen σ_z unterscheidet sich der ebene Formänderungszustand vom ebenen Spannungszustand. Für beide gilt im übrigen das Gleichungssystem der Gl. (6).

Ein ebener Formänderungszustand liegt z. B. bei einer Walze vor, die längs ihrer Erzeugenden gleichmäßig belastet ist, wenigstens wenn man von den beiden Enden der Walze absieht, wo sich wegen der freien Endquerschnitte kein ebener Formänderungszustand ausbilden kann; dagegen besteht er im mittleren Teil der Walze, da dort die Querschnitte der Walze eben bleiben müssen. Dasselbe gilt für den Spannungszustand in einer geraden Staumauer, die einem einseitigen Wasserdruck unterworfen ist. Dagegen tritt der ebene Spannungszustand bei allen Aufgaben über die Berechnung dünner Scheiben auf, die in der Scheibenebene belastet sind. Da mit jeder Lösung einer Aufgabe des ebenen Spannungszustandes zugleich die entsprechende Aufgabe des ebenen Formänderungszustandes mit gelöst ist, brauchen wir im allgemeinen keinen Unterschied zwischen beiden Aufgaben zu machen. Wir werden daher im folgenden in der Regel vom ebenen Spannungszustand allein sprechen.

§ 2. Die Airysche Spannungsfunktion

Wir wollen nun der Frage nähertreten, wie man das Gleichungssystem (6), das für den ebenen Spannungszustand charakteristisch ist, am zweckmäßigsten löst. Dabei fällt zunächst auf, daß in diesen Gleichungen die elastischen Konstanten E und $\frac{1}{m}$ überhaupt nicht vorkommen. Im allgemeinen dürften daher auch in der Lösung dieser Gleichungen bei gegebenen Randbedingungen die elastischen Konstanten nicht auftreten; d. h. die Spannungen σ_x, σ_y und τ müßten unabhängig von E und $\frac{1}{m}$ sein. Dies trifft in der Tat in den meisten Fällen zu. Es gibt aber Ausnahmefälle bei mehrfach zusammenhängenden ebenen Scheiben, wo die Spannungen zwar auch nicht vom Elastizitätsmodul E, wohl aber von der Poissonschen Konstanten $\frac{1}{m}$ abhängen. Ein solcher Ausnahmefall wird in § 23 behandelt.

Die Lösung der Gl. (6) erfolgt am übersichtlichsten durch Einführung der Airyschen Spannungsfunktion $F(xy)$, die mit den Spannungen folgendermaßen zusammenhängt:

$$\sigma_x = \frac{\partial^2 F}{\partial y^2}; \quad \sigma_y = \frac{\partial^2 F}{\partial x^2}; \quad \tau = -\frac{\partial^2 F}{\partial x\,\partial y} \quad . \quad . \quad . \quad . \quad . \quad (9)$$

Mit diesem Ansatz werden die ersten beiden Gl. (6) identisch befriedigt, während die dritte übergeht in

$$\Delta\Delta F \equiv \frac{\partial^4 F}{\partial x^4} + 2\frac{\partial^4 F}{\partial x^2\,\partial y^2} + \frac{\partial^4 F}{\partial y^4} = 0 \quad . \quad . \quad . \quad . \quad . \quad (10)$$

An Stelle der Gl. (6) sind demnach die ihnen gleichwertigen Gl. (9) und (10) getreten. Die für das ebene elastische Spannungsproblem charakteristische Gl. (10) ist die bekannte Differentialgleichung des Bipotentials. Es handelt sich demnach bei allen Aufgaben ebener Spannungszustände um die Lösung der Differentialgleichung (10) bei vorgegebenen Randbedingungen. Gerade die Einhaltung der Randbedingungen, d. h. die Anpassung der Lösung an die geforderten Randbedingungen macht die Hauptschwierigkeit. Wir werden auf die Randbedingung weiter unten zurückkommen. Was die allgemeine Lösung von Gl. (10) betrifft, so läßt sie sich in folgender Form angeben:

$$F = \varphi_0(xy) + x\varphi_1(xy) + y\psi_1(xy) + (x^2 + y^2)(\varphi_2(xy) + \psi_2(xy)) \qquad (11)$$

worin φ_0, φ_1, ψ_1, φ_2, ψ_2 Lösungen der einfachen Potentialgleichung

$$\Delta\varphi = 0; \quad \Delta\psi = 0 \quad \ldots\ldots\ldots\ldots \quad (12)$$

bedeuten sollen. Durch Einsetzen von F nach Ansatz (11) in die Bipotentialgleichung (10) kann man zeigen, daß letztere durch diesen Ansatz in der Tat befriedigt wird. Es gilt aber auch das Umgekehrte, daß sich jede Bipotentialfunktion F durch Potentialfunktionen φ und ψ nach Ansatz (11) ausdrücken läßt. Man kann sogar zeigen, daß sich jede Bipotentialfunktion und damit jede Airysche Spannungsfunktion F in jede der folgenden Formen darstellen läßt:

$$F_1 = \varphi_0 + x\psi_0; \quad F_2 = \varphi_1 + y\psi_1; \quad F_3 = \varphi_2 + (x^2 + y^2)\psi_2 \qquad (13)$$

Der mathematische Beweis dieser Tatsache ist für unsere weiteren Betrachtungen nicht notwendig und wird daher hier unterdrückt[1]).

Da wir unendlich viele Lösungen der Potentialgleichung (12) kennen, können wir auch beliebig viele Lösungen der Bipotentialgleichung (10) mit Hilfe des Ansatzes (11) angeben. Jeder dieser Lösungen ist nach Gl. (9) ein ebener Spannungszustand zugeordnet. Praktisch liegt die Aufgabe aber umgekehrt, indem die Lösung der Bipotentialgleichung gesucht wird, die gegebenen Randbedingungen an vorgegebenen Rändern genügen muß.

Was diese Randbedingungen betrifft, so fordern sie in der Regel an den Rändern der Scheibe bestimmte Werte der Normalspannungen σ_0 und der Schubspannungen τ_0 entsprechend der vorgeschriebenen Belastung der Scheibe. Um zu zeigen, wie sich die Randbedingungen in der Airyschen Spannungsfunktion F ausdrücken lassen, betrachten wir ein Element ds des Scheibenrandes, an dem als äußere Belastung p_x bzw. p_y, bezogen auf die Längeneinheit des Randes, parallel zur x- bzw. y-Achse angreifen soll. Das Gleichgewicht in der x- und y-Richtung verlangt

$$\sigma_x\,dy - \tau\,dx = p_x\,ds;$$
$$\sigma_y\,dx - \tau\,dy = -p_y\,ds;$$

---

[1]) Biezeno-Grammel, Technische Dynamik, Springer, Berlin 1939, I. Abschnitt, III. Kap., S. 126.

oder nach Einführung der Airyschen Spannungsfunktion F gemäß Gl. (9):

$$\left.\begin{aligned}\frac{\partial^2 F}{\partial y^2}dy+\frac{\partial^2 F}{\partial x\,\partial y}dx=d\left(\frac{\partial F}{\partial y}\right)=p_x\,ds\\ \frac{\partial^2 F}{\partial x^2}dx+\frac{\partial^2 F}{\partial x\,\partial y}dy=d\left(\frac{\partial F}{\partial x}\right)=-p_y\,ds\end{aligned}\right\}\quad\ldots\ldots\ (14)$$

Wählt man irgendeinen Randpunkt als Nullpunkt und integriert längs des Randes s, so folgt daraus:

$$\left.\begin{aligned}\frac{\partial F}{\partial y}&=\int_0^s p_x\,ds+C_1\\ \frac{\partial F}{\partial x}&=-\int_0^s p_y\,ds+C_2\end{aligned}\right\}\quad\ldots\ldots\ldots\ (15\text{a})$$

Da p_x und p_y längs des Randes gegeben sind, so sind auch die vorstehenden Integrale als bekannt anzusehen. Wir setzen dementsprechend

$$\int_0^s p_y\,ds=F_1(s)\quad\text{und}\quad\int_0^s p_x\,ds=F_2(s)\quad\ldots\ldots\ (15\text{b})$$

in die letzten Gleichungen ein und erhalten damit:

$$F\equiv\int_0^s\left(\frac{\partial F}{\partial x}dx+\frac{\partial F}{\partial y}dy\right)=$$

$$=\int_0^s[-F_1(s)\,dx+F_2(s)\,dy]+C_1(x-x_0)+C_2(y-y_0)+C_3,$$

worin x_0 und y_0 die Koordinaten des Nullpunktes bedeuten. C_3 ist die bei der zweiten Integration neu hinzutretende Konstante. Da die Spannungen von den zweiten Differentialquotienten abhängen, kann man die in x und y linearen Glieder in der Spannungsfunktion weglassen. Für den einfach zusammenhängenden Rand kann man demnach schreiben

$$F=\int_0^s[-F_1\,dx+F_2\,dy]\quad\ldots\ldots\ldots\ (16)$$

woraus durch partielle Integration folgt:

$$F=[-F_1x+F_2y]_0^s+\int_0^s(x\,dF_1-y\,dF_2)$$

und daraus unter Berücksichtigung der Gl. (15a) und (15b)

$$F=-x_s\int_0^s p_y\,ds+y_s\int_0^s p_x\,ds+\int_0^s(x\,p_y-y\,p_x)\,ds=$$

$$=\int_0^s(x-x_s)\,p_y\,ds-\int_0^s(y-y_s)\,p_x\,ds\quad(17)$$

Damit ist aber F überall am Rand bekannt, und zwar stellt es, wie aus der rechten Seite der letzten Gleichung hervorgeht, das Moment der am Randbogen von o bis s auftretenden äußeren Lasten für den Punkt s als Momentenpunkt dar.

Außer F selbst ist aber mit den Randbeanspruchungen σ_0, τ_0 bzw. p_x, p_y auch die Ableitung von F nach der äußeren Normalen zum Rand, $\frac{\partial F}{\partial n}$ am ganzen Rand bekannt. Um dies zu zeigen, bilden wir unter Berücksichtigung von Bild 2

$$\frac{\partial F}{\partial n} = \frac{\partial F}{\partial x}\frac{\partial x}{\partial n} + \frac{\partial F}{\partial y}\frac{\partial y}{\partial n} = \frac{\partial F}{\partial x}\sin\alpha - \frac{\partial F}{\partial y}\cos\alpha,$$

woraus wegen Gl. (15a) und (15b) folgt:

$$\frac{\partial F}{\partial n} = (-F_1(s) + C_1)\sin\alpha - (F_2(s) + C_2)\cos\alpha.$$

Beim einfach zusammenhängenden Rand darf wieder C_1 und C_2 gleich Null gesetzt werden und es bleibt dann

$$\frac{\partial F}{\partial n} = -F_1(s)\sin\alpha - F_2(s)\cos\alpha = -\sin\alpha\int_0^s p_y\,ds - \cos\alpha\int_0^s p_x\,ds, \quad (18)$$

wobei α den Neigungswinkel der Tangente am Randpunkt s gegen die x-Achse bedeutet (s. Bild 2). $\frac{\partial F}{\partial n}$ kann demnach gedeutet werden als die Projektion der am Rand von o bis s angreifenden äußeren Kräfte auf die Randtangente im Punkte s. Somit ist bewiesen, daß ebenso wie F auch $\frac{\partial F}{\partial n}$ überall am Rand bekannt ist. Rein mathematisch läßt sich die Ermittelung des ebenen Spannungszustandes demnach auf die Lösung der Bipotentialgleichung (10) bei bekannten Werten F und $\frac{\partial F}{\partial n}$

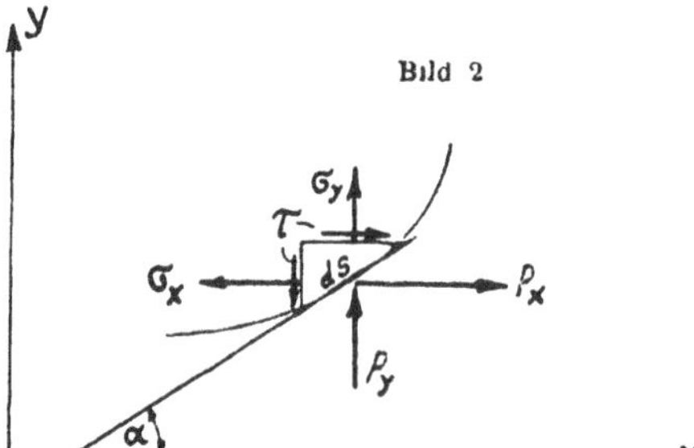

längs des Randes zurückführen. Da sich aber die Randwerte von F und $\frac{\partial F}{\partial n}$, wie wir gesehen haben, nicht in einfacher Weise durch die gegebene

Belastung des Randes ausdrücken lassen, macht man von dieser Möglichkeit der Lösung wenig Gebrauch. Man sucht vielmehr, die Randbedingungen durch die zweiten Differentialquotienten der Airyschen Spannungsfunktion am Rand, die in die gegebenen Randspannungen übergehen müssen, zu befriedigen. Zu diesem Zweck denkt man sich die gegebene Randbelastung in eine Belastung σ_0 normal zum Rand und eine τ_0 tangential zum Rand zerlegt; dann drücken sich die Randbedingungen in der Airyschen Spannungsfunktion gemäß Gl. (9) folgendermaßen aus:

$$\frac{\partial^2 F}{\partial s^2} = \sigma_0; \quad \frac{\partial^2 F}{\partial s \, \partial n} = -\tau_0 \qquad (19)$$

Dabei ist zu beachten, daß $\frac{\partial^2 F}{\partial s^2}$ den zweiten Differentialquotienten in Richtung der Tangente im betrachteten Randpunkt bedeutet ohne Rücksicht auf die Krümmung der Randlinie. Auf den Zusammenhang dieses zweiten Differentialquotienten in Richtung der Tangente mit dem auf die gekrümmte Randlinie bezogenen zweiten Differentialquotienten wird später eingegangen werden.

Zum Schluß unserer allgemeinen Betrachtungen zur Airyschen Spannungsfunktion soll noch der lastfreie Rand besprochen werden. Für ihn ist $p_x = 0$ und $p_y = 0$. Infolgedessen ist nach Gl. (17) und (18) dort überall $F = 0$ und $\frac{\partial F}{\partial n} = 0$ und damit auch $\frac{\partial F}{\partial s} = 0$ und schließlich wegen Gl. (15a) $\frac{\partial F}{\partial x} = C_1$ und $\frac{\partial F}{\partial y} = C_2$, wobei diese Konstanten unter Umständen auch gleich Null zu setzen sind. Da bei den meisten Aufgaben zum ebenen Spannungszustand lastfreie Ränder auftreten, sind diese einfachen Randbedingungen für F zur Aufstellung der Lösung von großem Nutzen.

§ 3. Einfache Beispiele von Airyschen Spannungsfunktionen

Der in Bild 3 dargestellte Streifen von beliebiger Länge und überall gleicher Dicke, die gleich 1 gesetzt ist, wird gleichmäßig auf Zug beansprucht. Die zugehörige Airysche Spannungsfunktion lautet offenbar

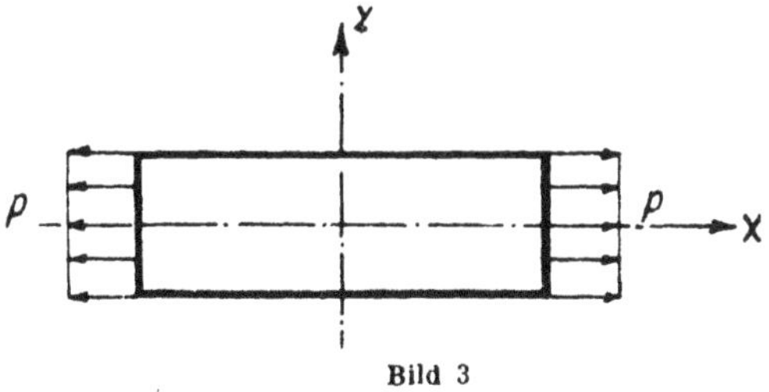

Bild 3

$$F = \frac{p}{2} y^2, \qquad (20)$$

da sie einerseits der Gleichung $\Delta \Delta F = 0$ genügt und andererseits die

Grenzbedingungen erfüllt wegen:

$$\sigma_x = \frac{\partial^2 F}{\partial y^2} = p; \quad \sigma_y = \frac{\partial^2 F}{\partial x^2} = 0; \quad \tau = -\frac{\partial^2 F}{\partial x \, \partial y} = 0 \quad . \quad . \quad . \quad (21)$$

Durch Überlagerung zweier einachsiger Spannungszustände in zwei zueinander senkrechten Richtungen erhält man für den ebenen homogenen Spannungszustand nach Bild 4

$$F = \frac{1}{2}(p\,y^2 + q\,x^2); \quad . \quad . \quad . \quad . \quad . \quad . \quad . \quad . \quad . \quad (22)$$

woraus

$$\sigma_x = \frac{\partial^2 F}{\partial y^2} = p; \quad \sigma_y = \frac{\partial^2 F}{\partial x^2} = q; \quad \tau = -\frac{\partial^2 F}{\partial x \, \partial y} = 0 \quad . \quad . \quad (23)$$

folgt.

Als weiteres Beispiel einer einfachen Spannungsfunktion wollen wir die Funktion

$$F = c\,y^3 \quad . \quad . \quad . \quad (24)$$

untersuchen. Da sie die Gleichung $\Delta \Delta F = 0$ befriedigt, ist sie eine Airysche Spannungsfunktion. Wegen

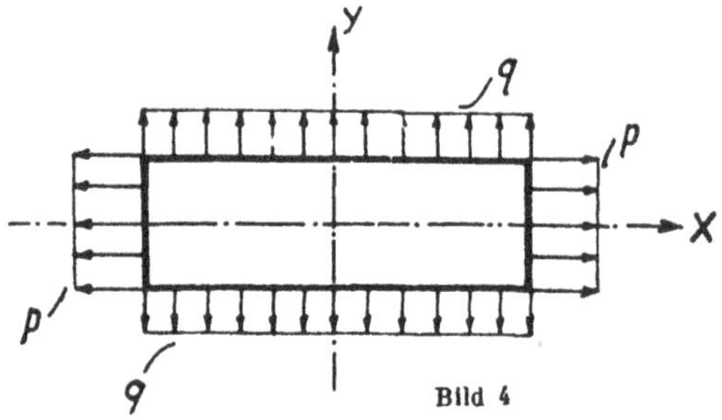

Bild 4

$$\sigma_x = \frac{\partial^2 F}{\partial y^2} = 6\,c\,y; \quad \sigma_y = \frac{\partial^2 F}{\partial x^2} = 0; \quad \tau = -\frac{\partial^2 F}{\partial x \, \partial y} = 0 \quad . \quad . \quad (25)$$

entspricht ihr der durch Bild 5 wiedergegebene Spannungszustand eines auf reine Biegung beanspruchten Streifens von beliebiger Länge. Das Biegungsmoment M_0 ist der Konstante c proportional:

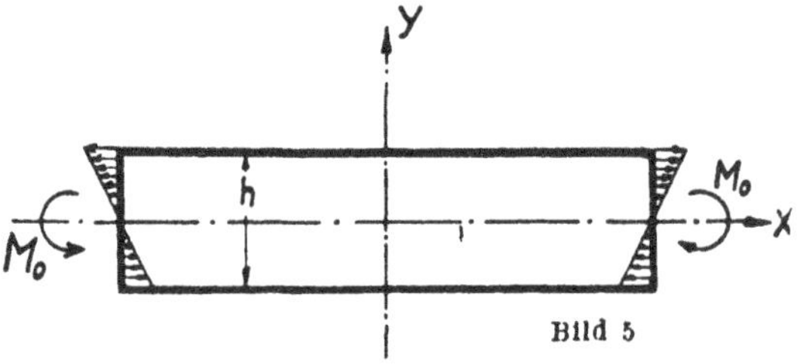

Bild 5

$$M_0 = \int_{-\frac{h}{2}}^{+\frac{h}{2}} \sigma_x\,y\,dy = 6\,c \int_{-\frac{h}{2}}^{+\frac{h}{2}} y^2\,dy = c\,\frac{h^3}{2},$$

so daß $c = \frac{2\,M_0}{h^3}$ ist. Die Biegungsspannungen σ sind über den Querschnitt geradlinig verteilt, wie es die elementare Biegungslehre voraussetzt. Wie wir weiter unten sehen werden, gilt diese lineare Verteilung der Biegungsspannungen beim Balken nicht in allen Fällen.

Da dieser Zustand der reinen Biegung sich leicht verwirklichen läßt, wird er in der Spannungsoptik zur Eichung des Modellwerkstoffes verwendet. Es ist einfacher, diesen Spannungszustand der reinen Biegung herzustellen, als den des reinen Zuges oder Druckes.

Wir wollen nun die folgende Funktion untersuchen:

$$F = c\left[\frac{3}{4} h^2 x y + y^3 (l - x)\right] \quad \ldots\ldots\ldots (26)$$

Daraus folgt:

$$\left.\begin{aligned} \sigma_x &= \frac{\partial^2 F}{\partial y^2} = 6 c y (l - x) \\ \sigma_y &= \frac{\partial^2 F}{\partial x^2} = 0 \\ \tau &= -\frac{\partial^2 F}{\partial x \partial y} = -\frac{3}{4} c h^2 + 3 c y^2 \end{aligned}\right\} \quad \ldots\ldots (27)$$

Zunächst folgt hieraus

$$\Delta \Delta F = \left(\frac{\partial^2}{\partial x^2} + \frac{\partial^2}{\partial y^2}\right)(6 c l y - 6 c x y) = 0, \quad \ldots\ldots (28)$$

so daß F eine Airysche Spannungsfunktion darstellt. Die durch Gl. (27) wiedergegebene Spannungsverteilung gehört zu einem einseitig eingespannten Balken von der Länge l, der am freien Ende durch eine Last Q belastet wird (s. Bild 6). Wie aus der Formel für σ_x folgt, ist die Verteilung der Biegungsspannungen über den Querschnitt linear. Die Schubspannungen verteilen sich über den Querschnitt nach einer Parabel, wie es auch die elementare Biegungslehre verlangt. Die Resultierende der Schubspannungen im Querschnitt muß Q ergeben:

Bild 6

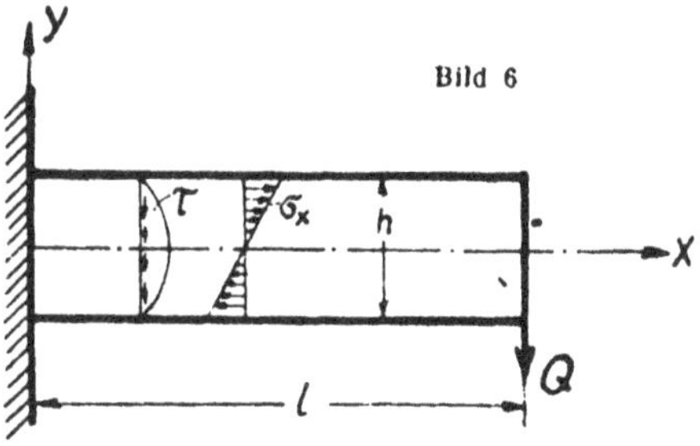

$$Q = \int\limits_{y=-\frac{h}{2}}^{+\frac{h}{2}} \tau\, d y = -\frac{3}{4} c h^3 + 3 c \int\limits_{-\frac{h}{2}}^{+\frac{h}{2}} y^2 d y = -\frac{3}{4} c h^3 + \frac{1}{4} c h^3 = -\frac{1}{2} c h^3,$$

so daß sich die Konstante c berechnet zu

$$c = -\frac{2 Q}{h^3}.$$

Am freien Ende, wo die äußere Kraft Q angreift, müßte sich streng genommen die Belastung ebenso parabolisch über den Querschnitt verteilen wie die Schubspannungen τ für die inneren Querschnitte. Da aber die äußere Kraft im allgemeinen nicht in der vorgeschriebenen Weise angreift, liegt in diesem Fall eine Verletzung der Grenzbedingung am freien Ende vor. Diese Unstimmigkeit beeinflußt aber nur den Spannungszustand in der unmittelbaren Umgebung des freien Endes und macht sich in einem Abstand vom freien Ende, der etwa gleich der Höhe des Querschnitts ist, praktisch nicht mehr bemerkbar. Diese Aussage stützt sich auf Erfahrungen, die in dem sog. St. Venantschen Prinzip ihren Ausdruck erhalten. Dieses Prinzip spricht die elastische Gleichwertigkeit statisch gleichwertiger Kräftesysteme aus. Mit anderen Worten: zwei Kräftesysteme von gleicher resultierender Kraft und gleichem resultierendem Moment ergeben die gleiche Spannungsverteilung in einigem Abstand von ihrem Angriffsgebiet. Von diesem Prinzip werden wir noch häufig Gebrauch machen.

In die Gruppe der bisher behandelten Beispiele gehört auch der beiderseits aufliegende, gleichmäßig belastete Balken nach Bild 7. Der Querschnitt des Balkens ist ein Rechteck von der Breite $b = 1$. Die Lösung hat Menager 1901 gefunden. Die zugehörige Spannungsfunktion lautet

$$F = \frac{2p}{h^3}\left[-\frac{y^5}{10} + \frac{1}{2}x^2y^3 - \frac{l}{2}xy^3 + \frac{h^2}{20}y^3 - \frac{3}{8}h^2x^2y + \frac{3}{8}h^2lxy - \frac{h^3}{8}x^2\right] \quad \ldots\ldots (29)$$

woraus die Spannungen folgen:

$$\left.\begin{aligned} \sigma_x &= \frac{\partial^2 F}{\partial y^2} = \frac{2p}{h^3}\left(3x^2 - 3lx - 2y^2 + \frac{3}{10}h^2\right)y; \\ \sigma_y &= \frac{\partial^2 F}{\partial x^2} = \frac{2p}{h^3}\left(y^3 - \frac{3}{4}h^2y - \frac{h^3}{4}\right); \\ \tau &= -\frac{\partial^2 F}{\partial x\,\partial y} = \frac{6p}{h^3}\left(\frac{l}{2} - x\right)\left(y^2 - \frac{h^2}{4}\right) \end{aligned}\right\} \quad \ldots (30)$$

Man entnimmt aus diesen Werten, daß $\Delta\,(\sigma_x + \sigma_y) = 0$ und damit $\Delta\,\Delta F = 0$ ist. Die Biegungsspannungen σ_x sind hier nicht mehr linear über die Querschnitte verteilt, da in der Klammer von σ_x das Glied $-2\,y^2$ auftritt. Dieses Glied stellt eine Korrektur der strengen Theorie gegenüber der elementaren dar, die das Geradliniengesetz der Biegungsspannungen voraussetzt. Es macht aber bei einigermaßen langen Balken nur wenig aus.

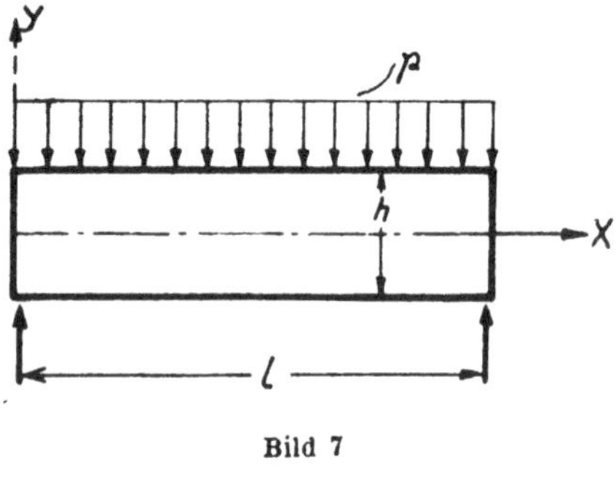

Bild 7

Was die Grenzbedingungen betrifft, so werden sie an den Grenzen $y = \pm \frac{h}{2}$ richtig wiedergegeben, wie die vorstehenden Ausdrücke für σ_y und τ zeigen. An den Begrenzungen durch die Querschnitte $x = 0$ und $x = l$ liefern die Schubspannungen τ auch die richtigen resultierenden Auflagerkräfte $\frac{pl}{2}$ Die einzige Unstimmigkeit ist, daß in den beiden Endquerschnitten nach der ersten der Gl. (30) auch noch Spannungen σ_x auftreten. Wie sich aber durch einfache Integration über die Endquerschnitte zeigen läßt, ist sowohl die Resultierende der σ_x als auch ihr resultierendes Moment für beide Endquerschnitte Null. Nach dem St. Venantschen Prinzip ist demnach nur in der nächsten Nachbarschaft der Endquerschnitte eine Abweichung zwischen dem wirklichen und dem errechneten Spannungszustand zu erwarten. Für den mittleren Teil des Balkens ist der durch die Gl. (30) wiedergegedene Spannungszustand vollkommen richtig. Wegen der Art der Auflagerung, die nach Bild 7 nicht dem Spannungszustand durch die Formel von τ nach Gl. (30) entspricht, ist ohnehin in der Nähe der Endquerschnitte eine Abweichung vom errechneten Spannungszustand zu erwarten.

Für den Fall, daß die Belastung nicht gleichmäßig über die Länge l des Balkens verteilt ist, sondern von Null am einen Ende geradlinig bis zum anderen Ende ansteigt, ist die zugehörige Spannungsfunktion und damit der Spannungszustand gleichfalls bekannt[1]).

Mit den bisher behandelten Beispielen ist auch das von Bild 8 erledigt. Man braucht zu diesem Zweck nur die eine Hälfte von Bild 7 mit Bild 6 zu überlagern, so daß die Auflagerkraft wegfällt.

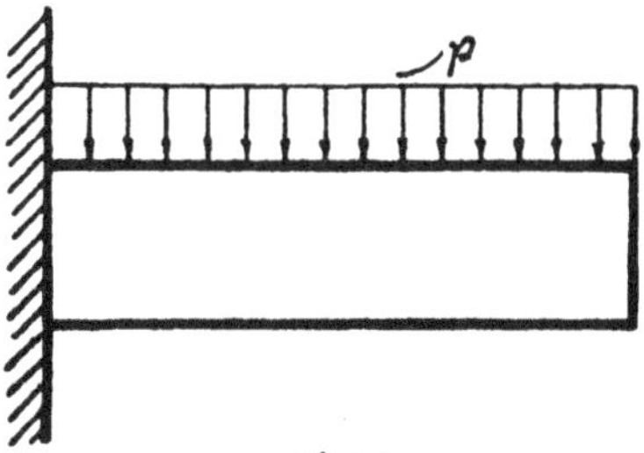

Bild 8

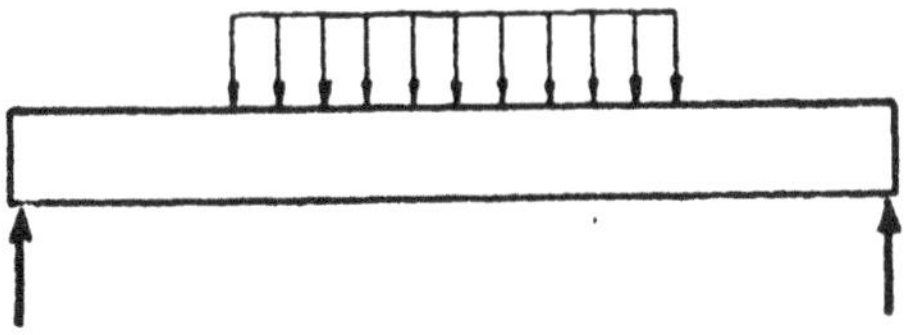

Bild 9

Ebenso läßt sich der Fall von Bild 9 durch Überlagerung von Bild 5, 6 und 7 erledigen, indem man jeden der 3 Abschnitte von Bild 9 für sich behandelt.

§ 4. Die Airysche Spannungsfunktion in Polarkoordinaten

Für eine Reihe von Anwendungen ist die Einführung eines Polarkoordinatensystems an Stelle des rechtwinkligen Koordinatensystems

[1]) s. »Drang und Zwang« Bd. 1, 3. Auflage S. 258.

xy am Platz. In § 2 haben wir durch die Gl. (9) und (10) die Airysche Spannungsfunktion, bezogen auf das rechtwinklige Koordinatensystem xy, eingeführt. Es fragt sich nun, wie sich die entsprechenden Gleichungen fürs Polarkoordinatensystem r, α ausdrücken.

In Bild 10 sind die an einem Element von den Abmessungen dr und $r\,d\,\alpha$ angreifenden positiven Spannungen σ_r, σ_t und τ eingetragen; dabei stimmt die positive Richtung der Schubspannungen $\tau = \tau_{rt}$ mit der durch Bild 1 festgelegten positiven Richtung der dortigen Schubspannungen $\tau = \tau_{xy}$ überein, wie man erkennt, wenn man die x-Achse in Richtung wachsender r und die y-Achse in Richtung wachsender Winkel mit $\alpha = 0$ legt.

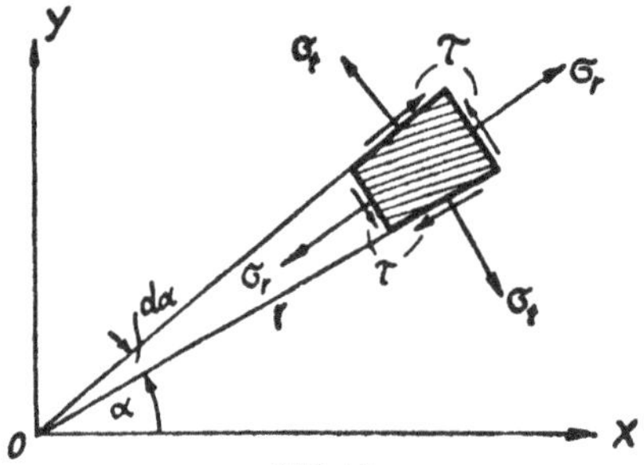

Bild 10

Aus den Gl. (9), die für jede Lage eines rechtwinkligen Koordinatensystems xy gelten, folgt sofort:

$$\sigma_t = \frac{\partial^2 F}{\partial r^2}; \quad \sigma_r = \frac{\partial^2 F}{\partial t^2}; \quad \tau = \tau_{rt} = -\frac{\partial^2 F}{\partial r\,\partial t} \quad . \; . \; . \; . \quad (31)$$

Darin bedeutet $\frac{\partial F}{\partial t}$ bzw. $\frac{\partial^2 F}{\partial t^2}$ den ersten bzw. zweiten Differentialquotienten in Richtung der Tangente an den Kreis um 0 mit Radius r. Für $\frac{\partial F}{\partial t}$ kann man auch schreiben

$$\frac{\partial F}{\partial t} = \frac{1}{r}\frac{\partial F}{\partial \alpha}; \quad . \; . \; . \; . \; . \; . \; . \; . \; . \quad (31\,\mathrm{a})$$

dagegen ist $\frac{\partial^2 F}{\partial t^2}$ nicht gleich $\frac{1}{r^2}\frac{\partial^2 F}{\partial \alpha^2}$, da beim zweiten Differentialquotienten, bezogen auf das krummlinige Koordinatensystem r, α in Richtung von α die Krümmung $\frac{1}{r}$ eine Rolle spielt. Statt $\frac{\partial^2 F}{\partial t^2}$ auf das Koordinatensystem r, α umzurechnen, wollen wir einen anderen Weg beschreiten, indem wir das Gleichgewicht der Spannungen an dem in Bild 10 schraffierten Element zum Ausdruck bringen. Das Gleichgewicht in der r-Richtung verlangt

$$\frac{\partial}{\partial r}(\sigma_r \cdot r)\,d\,r\,d\,\alpha - \sigma_t\,d\,r\,d\,\alpha + \frac{\partial \tau}{\partial \alpha}\,d\,r\,d\,\alpha = 0$$

oder

$$\frac{\partial}{\partial r}(\sigma_r \cdot r) - \sigma_t + \frac{\partial \tau}{\partial \alpha} = 0; \quad . \; . \; . \; . \; . \; . \; . \; . \quad (32\,\mathrm{a})$$

das Gleichgewicht in der α-Richtung erfordert

$$\frac{\partial \sigma_t}{\partial \alpha} dr\, d\alpha + \frac{\partial (\tau r)}{\partial r} dr\, d\alpha + \tau\, dr\, d\alpha = 0$$

oder

$$\frac{\partial \sigma_t}{\partial \alpha} + \frac{\partial (\tau r)}{\partial r} + \tau = 0 \quad \ldots \ldots \ldots \quad (32\text{b})$$

Durch Einsetzen von

$$\sigma_t = \frac{\partial^2 F}{\partial r^2} \text{ und } \tau = -\frac{\partial}{\partial r}\left(\frac{1}{r}\frac{\partial F}{\partial \alpha}\right),$$

das aus Gl. (31) und (31a) hervorgeht, wird Gl. (32b) identisch befriedigt und aus Gl. (32a) folgt:

$$\frac{\partial (\sigma_r r)}{\partial r} = \sigma_t - \frac{\partial \tau}{\partial \alpha} = \frac{\partial^2 F}{\partial r^2} + \frac{\partial^2}{\partial r\, \partial \alpha}\left(\frac{1}{r}\frac{\partial F}{\partial \alpha}\right)$$

oder

$$\sigma_r = \frac{1}{r^2}\frac{\partial^2 F}{\partial \alpha^2} + \frac{1}{r}\frac{\partial F}{\partial r}.$$

Indem wir die gewonnenen Spannungen zusammenstellen, erhalten wir:

$$\left.\begin{aligned} \sigma_r &= \frac{1}{r^2}\frac{\partial^2 F}{\partial \alpha^2} + \frac{1}{r}\frac{\partial F}{\partial r}; \\ \sigma_t &= \frac{\partial^2 F}{\partial r^2}; \\ \tau &= -\frac{\partial}{\partial r}\left(\frac{1}{r}\frac{\partial F}{\partial \alpha}\right) \end{aligned}\right\} \quad \ldots \ldots \ldots \quad (33)$$

Wie aus den Gl. (9) hervorgeht, ist die Summe der Normalspannungen in zwei zueinander senkrechtstehenden Schnitten eine Invariante, d. h. von der Wahl des Koordinatensystems unabhängig. Demnach ist

$$\sigma_x + \sigma_y = \Delta F = \sigma_r + \sigma_t = \frac{\partial^2 F}{\partial r^2} + \frac{1}{r^2}\frac{\partial^2 F}{\partial \alpha^2} + \frac{1}{r}\frac{\partial F}{\partial r} \quad . \; . \quad (34)$$

Die Laplacesche Ableitung ΔF ist damit auf das Polarkoordinatensystem r, α bezogen, dargestellt durch:

$$\Delta F \equiv \frac{\partial^2 F}{\partial r^2} + \frac{1}{r^2}\frac{\partial^2 F}{\partial \alpha^2} + \frac{1}{r}\frac{\partial F}{\partial r} \quad \ldots \ldots \quad (35)$$

Damit ist zugleich gezeigt, wie Gl. (10) $\Delta \Delta F = 0$ auf das Polarkoordinatensystem umzuschreiben ist:

$$\Delta \Delta F = \left(\frac{\partial^2}{\partial r^2} + \frac{1}{r^2}\frac{\partial^2}{\partial \alpha^2} + \frac{1}{r}\frac{\partial}{\partial r}\right)^2 F = 0 \quad \ldots \quad (36)$$

Von dieser Darstellung des ebenen Spannungszustandes werden wir in den folgenden Paragraphen öfters Gebrauch machen. Als Vorbereitung zu diesen Anwendungen wollen wir einige Gruppen von Lösungen der Gl. (36) zusammenstellen, die für die Anwendungen vielfach zu brauchen sind.

Wir suchen Lösungen der Differentialgleichung (36), die sich durch den Ansatz

$$F = R(r) \cdot f(\alpha) \qquad \ldots \ldots \ldots \ldots (37)$$

darstellen lassen, worin R eine reine Funktion von r und f eine reine Funktion von α bedeutet. Um solche Lösungen zu finden, schreiben wir die Gl. (36), die eine homogene Differentialgleichung 4. Ordnung darstellt, in die folgende inhomogene Differentialgleichung 2. Ordnung um:

$$\frac{\partial^2 F}{\partial r^2} + \frac{1}{r}\frac{\partial F}{\partial r} + \frac{1}{r^2}\frac{\partial^2 F}{\partial \alpha^2} = \overline{F}, \qquad \ldots \ldots (38)$$

worin $\overline{F}$ eine beliebige harmonische Funktion ist, die der Gleichung

$$\frac{\partial^2 \overline{F}}{\partial r^2} + \frac{1}{r}\frac{\partial \overline{F}}{\partial r} + \frac{1}{r^2}\frac{\partial^2 \overline{F}}{\partial \alpha^2} = 0 \qquad \ldots \ldots (39)$$

genügt. Diese letztere Differentialgleichung geht mit dem Ansatz

$$\overline{F} = \overline{R}(r) \cdot \overline{f}(\alpha) \qquad \ldots \ldots \ldots \ldots (40)$$

über in

$$-\left(r^2 \frac{\overline{R}''}{\overline{R}} + r \frac{\overline{R}'}{\overline{R}}\right) = \frac{\overline{f}''}{\overline{f}} = -n^2 \qquad \ldots \ldots (41)$$

Darin sollen die seitlichen Striche an f bzw. R Differentiationen nach α bzw. r bedeuten. Da die linke Seite dieser Gleichung nur von r abhängt, dagegen $\frac{\overline{f}''}{\overline{f}}$ nur von α abhängen kann, so müssen beide Ausdrücke, da sie einander gleich sein müssen, konstant sein. Die Konstante ist mit $-n^2$ bezeichnet worden. Dabei kann n jeden positiven und negativen Wert annehmen oder auch gleich Null sein.

Die Lösungen der Differentialgleichungen (41) für $\overline{R}(r)$ und $\overline{f}(\alpha)$ lauten:

$$\overline{R} = a r^n + b r^{-n}, \qquad \ldots \ldots \ldots \ldots (42a)$$

$$\overline{f} = c \sin n\alpha + d \cos n\alpha, \qquad \ldots \ldots \ldots (42b)$$

Eine Lösung der Gl. (39) läßt sich daher folgendermaßen anschreiben:

$$\overline{F} = (a_n r^n + b_n r^{-n})(c_n \sin n\alpha + d_n \cos n\alpha) \qquad \ldots \ldots (43)$$

mit beliebigen Konstanten a_n, b_n, c_n, d_n und n. Durch Summation solcher Lösungen mit beliebigen Werten n läßt sich die Lösung weitgehend verallgemeinern.

Ein Sonderfall tritt ein, wenn $n = 0$ gesetzt wird. Hierfür lauten die Lösungen der Differentialgleichungen (41)

$$\overline{R} = a_0 + b_0 \ln r \quad \text{(44a)}$$

$$\overline{f} = c_0 \alpha + d_0 \quad \text{(44b)}$$

und damit

$$\overline{F} = (a_0 + b_0 \ln r)(c_0 \alpha + d_0) \quad \text{(45)}$$

Um eine entsprechende Lösung der biharmonischen Funktion F nach Gl. (37) zu erhalten, ersetzen wir in Gl. (38) die rechte Seite durch Gl. (43) und erhalten damit

$$f \cdot \left(R'' + \frac{R'}{r}\right) + \frac{R}{r^2} f'' = (a_n r^n + b_n r^{-n})(c_n \sin n\alpha + d_n \cos n\alpha) \quad \text{(46)}$$

Für den Fall $n = 0$ müßte die rechte Seite dieser Gleichung durch Gl. (45) ersetzt werden. Wir wollen diesen Sonderfall zunächst ausschließen, um ihn nachträglich besonders zu behandeln.

Die Differentialgleichung läßt die folgende Lösungsmöglichkeit erkennen:

$$f = c_n \sin n\alpha + d_n \cos n\alpha \quad \text{(47a)}$$

$$R'' + \frac{R'}{r} - \frac{n^2}{r^2} R = a r^n + b r^{-n} \quad \text{(47b)}$$

Diese letztere Differentialgleichung für R, die ganz beliebig wählbare Konstante a und b enthält, hat zur allgemeinen Lösung

$$R = a_n r^{n+2} + b_n r^{-n+2} + c_n r^n + d_n r^{-n} \quad \text{(48)}$$

Aus den Gl. (47a) und (48) läßt sich folgende Lösung von

$$\Delta \Delta F = 0$$

zusammenstellen:

$$F_n = (a_n r^{n+2} + b_n r^{-n+2} + c_n r^n + d_n r^{-n})(A_n \sin n\alpha + B_n \cos n\alpha) \quad \text{(49)}$$

Darin sind a_n, b_n, c_n, d_n, A_n, B_n ebenso wie n beliebig wählbar. Durch Summation über beliebig viele Werte n erhält man mit

$$F = \Sigma F_n \quad \text{(50)}$$

einen für verschiedene Aufgaben brauchbaren Lösungssatz für die Airysche Spannungsfunktion.

Wir wollen noch den obenerwähnten Sonderfall $n = 0$ besprechen, bei dem die rechte Seite der Gl. (46) durch Gl. (45) zu ersetzen ist. Geht man hier ebenso vor wie oben beim allgemeinen Wert von n, so erhält man als Lösung von

$$\Delta \Delta F_0 = 0$$

$$F_0 = (a_0 r^2 + b_0 \ln r + c_0 + d_0 r^2 \ln r)(A_0 \alpha + B_0), \quad \text{(51)}$$

wovon man sich auch unmittelbar durch Ausdifferenzieren überzeugen kann.

Noch ein weiterer Sonderfall verdient hier besprochen zu werden. In dem Ausdruck für F_n nach Gl. (49) gehen für $n = 1$ und $n = -1$ jedesmal von den 4 Gliedern der ersten Klammer zwei ineinander über; nämlich für $n = 1$ geht r^{-n+2} in r^n über und für $n = -1$ geht r^{n+2} in r^{-n} über. Es ist daher sowohl für $n = +1$ wie für $n = -1$ jedesmal noch eine weitere partikuläre Lösung zu erwarten. Sie lautet sowohl für $n = +1$ wie für $n = -1$

$$r \ln r \,(A \sin \alpha + B \cos \alpha).$$

Man überzeugt sich leicht, daß diese Funktion von r und α eine biharmonische ist. Infolgedessen ist im Falle $n = \pm 1$ statt Gl. (49) zu setzen:

$$F_1 = (a_1 r^3 + b_1 r + c_1 r^{-1} + d_1 r \ln r)(A_1 \sin \alpha + B_1 \cos \alpha) \qquad (52)$$

Damit ist aus der Differentialgleichung (46) eine große Gruppe von Lösungen für die Airysche Spannungsfunktion F gewonnen worden, aber noch keineswegs alle möglichen, die in der Differentialgleichung (46) stecken. Auf die folgende weitere Lösung dieser Gleichung sei noch hingewiesen, der eine praktische Bedeutung zukommt:

$$f = \alpha (c \sin \alpha + d \cos \alpha) \quad \ldots \ldots \ldots \quad (53\,a)$$

$$R = a r \quad \ldots \ldots \ldots \ldots \ldots \quad (53\,b)$$

woraus die Airysche Spannungsfunktion

$$F = R \cdot f = r \alpha (c \sin \alpha + d \cos \alpha) \quad \ldots \ldots \quad (54)$$

folgt.

§ 4a. Übertragung der Spannungen von Polarkoordinaten auf kartesische Koordinaten und umgekehrt

Angenommen, es seien die auf das Polarkoordinatensystem r, α (s. Bild 10) bezogenen Spannungen gegeben nach Gl. (31) bzw. (33) durch

$$\sigma_r = \frac{\partial^2 F}{\partial t^2} = \frac{1}{r^2} \frac{\partial^2 F}{\partial \alpha^2} + \frac{1}{r} \frac{\partial F}{\partial r}$$

$$\sigma_t = \frac{\partial^2 F}{\partial r^2}$$

$$\tau_{rt} = -\frac{\partial^2 F}{\partial r \, \partial t} = -\frac{\partial}{\partial r}\left(\frac{1}{r} \frac{\partial F}{\partial \alpha}\right).$$

Gesucht werden die auf das kartesische Koordinatensystem x, y (s. Bild 10) bezogenen Spannungen σ_x, σ_y, τ_{xy}, ausgedrückt durch die als bekannt anzusehenden Spannungen σ_r, σ_t, τ_{rt}.

Zu diesem Zweck bildet man durch partielle Differentiation der Spannungsfunktion F zunächst

$$\frac{\partial F}{\partial x} = \frac{\partial F}{\partial r}\frac{\partial r}{\partial x} + \frac{\partial F}{\partial t}\frac{\partial t}{\partial x} = \frac{\partial F}{\partial r}\cos\alpha - \frac{\partial F}{\partial t}\sin\alpha$$

und durch nochmalige Anwendung dieser Differentiationsregel

$$\sigma_y = \frac{\partial^2 F}{\partial x^2} = \frac{\partial^2 F}{\partial r^2}\cos^2\alpha + \frac{\partial^2 F}{\partial t^2}\sin^2\alpha - 2\frac{\partial^2 F}{\partial r\,\partial t}\cos\alpha\sin\alpha.$$

Ebenso erhält man

$$\frac{\partial F}{\partial y} = \frac{\partial F}{\partial r}\frac{\partial r}{\partial y} + \frac{\partial F}{\partial t}\frac{\partial t}{\partial y} = \frac{\partial F}{\partial r}\sin\alpha + \frac{\partial F}{\partial t}\cos\alpha.$$

und durch nochmalige Anwendung dieser Differentiationsregel

$$\sigma_x = \frac{\partial^2 F}{\partial y^2} = \frac{\partial^2 F}{\partial r^2}\sin^2\alpha + \frac{\partial^2 F}{\partial t^2}\cos^2\alpha + 2\frac{\partial^2 F}{\partial r\,\partial t}\cos\alpha\sin\alpha.$$

Schließlich erhält man ganz entsprechend

$$\tau_{xy} = -\frac{\partial^2 F}{\partial x\,\partial y} = -\frac{\partial^2 F}{\partial r^2}\cos\alpha\sin\alpha + \frac{\partial^2 F}{\partial t^2}\cos\alpha\sin\alpha - \frac{\partial^2 F}{\partial r\,\partial t}(\cos^2\alpha - \sin^2\alpha)$$

$$= \left(\frac{\partial^2 F}{\partial t^2} - \frac{\partial^2 F}{\partial r^2}\right)\sin\alpha\cos\alpha - \frac{\partial^2 F}{\partial r\,\partial t}(\cos^2\alpha - \sin^2\alpha).$$

Drückt man die zweiten Differentialquotienten nach den Polarkoordinaten r, t durch die Spannungen aus, so erhält man demnach die folgenden Übergangsformeln:

$$\begin{aligned}\sigma_x &= \sigma_r\cos^2\alpha + \sigma_t\sin^2\alpha - \tau_{rt}\sin 2\alpha\\ \sigma_y &= \sigma_r\sin^2\alpha + \sigma_t\cos^2\alpha + \tau_{rt}\sin 2\alpha\\ \tau_{xy} &= (\sigma_r - \sigma_t)\sin\alpha\cos\alpha + \tau_{rt}\cos 2\alpha.\end{aligned}$$

Die Umkehrung dieser Gleichungen lautet:

$$\begin{aligned}\sigma_r &= \sigma_x\cos^2\alpha + \sigma_y\sin^2\alpha + \tau_{xy}\sin 2\alpha\\ \sigma_t &= \sigma_x\sin^2\alpha + \sigma_y\cos^2\alpha - \tau_{xy}\sin 2\alpha\\ \tau_{rt} &= (\sigma_y - \sigma_x)\sin\alpha\cos\alpha + \tau_{xy}\cos 2\alpha.\end{aligned}$$

II. Abschnitt

Die unendliche Halbebene und der Keil bei Randbelastung durch Einzelkräfte

§ 5. Die durch Einzellast senkrecht belastete Halbebene

Eine Last P greife senkrecht zum Rand einer unendlichen Halbebene an (s. Bild 11). Es soll zunächst gezeigt werden, daß sich der in der unendlichen Halbscheibe dadurch hervorgerufene elastische Spannungszustand durch die Airysche Spannungsfunktion in Polarkoordinaten

$$F = c \cdot r \cdot \alpha \cos \alpha \quad . \quad . \quad . \quad (1)$$

darstellen läßt, wobei die Konstante c proportional der Last P ist. Zu diesem Nachweis werden die Spannungen nach Gl. (33) von § 4 gebildet:

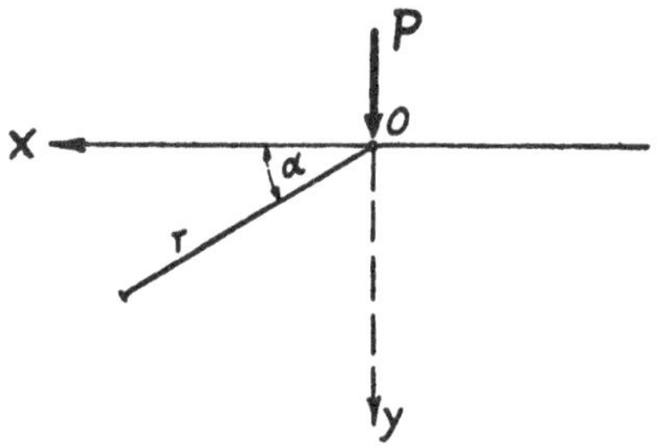

Bild 11

$$\left.\begin{aligned} \sigma_r &= \frac{1}{r^2}\frac{\partial^2 F}{\partial \alpha^2} + \frac{1}{r}\frac{\partial F}{\partial r} = -\frac{2c}{r}\sin\alpha \\ \sigma_t &= \frac{\partial^2 F}{\partial r^2} = 0 \\ \tau &= -\frac{\partial}{\partial r}\left(\frac{1}{r}\frac{\partial F}{\partial \alpha}\right) = 0 \end{aligned}\right\} \quad . \quad . \quad . \quad . \quad . \quad . \quad (2)$$

Daraus folgt

$$\Delta F = \sigma_r + \sigma_t = -\frac{2c}{r}\sin\alpha$$

und

$$\Delta \Delta F = 0.$$

Übrigens stellt der Ansatz Gl. (1) einen Sonderfall der Gl. (54) von § 4 dar. Demnach ist F eine Airysche Spannungsfunktion, und zwar die richtige, da die Spannungen nach Gl. (2) die Grenzbedingungen befriedigen. Um noch den Zusammenhang zwischen der Konstanten c und der Last P zu erhalten, denkt man sich die auf den Halbkreis um 0 von beliebigem Radius r übertragenen Spannungen σ_r ins Gleichgewicht mit der äußeren Last P gesetzt:

$$P = -2 \int_{\alpha=0}^{\alpha=\frac{\pi}{2}} \sigma_r \cdot r\, d\alpha \sin\alpha = +4c \int_{\alpha=0}^{\frac{\pi}{2}} \sin^2\alpha\, d\alpha = +c\pi,$$

woraus

$$c = +\frac{P}{\pi} \quad \ldots\ldots\ldots\ldots \quad (3)$$

folgt.

Die Spannungen sind also gemäß Gl. (2)

$$\left.\begin{aligned} \sigma_r &= -\frac{2P}{\pi \cdot r}\sin\alpha \\ \sigma_t &= 0 \\ \tau_{rt} &= 0 \end{aligned}\right\} \quad \ldots\ldots\ldots\ldots \quad (4)$$

Da die Spannungen σ_t und τ_{rt} in Schnitten durch den 0-Punkt alle Null sind, spricht man hier vom strahlenförmigen Spannungszustand. Negative Werte von P in Gl. (4) entsprechen einer Zugbeanspruchung, positive einer Druckbeanspruchung (s. Bild 12).

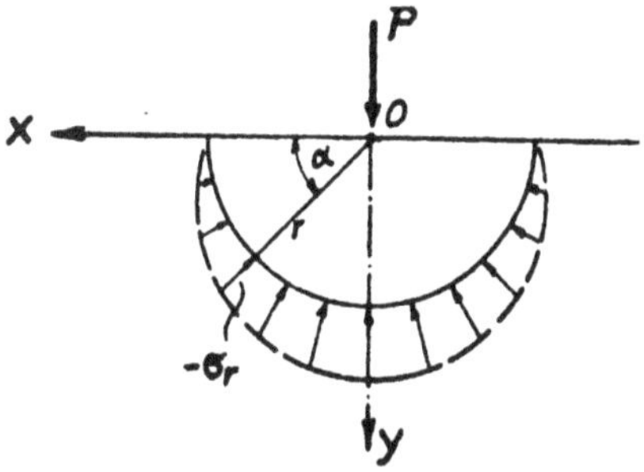

Bild 12

Der Übergang vom Polarkoordinatensystem r, α auf das rechtwinklige x, y in Bild 12 gestaltet sich hier, wo es sich an jeder Stelle um einen einachsigen Spannungszustand in Richtung r handelt, sehr einfach:

$$\left.\begin{aligned} \sigma_y &= \sigma_r \sin^2\alpha &&= -\frac{2P}{\pi}\frac{\sin^3\alpha}{r} &&= -\frac{2P}{\pi}\frac{y^3}{r^4} \\ \sigma_x &= \sigma_r \cos^2\alpha &&= -\frac{2P}{\pi}\frac{\sin\alpha\cos^2\alpha}{r} &&= -\frac{2P}{\pi}\frac{x^2 y}{r^4} \\ \tau_{xy} &= \sigma_r \sin\alpha\cos\alpha &&= -\frac{2P}{\pi}\frac{\sin^2\alpha\cos\alpha}{r} &&= -\frac{2P}{\pi}\frac{x y^2}{r^4} \end{aligned}\right\} \ldots \quad (5)$$

Von dieser Darstellung des strahlenförmigen Spannungszustandes werden wir in § 8 Gebrauch machen.

Für die Spannungsoptik sind die sog. Isochromaten oder Farbgleichen, das sind die Linien gleicher Hauptschubspannung τ_{max}, von Bedeutung. Für sie gilt in unserm Fall

$$\tau_{max} = \left|\frac{\sigma_r}{2}\right| = +\frac{P}{\pi}\frac{\sin\alpha}{r} = +\frac{P}{\pi}\cdot\frac{y}{r^2} = \text{const} = +\frac{P}{\pi}\frac{1}{2a} \qquad (6)$$

Dies sind Kreise durch 0 mit Radius a, deren Mittelpunkte auf der y-Achse liegen. Diese Kreise sind bei einem spannungsoptischen Versuch, wo ein gerader Scheibenrand senkrecht gedrückt wird, deutlich zu erkennen.

Es sei besonders darauf aufmerksam gemacht, daß die Spannung σ_r, wie aus Gl. (4) hervorgeht, umgekehrt proportional mit dem Abstand r vom Nullpunkt abnimmt und im Nullpunkt selbst den Wert ∞ annimmt.

§ 6. Die durch Einzellast parallel zum Rand belastete Halbebene

Greift die Last Q im Punkt 0 der Begrenzung der unendlichen Halbscheibe parallel zur Begrenzung an (s. Bild 13), so genügt der in der Scheibe dadurch hervorgerufene Spannungszustand der Airyschen Spannungsfunktion

$$F = c \cdot r \cdot \alpha \sin \alpha \quad \ldots \ldots \ldots \ldots (7)$$

Daraus folgen die Spannungen:

$$\left.\begin{aligned} \sigma_r &= \frac{1}{r^2}\frac{\partial^2 F}{\partial \alpha^2} + \frac{1}{r}\frac{\partial F}{\partial r} = \frac{2c}{r}\cos\alpha \\ \sigma_t &= \frac{\partial^2 F}{\partial r^2} = 0 \\ \tau_{rt} &= -\frac{\partial}{\partial r}\left(\frac{1}{r}\frac{\partial F}{\partial \alpha}\right) = 0 \end{aligned}\right\} \quad \ldots \ldots (8)$$

und damit

$$\Delta F = \sigma_r + \sigma_t = \frac{2c}{r}\cos\alpha;$$

$$\Delta\Delta F = 0.$$

Die Konstante c berechnet sich aus dem Gleichgewicht zwischen Q und den Spannungen σ_r längs des Halbkreises von beliebigem Radius r (s. Bild 13):

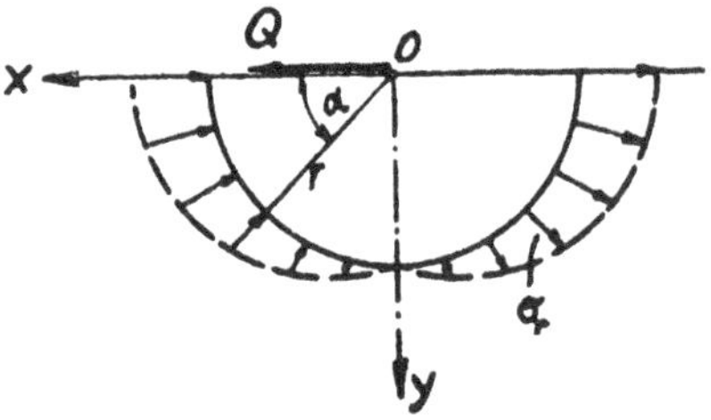

Bild 13

$$Q = -2\int_{\alpha=0}^{\alpha=\frac{\pi}{2}} \sigma_r \cdot r\, d\alpha \cos\alpha = -4c\int_{\alpha=0}^{\alpha=\frac{\pi}{2}} \cos^2\alpha\, d\alpha = -c\pi,$$

woraus

$$c = -\frac{Q}{\pi} \quad \ldots \ldots \ldots \ldots \ldots (9)$$

folgt. Die Spannungen sind also nach Gl. (8)

$$\left.\begin{aligned} \sigma_r &= -\frac{2Q}{\pi}\frac{\cos\alpha}{r} \\ \sigma_t &= 0 \\ \tau_{rt} &= 0 \end{aligned}\right\} \quad \ldots \ldots \ldots (10)$$

Die Spannungen σ_r nehmen hier ebenso wie bei der senkrechten Last umgekehrt proportional mit dem Abstand r vom Angriffspunkt ab. Für den Angriffspunkt 0 ist die Lösung nicht zu brauchen, da sie auf ∞ große Spannungen führt.

Es handelt sich hier demnach auch um einen strahlenförmigen Spannungszustand. Da an jeder Stelle nur ein linearer Spannungszustand herrscht, in Richtung von r, läßt er sich leicht auf ein rechtwinkliges Koordinatensystem x, y umschreiben (s. Bild 13):

$$\left.\begin{aligned} \sigma_y &= \sigma_r \sin^2\alpha &&= -\frac{2Q}{\pi}\frac{\cos\alpha\sin^2\alpha}{r} = -\frac{2Q}{\pi}\frac{x\,y^2}{r^4} \\ \sigma_x &= \sigma_r \cos^2\alpha &&= -\frac{2Q}{\pi}\frac{\cos^3\alpha}{r} = -\frac{2Q}{\pi}\frac{x^3}{r^4} \\ \tau_{xy} &= \sigma_r \sin\alpha\cos\alpha &&= -\frac{2Q}{\pi}\frac{\cos^2\alpha\sin\alpha}{r} = -\frac{2Q}{\pi}\frac{x^2\,y}{r^4} \end{aligned}\right\} \quad . . (11)$$

Die Gleichung der Isochromaten lautet:

$$\tau_{\max} = \left|\frac{\sigma_r}{2}\right| = +\frac{Q}{\pi}\frac{\cos\alpha}{r} = +\frac{Q}{\pi}\frac{x}{r^2} = \text{const} = \frac{Q}{\pi}\frac{1}{2b} \quad . . (12)$$

Dies sind Kreise durch 0 mit Radius b, deren Mittelpunkte auf der x-Achse liegen.

Durch Überlagerung der beiden in diesem und dem vorhergehenden § behandelten Fälle erhält man den Fall in Bild 14, wo die Einzelkraft R in einem Randpunkt der unendlichen Halbebene schief angreift. Ihre Zerlegung in eine senkrechte Komponente P und eine tangentiale Komponente Q liefert die resultierenden Spannungen nach Gl. (4) und (10):

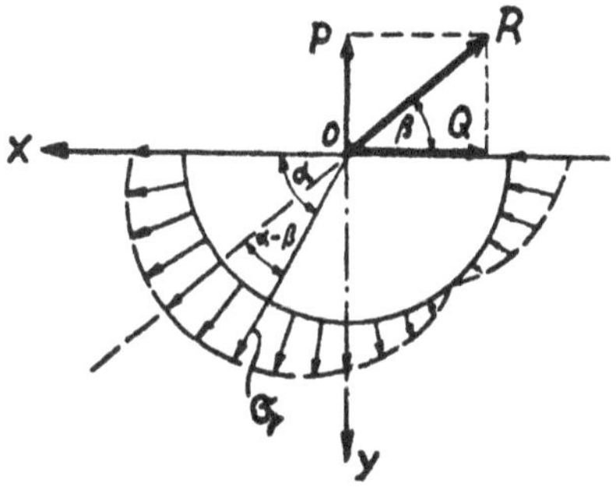

Bild 14

$$\begin{aligned} \sigma_r &= \frac{2P}{\pi}\frac{\sin\alpha}{r} + \frac{2Q}{\pi}\frac{\cos\alpha}{r} \\ &= \frac{2}{\pi r}(P\sin\alpha + Q\cos\alpha) \\ &= \frac{2}{\pi r} R\cos(\alpha-\beta) \end{aligned}$$

(s. Bild 14).

Auch hier handelt es sich um einen strahlenförmigen Spannungszustand, so daß in allen Schnitten durch 0 die Spannungen σ_t und τ_{rt} verschwinden.

§ 7. Der Keil mit Einzellast an der Spitze

Wie wir in den beiden vorigen § gesehen haben, entsteht bei Belastung der unendlichen Halbebene durch eine Einzellast am Rand ein strahlenförmiger Spannungszustand. Man kann demnach durch irgend zwei Schnitte durch 0 aus der unendlichen Halbebene einen Keil ausschneiden, ohne daß in diesen Schnitten Spannungen auftreten. Auf diese Weise kommt man auf den an der Spitze durch eine Einzellast beanspruchten Keil. Wir wollen wie bei der unendlichen Halbebene die beiden Fälle unterscheiden, daß die Kraft P in der Symmetrielinie des Keiles liegt oder senkrecht dazu angreift. Bei dem symmetrisch beanspruchten Keil (s. Bild 15) bildet sich ein symmetrischer Spannungszustand aus, wie er durch die Gl. (2) wiedergegeben wird. Die Konstante c berechnet sich hier bei einem Keil vom Öffnungswinkel 2β anders als in § 5 für die unendliche Halbebene. Es ist nämlich hier:

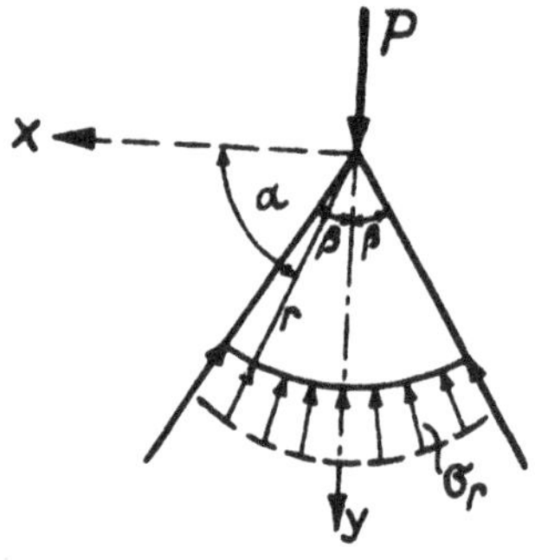

Bild 15

$$P = -2 \int_{\alpha=\frac{\pi}{2}-\beta}^{\alpha=\frac{\pi}{2}} \sigma_r \cdot r\, d\alpha \sin\alpha = +4c \int_{\alpha=\frac{\pi}{2}-\beta}^{\alpha=\frac{\pi}{2}} \sin^2\alpha\, d\alpha =$$

$$= +4c\left(-\frac{\sin\alpha\cos\alpha}{2} + \frac{1}{2}\alpha\right)_{\alpha=\frac{\pi}{2}-\beta}^{\alpha=\frac{\pi}{2}}$$

$$P = +4c\left[\frac{\pi}{4} - \frac{1}{2}\left(\frac{\pi}{2} - \beta\right) + \frac{1}{2}\cos\beta\sin\beta\right] = +c\,[2\beta + \sin 2\beta],$$

woraus

$$c = +\frac{P}{2\beta + \sin 2\beta} \quad \ldots\ldots\ldots\ldots \quad (13)$$

folgt. Für die unendliche Halbebene wird $\beta = \frac{\pi}{2}$ und damit geht Gl. (13) in Gl. (3) über. Wir erhalten also für den Keil nach Bild 15 die Spannungen:

$$\left.\begin{aligned} \sigma_r &= -\frac{2P}{2\beta + \sin 2\beta} \cdot \frac{\sin\alpha}{r} \\ \sigma_t &= 0 \\ \tau_{rt} &= 0 \end{aligned}\right\} \quad \ldots \quad (14)$$

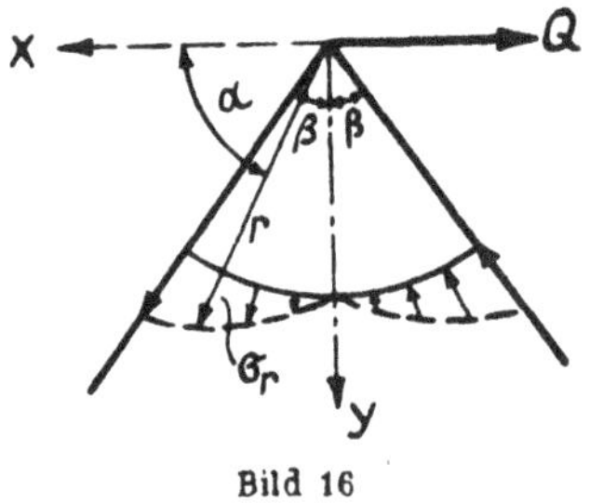

Bild 16

Bei der Belastung des Keiles durch die Last Q senkrecht zur Symmetrieachse (s. Bild 16) geht man von den Gl. (8) von § 6 aus. Die Konstante c ist hier nur anders zu bestimmen als bei der unendlichen Halbebene von § 6. Hier folgt aus dem Gleichgewicht des

Sektors vom Radius r und dem Öffnungswinkel 2β:

$$Q = 2\int_{\alpha=\frac{\pi}{2}-\beta}^{\alpha=\frac{\pi}{2}} \sigma_r \cdot r\,d\alpha \cdot \cos\alpha = 4c\int_{\alpha=\frac{\pi}{2}-\beta}^{\alpha=\frac{\pi}{2}} \cos^2\alpha\,d\alpha = 4c\left[\frac{\sin\alpha\cdot\cos\alpha}{2} + \frac{1}{2}\alpha\right]_{\alpha=\frac{\pi}{2}-\beta}^{\alpha=\frac{\pi}{2}}$$

$$Q = 4c\left[\frac{\pi}{4} - \frac{1}{2}\left(\frac{\pi}{2} - \beta\right) - \frac{1}{2}\sin\beta\cos\beta\right] = c\,[2\beta - \sin 2\beta],$$

woraus

$$c = \frac{Q}{2\beta - \sin 2\beta} \quad \ldots\ldots\ldots\ldots \quad (15)$$

folgt. Für die unendliche Halbebene ist $\beta = \frac{\pi}{2}$ und damit geht Gl. (15) in Gl. (9) über. Wir erhalten also für den Keil nach Bild 16

$$\left.\begin{aligned} \sigma_r &= \frac{2Q}{2\beta - \sin 2\beta} \cdot \frac{\cos\alpha}{r} \\ \sigma_t &= 0 \\ \tau_{rt} &= 0 \end{aligned}\right\} \quad \ldots\ldots\ldots \quad (16)$$

Greift an der Keilspitze in der Ebene des Keiles eine beliebige Kraft an, so zerlegt man sie in die beiden Komponenten P und Q in Richtung der Achse und senkrecht dazu und überlagert die beiden Spannungszustände. Da sie beide strahlenförmig sind, so ist auch das Ergebnis der Überlagerung ein strahlenförmiger Spannungszustand.

§ 8. Die durch ein Randmoment beanspruchte Halbscheibe

Das in einem Randpunkt 0 einer unendlichen Halbscheibe angreifende Moment kann durch ein Kräftepaar, bestehend aus zwei parallelen entgegengesetzt gleichen Kräften P und $-P$ im Abstand ε dargestellt werden. Nimmt der Abstand ε der beiden parallelen Kräfte dadurch, daß die Kraft $-P$ immer näher an die Kraft $+P$ heranrückt, immer mehr ab und zugleich die Größe der Kräfte P im gleichen Maß zu, so bleibt das Produkt $M = P \cdot \varepsilon$, das das Moment darstellt, unverändert. Im Grenzfall $\lim \varepsilon = 0$ erhält man das Gedankenbild eines im Punkte 0 angreifenden Momentes. Die zugehörige Spannungsfunktion F wird durch Überlagerung der zu den beiden Einzellasten P und $-P$ gehörigen Spannungsfunktionen nach Gl. (1) gewonnen, indem man denselben Grenzübergang $\lim \varepsilon = 0$ macht. Für endliche Werte von P und damit von Null verschiedenem Abstand ε der beiden Kräfte P und $-P$ stellen wir zunächst die zu $+P$ im 0-Punkt gehörige Spannungsfunktion auf:

$$F_1 = -\frac{P}{\pi}\,r \cdot \alpha \cdot \cos\alpha$$

wofür wir auch

$$F_1 = -\frac{P}{\pi}\alpha \cdot x$$

schreiben können. Dazu tritt von $-P$ herrührend (s. Bild 17)

$$F_2 = \frac{P}{\pi}(\alpha + \Delta\alpha)\cdot(x - \varepsilon).$$

Durch Überlagerung der beiden zu F_1 und F_2 gehörigen Spannungszustände erhält man den gesuchten Spannungszustand mit der Spannungsfunktion

$$F = F_1 + F_2 = \frac{P}{\pi}(x\,\Delta\alpha - \alpha\,\varepsilon),$$

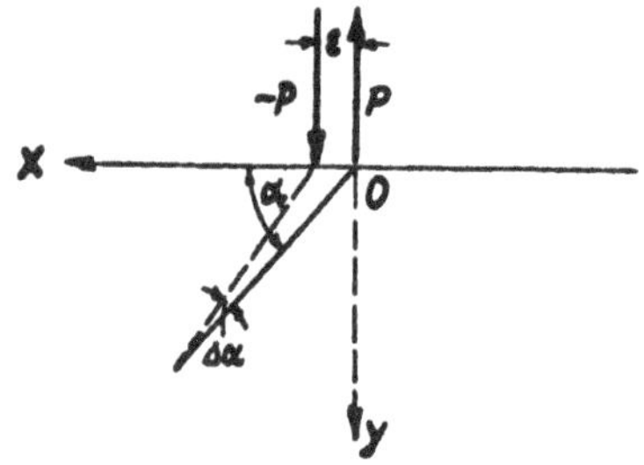

Bild 17

wobei das Glied $\Delta\alpha \cdot \varepsilon$, das beim Grenzübergang $\lim \varepsilon = 0$ unendlich klein von zweiter Ordnung wird, bereits weggelassen ist. Berücksichtigt man, daß

$$M = P \cdot \varepsilon \quad \text{und} \quad \frac{\Delta\alpha}{\varepsilon} = \frac{\sin\alpha}{r},$$

so erhält man

$$F = \frac{M}{\pi}(\sin\alpha\cos\alpha - \alpha) = \frac{M}{2\pi}(\sin 2\alpha - 2\alpha) \quad . \ . \ . \ . \quad (17)$$

als Spannungsfunktion für den Spannungszustand in der ∞-Halbebene, der vom Moment M im Randnullpunkt herrührt.

Die Spannungen errechnen sich aus F zu

$$\left.\begin{aligned}
\sigma_r &= \frac{1}{r^2}\frac{\partial^2 F}{\partial\alpha^2} + \frac{1}{r}\frac{\partial F}{\partial r} = -\frac{2M}{\pi}\cdot\frac{\sin 2\alpha}{r^2} \\
\sigma_t &= \frac{\partial^2 F}{\partial r^2} = 0 \\
\tau_{rt} &= -\frac{\partial}{\partial r}\left(\frac{1}{r}\frac{\partial F}{\partial\alpha}\right) = -\frac{2M}{\pi}\cdot\frac{\sin^2\alpha}{r^2}\,.
\end{aligned}\right\} \quad . \ . \ . \ . \quad (18)$$

Der Spannungszustand ist kein strahlenförmiger mehr. Es treten zwar nirgends Spannungen σ_t auf, wohl aber Spannungen τ_{rt}, so daß die Schnitte durch den Nullpunkt nicht mehr spannungsfrei sind wie im Falle der Einzelkraft am Rand der Halbscheibe. Bemerkenswert ist ferner, daß die Spannungen, die vom Moment herrühren, umgekehrt proportional mit r^2, dem Quadrat des Abstandes vom Angriffspunkt, abnehmen, also rascher abklingen als die von einer Einzellast herrührenden Spannungen, die, wie wir in § 5 und 6 gesehen haben, umgekehrt proportional mit r abklingen.

Der Übergang von der Gl. (18) auf ein rechtwinkeliges Koordinatensystem x, y ist hier, wo es sich nicht mehr um einen überall einachsigen Spannungszustand handelt, nicht mehr so ganz einfach wie bei der Einzellast. Man kommt auf folgende Weise am schnellsten zum Ziel. Gl. (17) und damit die Spannungsfunktion für die durch ein Randmoment M beanspruchte unendliche Halbebene wird aus der Spannungsfunktion $F_1 = -\frac{P}{\pi}\alpha \cdot x$ für die durch senkrechte Last P beanspruchte unendliche Halbebene erhalten durch Differentiation:

$$F = \frac{\partial F_1}{\partial x} \cdot \varepsilon = -\frac{P \cdot \varepsilon}{\pi} \frac{\partial (\alpha x)}{\partial x} = -\frac{M}{\pi}\left(\alpha - \frac{x}{r}\sin\alpha\right) = \frac{M}{2\pi}(\sin 2\alpha - 2\alpha).$$

Entsprechend werden aus den durch die Gl. (5) in rechtwinkligen Koordinaten dargestellten Spannungen der senkrecht durch Einzellast P beanspruchten Ebene die für das Moment M gültigen Spannungen erhalten zu:

$$\left.\begin{aligned} \sigma_y &= \frac{2M}{\pi}\frac{\partial}{\partial x}\left(\frac{y^3}{r^4}\right) = -\frac{8M}{\pi}\frac{y^3 x}{r^6} \\ \sigma_x &= \frac{2M}{\pi}\frac{\partial}{\partial x}\left(\frac{x^2 y}{r^4}\right) = \frac{4M}{\pi}\frac{xy(y^2-x^2)}{r^6} \\ \tau_{xy} &= \frac{2M}{\pi}\frac{\partial}{\partial x}\left(\frac{xy^2}{r^4}\right) = \frac{2M}{\pi}\frac{y^2(y^2-3x^2)}{r^6} \end{aligned}\right\} \quad . \; . \; . \; . \; (19)$$

Auch hier beim Moment gilt wie bei der Einzellast, daß die Formeln für den Spannungszustand in der unmittelbaren Umgebung des Angriffspunktes des Momentes bzw. der Einzellast nicht zu brauchen sind, da sie für den Angriffspunkt unendlich große Spannungen liefern, die natürlich in Wirklichkeit nicht eintreten können. Die Annahme, daß die Kraft oder das Moment an einem Punkt angreift, stellt eine Idealisierung der Wirklichkeit dar. Tatsächlich kann eine solche Kraftwirkung auf die Halbebene nur durch Berührung mit einem anderen Körper übertragen werden, wobei beide Körper an der Berührungsstelle eine elastische Formänderung erleiden, als deren Folge die Berührung nicht mehr in einem Punkt, sondern längs einer kleinen Linie bzw. Fläche erfolgt. Nach dem St. Venantschen Prinzip von der elastischen Gleichwertigkeit statisch gleichwertiger Kräftesysteme ist der Spannungszustand von einer Entfernung, die etwa gleich der Berührungslinie ist, praktisch gleich dem von einer Einzelkraft bzw. einem Einzelmoment herrührenden Spannungszustand, wie er durch unsere Formeln wiedergegeben wird.

§ 9. Der Keil mit einem Moment an der Spitze

Wie wir im vorigen § gesehen haben, führt ein an einem Randpunkt der Halbscheibe angreifendes Moment nicht auf einen strahlenförmigen

Spannungszustand, so daß man hier nicht so wie früher bei der Einzellast aus der Halbscheibe den an der Spitze durch ein Moment beanspruchten Keil herausschneiden kann. Man würde in diesem Fall einen längs der Schnitte auf Schub beanspruchten Keil erhalten. Da aber die Keilflanken lastfrei sein sollen und die einzige Belastung an der Keilspitze durch ein Moment, das in der Keilebene wirkt, erfolgen soll (s. Bild 18), kommt man auf dem eben angegebenen Weg nicht zum Ziel. Da die Lösung für den an der Spitze durch ein Moment M beanspruchten Keil in die Lösung des vorigen § übergehen muß, wenn der Keil in die Halbebene übergeht, so liegt eine Verallgemeinerung der für die Halbebene gültigen Spannungsfunktion nach Gl. (17) nahe. Wir versuchen daher, die Lösung für den Keil durch folgenden Ansatz zu gewinnen:

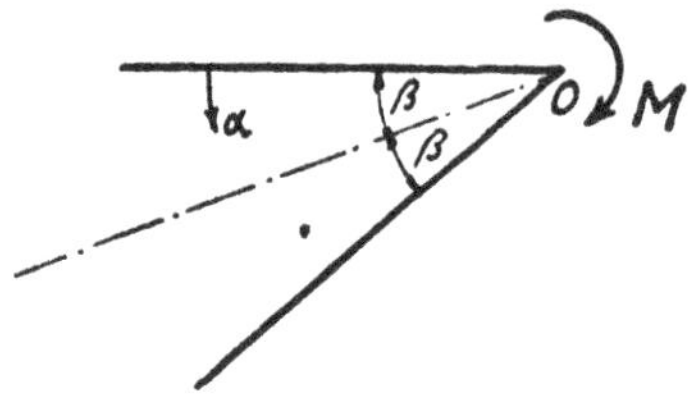

Bild 18

$$F = C_1 \alpha + C_2 \sin 2\alpha + C_3 \cos 2\alpha \quad \ldots\ldots \quad (20)$$

worin die Konstanten C_1, C_2 und C_3 aus den Randbedingungen der Aufgabe sich ergeben müssen. Daß F nach Gl. (20) eine Airysche Spannungsfunktion ist, d. h. der Gleichung $\Delta\,\Delta\,F = 0$ genügt, geht ja ohne weiteres aus dem Vergleich mit der Airyschen Spannungsfunktion von Gl. (17) hervor. Liegt ein Keil mit dem Öffnungswinkel 2β nach Bild 18 vor, so müssen σ_t und τ_{rt} für $\alpha = 0$ und $\alpha = 2\beta$ verschwinden.

Wir bilden also:

$$\sigma_r = \frac{1}{r^2}\frac{\partial^2 F}{\partial \alpha^2} + \frac{1}{r}\cdot\frac{\partial F}{\partial r} = -\frac{4}{r^2}(C_2 \sin 2\alpha + C_3 \cos 2\alpha)$$

$$\sigma_t = \frac{\partial^2 F}{\partial r^2} = 0$$

$$\tau_{rt} = -\frac{\partial}{\partial r}\left(\frac{1}{r}\frac{\partial F}{\partial \alpha}\right) = \frac{1}{r^2}(C_1 + 2C_2 \cos 2\alpha - 2C_3 \sin 2\alpha).$$

Aus den geforderten Randbedingungen folgt:

wegen $\tau = 0$ für $\alpha = 0$ und $\alpha = 2\beta$:

$$C_1 = -2C_2 \text{ und } C_3 = -C_2 \operatorname{tg} 2\beta.$$

Damit wird

$$\left.\begin{aligned} \sigma_r &= -\frac{4C_2}{r^2}\cdot\frac{\sin 2(\alpha-\beta)}{\cos 2\beta} \\ \tau_{rt} &= \frac{4C_2}{r^2}\cdot\frac{\sin\alpha \sin(2\beta-\alpha)}{\cos 2\beta} \end{aligned}\right\} \quad \ldots\ldots \quad (21)$$

Die hierin noch auftretende Konstante C_2 errechnet sich aus dem gegebenen Moment M. Schneidet man den Keil durch einen Kreis um 0 mit beliebigem Radius r, so müssen die im Kreisschnitt angreifenden Schubspannungen τ in bezug auf 0 das Moment $-M$ ergeben. Aus dieser Bedingung folgt

$$M = \int_{\alpha=0}^{\alpha=2\beta} \tau \cdot r^2 \, d\alpha = \frac{4\,C_2}{\cos 2\beta} \int_{\alpha=0}^{\alpha=2\beta} \sin\alpha \sin(2\beta-\alpha)\, d\alpha =$$

$$= 4\,C_2 \operatorname{tg} 2\beta \int_{\alpha=0}^{\alpha=2\beta} \sin\alpha\cos\alpha\, d\alpha - 4\,C_2 \int_{\alpha=0}^{\alpha=2\beta} \sin^2\alpha\, d\alpha$$

$$= C_2 \operatorname{tg} 2\beta\,(1-\cos 4\beta) - C_2\,(4\beta - \sin 4\beta) =$$

$$= 2\,C_2 \operatorname{tg} 2\beta \sin^2 2\beta - 4\,C_2\beta + C_2 \sin 4\beta$$

$$= 2\,C_2 \sin 2\beta\,(\operatorname{tg} 2\beta \sin 2\beta + \cos 2\beta) - 4\,C_2\beta = 2\,C_2\,(\operatorname{tg} 2\beta - 2\beta)$$

und daraus

$$C_2 = \frac{M}{2\,(\operatorname{tg} 2\beta - 2\beta)} \quad \ldots\ldots\ldots\ldots \quad (22)$$

Die im Keil auftretenden Spannungen sind demnach:

$$\left.\begin{aligned} \sigma_r &= \frac{2\,M}{\sin 2\beta - 2\beta\cos 2\beta} \cdot \frac{\sin 2(\alpha-\beta)}{r^2} \\ \sigma_t &= 0 \\ \tau_{rt} &= \frac{2\,M}{\sin 2\beta - 2\beta\cos 2\beta} \cdot \frac{\sin\alpha \sin(2\beta-\alpha)}{r^2} \end{aligned}\right\} \quad \ldots \quad (23)$$

Mit $\beta = \frac{\pi}{2}$ geht der Keil in die Halbebene über, und damit gehen die Gl. (23) in die Gl. (18) über bis aufs Vorzeichen der Spannungen. Daß sie hier das entgegengesetzte Vorzeichen bekommen als nach Gl. (18), hängt damit zusammen, daß die Momente in Bild 17 und 18 entgegengesetzten Drehsinn haben. Wie schon im vorigen § bei der durch ein Moment beanspruchten Halbebene erwähnt wurde, nehmen die Spannungen beim Moment umgekehrt mit dem Quadrat des Abstandes vom Angriffspunkt ab. Dies gilt auch hier beim Keil.

III. Abschnitt

Die unendliche Halbebene und der Keil bei stetiger Randbelastung

§ 10. Die durch rechteckigen Belastungsstreifen senkrecht beanspruchte Halbebene

In § 5 haben wir die durch eine Einzellast P senkrecht zum Rand belastete unendliche Halbebene behandelt. Wir sahen dort, daß die Spannungen im Angriffspunkt der Last unendlich groß werden. Es rührt dies von der Annahme her, daß die Kraft P in einem Punkt angreift. Letzteres ist aber nicht möglich. Daher mußten wir den Angriffspunkt der Last und seine Umgebung in dem berechneten Spannungsfeld ausschließen. Um der Wirklichkeit näher zu kommen, nehmen wir eine Strecke $2a$ an, längs der die Last gleichmäßig verteilt sein soll (s. Bild 19). Die Belastungsfläche denken wir uns in lauter kleine Einzellasten $p\,du$ aufgelöst und für jede einzelne nach § 5 Gl. (5) die Spannungen ermittelt. Durch Summation erhält man alsdann:

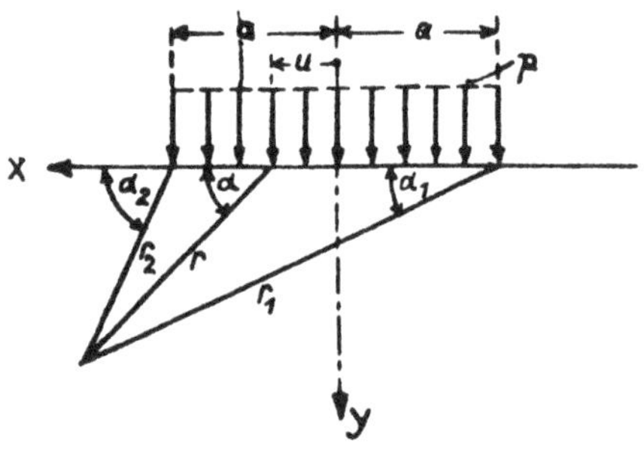

Bild 19

$$\left.\begin{aligned} \sigma_x &= -\frac{2p}{\pi}\int\limits_{u=-a}^{u=+a} \frac{y\,(x-u)^2}{r^4}\,du \\ \sigma_y &= -\frac{2p}{\pi}\int\limits_{u=-a}^{u=+a} \frac{y^3}{r^4}\,du \\ \tau_{xy} &= -\frac{2p}{\pi}\int\limits_{u=-a}^{u=+a} \frac{y^2\,(x-u)}{r^4}\,du \end{aligned}\right\} \quad \ldots\ldots\ldots \quad (1)$$

Diese Integrale lassen sich ausrechnen, wenn man beachtet:

$$\frac{x-u}{r} = \cos\alpha; \quad \frac{y}{r} = \sin\alpha; \quad \frac{x-u}{y} = \operatorname{cotg}\alpha; \quad \ldots \quad (1\,a)$$

Aus der letzten Gleichung folgt

$$\frac{du}{y} = \frac{d\alpha}{\sin^2\alpha} \quad \ldots\ldots\ldots\ldots \quad (1b)$$

und damit wird:

$$\left.\begin{aligned}
\sigma_x &= -\frac{2p}{\pi}\int_{\alpha_1}^{\alpha_2}\cos^2\alpha\, d\alpha = -\frac{p}{\pi}\left[\alpha_2-\alpha_1+\frac{1}{2}(\sin 2\alpha_2-\sin 2\alpha_1)\right]\\
\sigma_y &= -\frac{2p}{\pi}\int_{\alpha_1}^{\alpha_2}\sin^2\alpha\, d\alpha = -\frac{p}{\pi}\left[\alpha_2-\alpha_1-\frac{1}{2}(\sin 2\alpha_2-\sin 2\alpha_1)\right]\\
\tau_{xy} &= -\frac{2p}{\pi}\int_{\alpha_1}^{\alpha_2}\sin\alpha\cos\alpha\, d\alpha = \frac{p}{2\pi}[\cos 2\alpha_2-\cos 2\alpha_1]
\end{aligned}\right\} \quad (2)$$

Wir wollen noch an diesen Formeln zeigen, daß die Grenzbedingungen längs der geradlinigen Grenze $y = 0$ erfüllt sind. Für Punkte der x-Achse, für die $x > a$ ist, wird $\alpha_1 = \alpha_2 = 0$ und damit $\sigma_y = 0$; ebenso wird für die Punkte der negativen x-Achse, für die $x < -a$ ist, wegen $\alpha_1 = \alpha_2 = \pi$ die Grenzbedingung $\sigma_y = 0$ richtig erfüllt. Schließlich gilt für die Punkte der x-Achse längs der Lastlinie wegen $\alpha_1 = 0$ und $\alpha_2 = \pi$ die richtige Grenzbedingung $\sigma_y = -p$; σ_y ist als Druckspannung negativ.

Die Schubspannungen τ_{xy} verschwinden nach den Gl. (2) längs der ganzen Begrenzung $y = 0$. Bemerkenswert ist, daß σ_x nach Gl. (2) an jeder Stelle der Begrenzung denselben Wert annimmt wie σ_y, so daß auch unter der Last längs der Lastlinie $\sigma_x = p$ wird. Längs der Grenze herrscht also überall ein sog. hydrostatischer Spannungszustand in der Ebene, bei dem für alle Schnittrichtungen durch den betreffenden Punkt die gleichen, und zwar nur Normalspannungen herrschen. In unserem Fall ist diese Spannung unter der Last gleich p und zu beiden Seiten des Belastungsstreifens längs der Grenze gleich 0.

Da sich jede beliebige senkrechte Belastung der unendlichen Halbebene in rechteckige Belastungsstreifen zerlegen läßt, so gilt nach dem Überlagerungsgesetz allgemein für senkrechte Belastung der unendlichen Halbscheibe, daß sich an der ganzen geradlinigen Begrenzung der Halbebene überall ein hydrostatischer Spannungszustand einstellt, d. h. es gilt dort $\sigma_x = -p$, wenn mit p der dort herrschende Druck bezeichnet wird. Für die Spannungsoptik ist die Kenntnis der Isochromaten oder Schubspannungsgleichen $\tau_H = \text{const}$ von Bedeutung. Da τ_H durch den Radius des Mohrschen Spannungskreises dargestellt wird, gilt:

$$\tau_H^2 = \frac{(\sigma_x - \sigma_y)^2}{4} + \tau_{xy}^2.$$

Durch Einsetzen der Werte aus den Gl. (2) erhält man hieraus:

$$\tau_H^2 = \frac{p^2}{4\pi^2}[(\sin 2\alpha_2 - \sin 2\alpha_1)^2 + (\cos 2\alpha_2 - \cos 2\alpha_1)^2]$$

$$= \frac{p^2}{4\pi^2}[2 - 2\cos 2(\alpha_2 - \alpha_1)] = \frac{p^2}{\pi^2}\sin^2(\alpha_2 - \alpha_1)$$

oder

$$\tau_H = \frac{p}{\pi}\sin(\alpha_2 - \alpha_1) \quad \ldots \ldots \ldots \quad (3)$$

Die Isochromaten $\alpha_2 - \alpha_1 = \text{const}$ sind demnach Kreise, deren Mittelpunkte auf der y-Achse gelegen sind und die die Belastungsstrecke als Sehne besitzen. Die Schar dieser Kreise wird durch den Halbkreis mit dem Mittelpunkt in 0 in zwei Gruppen geteilt. Längs des Halbkreises nimmt τ_H seinen größten Wert, nämlich $\frac{p}{\pi}$ an, weil hier $\alpha_2 - \alpha_1 = \frac{\pi}{2}$ wird. Von hier aus nimmt τ_H sowohl beim Fortschreiten zu den äußeren Kreisen wie zu den inneren Kreisen ab. Für die Begrenzung wird $\alpha_2 - \alpha_1 = \pi$ und damit $\tau_H = 0$, wie wir dies vorher schon erwähnt haben.

Für eine spätere Anwendung wollen wir auch noch die Airysche Spannungsfunktion ableiten, die zu dem hier behandelten ebenen Spannungszustand gehört. Die zum einzelnen Belastungselement $p \cdot du$ gehörige Spannungsfunktion beträgt nach Gl. (1) von § 5:

$$dF = \frac{p\,du}{\pi} r \cdot \alpha \cdot \cos\alpha$$

und demnach die zum ganzen Belastungsstreifen gehörige Spannungsfunktion

$$F = \frac{p}{\pi}\int\limits_{u=-a}^{u=+a} r \cdot \alpha \cos\alpha\,du,$$

woraus wegen der Gl. (1a) und (1b) nach einfacher Umrechnung folgt:

$$F = \frac{p}{\pi} y \int\limits_{\alpha=\alpha_1}^{\alpha=\alpha_2} (x-u)\,\alpha \frac{d\alpha}{\sin^2\alpha} = \frac{p}{\pi} y^2 \int\limits_{\alpha=\alpha_1}^{\alpha=\alpha_2} \alpha \frac{\cos\alpha}{\sin^3\alpha}\,d\alpha$$

$$= \frac{p}{\pi} y^2 \int\limits_{\alpha=\alpha_1}^{\alpha=\alpha_2} \alpha \frac{1}{\sin^3\alpha}\,d(\sin\alpha)$$

oder

$$F = -\frac{p}{2\pi} y^2 \left[\frac{\alpha}{\sin^2\alpha} + \operatorname{cotg}\alpha\right]_{\alpha=\alpha_1}^{\alpha=\alpha_2} = \frac{p}{2\pi}(r_1^2\alpha_1 - r_2^2\alpha_2), \quad \ldots \quad (4)$$

wobei eine lineare Funktion in y weggelassen wurde, da sie für eine Spannungsfunktion unwesentlich ist.

§ 11. Die durch rechteckigen Belastungsstreifen auf Schub beanspruchte Halbebene

Ähnlich wie wir im vorigen § 10 von der Einzellast senkrecht zur Halbebene ausgegangen waren, um durch Überlagerung unendlich vieler, unendlich kleiner Einzellasten den Spannungszustand zu erhalten, der vom senkrechten Belastungsstreifen herrührt, so können wir hier von der tangential zum Rand angreifenden Einzellast Q des § 6 ausgehen, um den Spannungszustand in der Halbebene zu erhalten, der von einem tangential zum Rand wirkenden Belastungsstreifen nach Bild 20 herrührt. Setzen wir in den Gl. (11) von § 6 statt Q $q \cdot du$ ein und integrieren über den Belastungsstreifen, so erhält man:

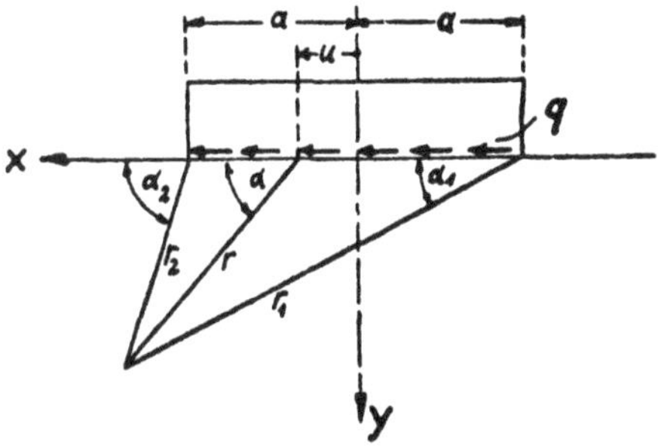

Bild 20

$$\left.\begin{aligned}
\sigma_x &= -\frac{2q}{\pi}\int\limits_{u=-a}^{u=+a}\frac{(x-u)^3}{r^4}\,du \\
\sigma_y &= -\frac{2q}{\pi}\int\limits_{u=-a}^{u=+a}\frac{y^2\,(x-u)}{r^4}\,du \\
\tau_{xy} &= -\frac{2q}{\pi}\int\limits_{u=-a}^{u=+a}\frac{y\,(x-u)^2}{r^4}\,du
\end{aligned}\right\} \quad \ldots\ldots\ldots (5)$$

Beachtet man wieder die Beziehungen (1a) und (1b), so folgt hieraus:

$$\left.\begin{aligned}
\sigma_x &= -\frac{2q}{\pi}\int\limits_{\alpha=\alpha_1}^{\alpha=\alpha_2}\frac{\cos^3\alpha}{\sin\alpha}\,d\alpha = \\
&\quad -\frac{2q}{\pi}\int\limits_{\alpha_1}^{\alpha_2}(\operatorname{tg}\alpha-\cos\alpha\sin\alpha)\,d\alpha = -\frac{2q}{\pi}\left[\ln\sin\alpha+\frac{1}{4}\cos 2\alpha\right]_{\alpha_1}^{\alpha_2} \\
&= -\frac{2q}{\pi}\ln\frac{r_1}{r_2}-\frac{q}{2\pi}(\cos 2\alpha_2-\cos 2\alpha_1) \\
\sigma_y &= -\frac{2q}{\pi}\int\limits_{\alpha=\alpha_1}^{\alpha=\alpha_2}\sin\alpha\cos\alpha\,d\alpha = -\frac{q}{2\pi}(\cos 2\alpha_1-\cos 2\alpha_2) \\
\tau_{xy} &= -\frac{2q}{\pi}\int\limits_{\alpha=\alpha_1}^{\alpha=\alpha_2}\cos^2\alpha\,d\alpha = -\frac{q}{\pi}(\alpha_2-\alpha_1)-\frac{q}{2\pi}(\sin 2\alpha_2-\sin 2\alpha_1)
\end{aligned}\right\} \quad (6)$$

Wie man sieht, gibt diese Lösung die richtigen Grenzbedingungen für $y = 0$. Was die y-Achse betrifft, so ist dort überall $\sigma_x = 0$ und $\sigma_y = 0$, aber τ_{xy} von Null verschieden. Für Punkte der Halbebene, die symmetrisch zur y-Achse gelegen sind, sind die Schubspannungen τ_{xy} gleich und die Normalspannungen σ_x bzw. σ_y bis aufs Vorzeichen gleich. Der Spannungszustand ist demnach hinsichtlich der y-Achse antisymmetrisch. Die Spannungen σ_x längs der Begrenzung $y = 0$ sind:

$$(\sigma_x)_{y=0} = -\frac{2q}{\pi}\ln\frac{r_1}{r_2} = -\frac{2q}{\pi}\ln\left|\frac{x+a}{x-a}\right|; \quad \ldots\ldots \quad (7)$$

d. h., sie haben den durch Bild 21 dargestellten Verlauf. Im Punkte $x = 0$ der geradlinigen Begrenzung ist $\sigma_x = 0$. In den Punkten $x = \pm a$ nimmt σ_x die Werte $\pm\,\infty$ an, um beiderseits des Belastungsstreifens asymptotisch auf den Wert 0 abzufallen.

Diese Unendlichkeitsstellen für σ_x an den Enden des Belastungsstreifens deuten darauf hin, daß der Spannungszustand in der Umgebung dieser Stellen durch unsere Gl. (6) nicht richtig wiedergegeben wird, da unendlich große Spannungen nicht möglich sind. Diese beiden Unendlichkeitsstellen rühren von der angenommenen rechteckigen Schubbelastungsfläche her. In Wirklichkeit kann eine derartige Schubbelastung nicht sprunghaft von Null aus ansteigen, wie hier angenommen worden ist, sondern stetig, wenn auch beliebig steil. Um die Unendlichkeitsstellen zum Verschwinden zu bringen, aber sonst den Charakter der σ_x-Kurve nach Bild 21 beizubehalten, werden wir in § 13 unendlich viele solche rechteckige Belastungsstreifen von der Stärke dq und wechselnder Länge übereinander lagern und sehen, bei welcher Lastverteilung die σ_x-Kurve innerhalb der Belastungslinie einen geradlinigen Verlauf annimmt.

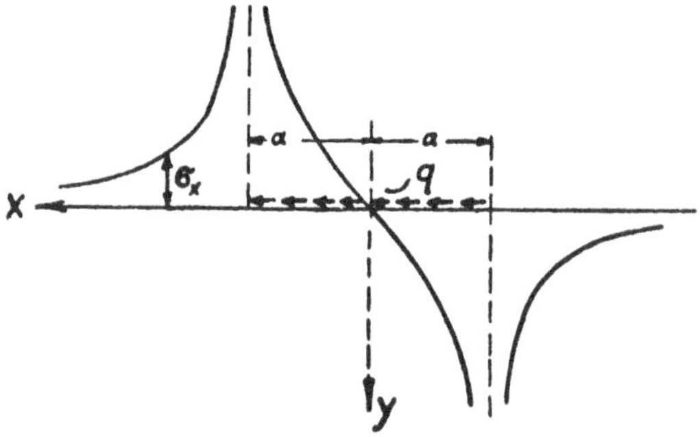

Bild 21

§ 12. Die am Rand belastete unendliche Halbebene in komplexer Darstellung

Wir gehen wieder von der durch eine Einzellast P senkrecht zum Rand belasteten unendlichen Halbebene aus, wie sie in § 5 behandelt worden ist. Aus den dortigen Gleichungen geht hervor, daß die halbe

Spannungssumme an jeder Stelle

$$\varphi = \frac{\sigma_r + \sigma_t}{2} = -\frac{p}{\pi}\,\frac{\sin\alpha}{r} \quad \ldots\ldots\ldots \quad (8)$$

beträgt. Allgemein gilt, daß die Spannungssumme 2 φ der Gleichung

$$\Delta\varphi = 0 \quad \ldots\ldots\ldots\ldots\ldots \quad (9)$$

genügt, d. h. eine harmonische Funktion ist. Man sieht sofort aus Gl. (8), daß diese Bedingung auch in unserem Fall erfüllt ist. Mit Hilfe der harmonischen Funktion φ kann man die allgemeinen Gleichgewichtsbedingungen des ebenen Spannungszustandes

$$\frac{\partial \sigma_x}{\partial x} + \frac{\partial \tau_{xy}}{\partial y} = 0$$

$$\frac{\partial \sigma_y}{\partial y} + \frac{\partial \tau_{xy}}{\partial x} = 0$$

identisch erfüllen durch den Ansatz:

$$\left.\begin{aligned} \sigma_x &= \varphi + y\,\frac{\partial \varphi}{\partial y} \\ \sigma_y &= \varphi - y\,\frac{\partial \varphi}{\partial y} \\ \tau_{xy} &= -\,y\,\frac{\partial \varphi}{\partial x} \end{aligned}\right\} \quad \ldots\ldots\ldots \quad (10)$$

Der Nachweis folgt ohne weiteres durch Einsetzen dieser Spannungswerte in die vorhergehenden Gleichgewichtsbedingungen. Außerdem ist zu beachten, daß φ gleich der halben Spannungssumme ist:

$$\varphi = \frac{\sigma_x + \sigma_y}{2}, \quad \ldots\ldots\ldots\ldots\ldots \quad (11)$$

so daß die Verträglichkeitsbedingung für die Spannungen nach Gl. (5a) von § 1

$$\Delta(\sigma_x + \sigma_y) = 0 \quad \ldots\ldots\ldots\ldots \quad (12)$$

durch den Ansatz von Gl. (10) auch erfüllt wird.

Mit Hilfe jeder harmonischen Funktion φ läßt sich demnach ein möglicher ebener Spannungszustand unter Zuhilfenahme der Gl. (10) angeben. Da im allgemeinen die Spannungssumme $\sigma_x + \sigma_y$ am Rande nicht gegeben ist, sondern nur die Normal- und Tangentialbelastung des Randes, so können mit Hilfe einer solchen harmonischen Spannungsfunktion φ nicht alle ebenen Spannungszustände gelöst werden, sondern nur solche, bei denen am Rand die Spannungssumme gegeben ist.

Dabei braucht die Abhängigkeit der Spannungen von der harmonischen Funktion nicht unbedingt durch die Gl. (10) gegeben zu sein. Man sieht ohne weiteres ein, daß mit Hilfe einer harmonischen Funktion ψ

und durch den Ansatz

$$\left.\begin{aligned} \sigma_x &= \psi - x\frac{\partial \psi}{\partial x} \\ \sigma_y &= \psi + x\frac{\partial \psi}{\partial x} \\ \tau_{xy} &= -x\frac{\partial \psi}{\partial y} \end{aligned}\right\} \quad \ldots\ldots\ldots\ldots \quad (13)$$

die obigen beiden Gleichgewichtsbedingungen auch identisch befriedigt werden und ebenso wegen

$$\Delta \psi = 0$$

die Verträglichkeitsgleichung (12). Also kann man auch mit Hilfe irgendeiner harmonischen Funktion ψ nach den Gl. (13) einen möglichen ebenen Spannungszustand erhalten.

Wir werden nun zeigen, daß die in den §§ 5, 6, 10 und 11 behandelten Spannungszustände mit Hilfe einer harmonischen Spannungsfunktion einfach dargestellt werden können. Wir beginnen mit dem Fall der durch eine Einzellast P senkrecht zum Rand belasteten unendlichen Halbebene, für die wir φ in Gl. (8) schon angeschrieben haben. Wir setzen diesen Wert von φ in die Gl. (10) ein. Dabei ist zu beachten, daß

$$\left.\begin{aligned} \frac{\partial \varphi}{\partial x} &= \frac{\partial \varphi}{\partial r}\frac{\partial r}{\partial x} + \frac{\partial \varphi}{\partial \alpha}\frac{\partial \alpha}{\partial x} = \frac{P}{\pi}\left[\frac{\sin\alpha\cos\alpha}{r^2} + \frac{\sin\alpha\cos\alpha}{r^2}\right] = \frac{P}{\pi}\frac{\sin 2\alpha}{r^2} \\ \frac{\partial \varphi}{\partial y} &= \frac{\partial \varphi}{\partial r}\frac{\partial r}{\partial y} + \frac{\partial \varphi}{\partial \alpha}\frac{\partial \alpha}{\partial y} = \frac{P}{\pi}\left[\frac{\sin^2\alpha}{r^2} - \frac{\cos^2\alpha}{r^2}\right] = -\frac{P}{\pi}\frac{\cos 2\alpha}{r^2} \end{aligned}\right\} \quad (14)$$

Damit erhält man aus den Gl. (10):

$$\left.\begin{aligned} \sigma_x &= \frac{P}{\pi}\left(-\frac{\sin\alpha}{r} - \frac{\sin\alpha\cos 2\alpha}{r}\right) = -\frac{2P}{\pi}\frac{\sin\alpha\cos^2\alpha}{r} = -\frac{2Px^2y}{\pi\cdot r^4} \\ \sigma_y &= \frac{P}{\pi}\left(-\frac{\sin\alpha}{r} + \frac{\sin\alpha\cos 2\alpha}{r}\right) = -\frac{2P}{\pi}\frac{\sin^3\alpha}{r} = -\frac{2P}{\pi}\frac{y^3}{r^4} \\ \tau_{xy} &= -\frac{P}{\pi}\frac{\sin\alpha\sin 2\alpha}{r} = -\frac{2P}{\pi}\frac{y^2x}{r^4} \end{aligned}\right\} \quad (15)$$

Der Vergleich dieser Spannungswerte mit denen der Gl. (5) von § 5 zeigt die vollkommene Übereinstimmung. Es liegt hier also tatsächlich ein ebener Spannungszustand vor, der durch die harmonische Funktion φ nach Gl. (8) unter Zugrundelegung der Gl. (10) vollkommen bestimmt ist.

Entsprechendes läßt sich für die durch eine Einzellast Q parallel zum Rand belastete Halbscheibe nachweisen. Dieser Fall ist in § 6 behandelt worden. Wir entnehmen aus den dortigen Gl. (10) die halbe Spannungssumme zu:

$$\psi = \frac{\sigma_r + \sigma_t}{2} = -\frac{Q}{\pi}\frac{\cos\alpha}{r} \quad \ldots\ldots\ldots \quad (16)$$

Indem wir diesen Wert für ψ in die Gl. (13) einsetzen, wobei zu beachten ist, daß

$$\left.\begin{aligned}\frac{\partial \psi}{\partial x} &= \frac{\partial \psi}{\partial r}\,\frac{\partial r}{\partial x} + \frac{\partial \psi}{\partial \alpha}\,\frac{\partial \alpha}{\partial x} = \frac{Q}{\pi}\,\frac{\cos 2\alpha}{r^2} \\ \frac{\partial \psi}{\partial y} &= \frac{\partial \psi}{\partial r}\,\frac{\partial r}{\partial y} + \frac{\partial \psi}{\partial \alpha}\,\frac{\partial \alpha}{\partial y} = \frac{Q}{\pi}\,\frac{\sin 2\alpha}{r^2}\end{aligned}\right\} \quad \ldots\ldots (17)$$

so erhält man:

$$\left.\begin{aligned}\sigma_x &= -\frac{Q}{\pi}\,\frac{\cos\alpha}{r} - \frac{Q}{\pi}\,\frac{\cos 2\alpha\cos\alpha}{r} = -\frac{2Q}{\pi}\,\frac{\cos^3\alpha}{r} = -\frac{2Q}{\pi}\,\frac{x^3}{r^4} \\ \sigma_y &= -\frac{Q}{\pi}\,\frac{\cos\alpha}{r} + \frac{Q}{\pi}\,\frac{\cos 2\alpha\cos\alpha}{r} = -\frac{2Q}{\pi}\,\frac{\cos\alpha\sin^2\alpha}{r} = -\frac{2Q}{\pi}\,\frac{x\,y^2}{r^4} \\ \tau_{xy} &= -\frac{Q}{\pi}\,\frac{\sin 2\alpha\cos\alpha}{r} = -\frac{2Q}{\pi}\,\frac{y\,x^2}{r^4}\end{aligned}\right\} (18)$$

Der Vergleich mit den Formeln von § 6 Gl. (11) zeigt die vollkommene Übereinstimmung mit den vorstehenden Spannungswerten. Die beiden »harmonischen Spannungsfunktionen« φ und ψ nach Gl. (8) und Gl. (16) sind mit $P = Q$ konjugiert, so daß

$$X(z) = \varphi + i\,\psi = -\frac{P}{\pi}\,\frac{\sin\alpha + i\cos\alpha}{r} = -i\,\frac{P}{\pi}\cdot\frac{1}{z} \quad \ldots (19)$$

eine komplexe analytische Funktion der komplexen Veränderlichen

$$z = x + i\,y = r\cdot e^{i\alpha} \quad \ldots\ldots\ldots\ldots (20)$$

darstellt.

Diese komplexe Spannungsfunktion $X(z)$ bietet unter Umständen rechnerische Vorteile. Wir wollen als Beispiel für ihre Anwendung nochmals die durch rechteckige Belastungsstreifen beanspruchte unendliche Halbebene behandeln. Dabei werden die Berechnungen für die beiden durch Bild 19 und 20 dargestellten Belastungsfälle gleichzeitig durchgeführt. Legt man die Bezeichnungen dieser beiden Abbildungen zugrunde und setzt die Belastungsstärke in beiden Fällen gleich, d. h. $p = q$, so erhält man nach Gl. (19) die komplexe Spannungsfunktion:

$$X(z) = i\,\frac{p}{\pi}\int\limits_{u=-a}^{u=+a}\frac{du}{u-z} \quad \ldots\ldots\ldots\ldots (21)$$

woraus durch Integration folgt (s. Bild 19 oder 20)

$$\begin{aligned}X(z) &= i\,\frac{p}{\pi}\ln\frac{z-a}{z+a} = i\,\frac{p}{\pi}\left[\ln\frac{r_2}{r_1} + i\,(\alpha_2 - \alpha_1)\right] \\ &= \frac{p}{\pi}\left[(\alpha_1 - \alpha_2) + i\ln\frac{r_2}{r_1}\right] \quad \ldots\ldots\ldots (22)\end{aligned}$$

Bevor wir diese Spannungsfunktion zur Berechnung der zugehörigen Spannungszustände verwenden, wollen wir noch eine allgemeine Überlegung anstellen. Haben wir es nicht mit einer konstanten Lastverteilung $p = \text{const}$ der Halbebene zu tun, sondern mit einer beliebig veränderlichen $p(u)$, so nimmt die komplexe Spannungsfunktion statt Gl. (21) die allgemein gültige Form

$$X(z) = \frac{i}{\pi} \int_{u=a_1}^{u=a_2} \frac{p(u)}{u-z} \, du \quad \ldots \ldots \ldots \quad (23)$$

an. Zerlegen wir dieses Integral in Real- und Imaginärteil, so erhält man:

$$X(z) = \frac{i}{\pi} \int_{u=a_1}^{u=a_2} \frac{p(u)}{u-z} \, du = \Phi + i\Psi \quad \ldots \ldots \quad (24)$$

Darin ist

$$\Phi = \int_{a_1}^{a_2} \varphi \, du \quad \ldots \ldots \ldots \ldots \quad (25\text{a})$$

$$\Psi = \int_{a_1}^{a_2} \psi \, du \quad \ldots \ldots \ldots \ldots \quad (25\text{b})$$

wenn $\varphi \, du$ und $\psi \, du$ wie früher die zu den Einzellasten $p \, du$ gehörigen Spannungsfunktionen bedeuten, die mit den zugehörigen Spannungen durch die Gl. (10) für φ und die Gl. (13) für ψ verknüpft sind. Indem man die von den einzelnen Lastelementen $p \, du$ herrührenden Spannungsanteile summiert, erhält man aus den Gl. (10) unter Benützung von (25a)

$$\left.\begin{aligned} \sigma_{x1} &= \Phi + y \frac{\partial \Phi}{\partial y} \\ \sigma_{y1} &= \Phi - y \frac{\partial \Phi}{\partial y} \\ \tau_{xy1} &= -y \frac{\partial \Phi}{\partial x} \end{aligned}\right\} \quad \ldots \ldots \ldots \ldots \quad (26)$$

Die Summation über die Einzellasten, die auf die Gl. (26) geführt hat, war ohne weiteres möglich, da in den Gl. (10) nur die Koordinate y des Aufpunktes explizit auftritt, die für alle Lastelemente $p \, du$ dieselbe ist. Dies gilt aber nicht mehr für die Gl. (13), die bei tangentialer Belastung der unendlichen Halbscheibe maßgebend sind. Hierin tritt die Koordinate x des Aufpunktes auf, die von der Lage des Lastelementes $q \, du$ abhängt. Deshalb ist hier zunächst folgende Überlegung zweckmäßig. Wir bilden die zu den beiden Lastelementen $p \, du$ und $q \, du$ eines Randpunktes der unendlichen Halbscheibe gehörigen Spannungszustände, und zwar aus den Gl. (10) die Spannungsanteile:

$$\left.\begin{aligned} d\,\sigma_{x1} &= \left(\varphi + y\frac{\partial\varphi}{\partial y}\right)du \\ d\,\sigma_{y1} &= \left(\varphi - y\frac{\partial\varphi}{\partial y}\right)du \\ d\,\tau_{xy1} &= -\,y\frac{\partial\varphi}{\partial x}\,du \end{aligned}\right\} \quad \ldots\ldots\ldots \quad (27\,a)$$

und aus den Gl. (13)

$$\left.\begin{aligned} d\,\sigma_{x2} &= \left[\psi - (x-u)\frac{\partial\psi}{\partial x}\right]du \\ d\,\sigma_{y2} &= \left[\psi + (x-u)\frac{\partial\psi}{\partial x}\right]du \\ d\,\tau_{xy2} &= -\,(x-u)\frac{\partial\psi}{\partial y}\,du \end{aligned}\right\} \quad \ldots\ldots \quad (27\,b)$$

Aus diesen Gleichungen folgt:

$$\frac{d\,\sigma_{x1} + d\,\sigma_{y1}}{2} = \varphi\,du$$

$$\frac{d\,\sigma_{x2} + d\,\sigma_{y2}}{2} = \psi\,du$$

und durch Integration über die ganze Belastungsfläche

$$\left.\begin{aligned} \frac{\sigma_{x1} + \sigma_{y1}}{2} &= \int\limits_{u=a_1}^{u=a_2} \varphi\,du = \Phi \\ \frac{\sigma_{x2} + \sigma_{y2}}{2} &= \int\limits_{u=a_1}^{u=a_2} \psi\,du = \Psi \end{aligned}\right\} \quad \ldots\ldots\ldots\ldots \quad (28)$$

Ferner bilden wir aus den Gl. (27)

$$d\,\sigma_1 = \frac{d\,\sigma_{x1} - d\,\sigma_{y1}}{2} = y\frac{\partial\varphi}{\partial y}\,du$$

$$d\,\tau_1 = d\,\tau_{xy1} = -\,y\frac{\partial\varphi}{\partial x}\,du$$

und

$$d\,\sigma_2 = \frac{d\,\sigma_{y2} - d\,\sigma_{x2}}{2} = (x-u)\frac{\partial\psi}{\partial x}\,du$$

$$d\,\tau_2 = d\,\tau_{xy2} = -\,(x-u)\frac{\partial\psi}{\partial x}\,du.$$

Wir berechnen nun

$$d\sigma_1 - d\tau_2 + i\,(d\sigma_2 - d\tau_1) = \left[y\frac{\partial\varphi}{\partial y} + (x-u)\frac{\partial\psi}{\partial y}\right]du + i\left[(x-u)\frac{\partial\psi}{\partial x} + y\frac{\partial\varphi}{\partial x}\right]du.$$

Da φ und ψ konjugierte Funktionen sind, die den Cauchy-Riemannschen Differentialgleichungen

$$\frac{\partial\varphi}{\partial x} = \frac{\partial\psi}{\partial y};\quad \frac{\partial\varphi}{\partial y} = -\frac{\partial\psi}{\partial x}$$

genügen, so läßt sich unter Berücksichtigung der Gl. (19) bzw. (23) die rechte Seite der letzten Gleichung umschreiben wie folgt:

$$d\sigma_1 - d\tau_2 + i\,(d\sigma_2 - d\tau_1) = [x - u + iy]\left[\frac{\partial\varphi}{\partial x} + i\frac{\partial\psi}{\partial x}\right]du$$

$$= (z-u)\frac{dX}{dz}du \quad . \; . \; . \quad (29)$$

Da aber

$$X = -\frac{i\,p(u)}{\pi}\cdot\frac{1}{z-u},$$

so ist

$$\frac{dX}{dz} = \frac{i\,p(u)}{\pi}\cdot\frac{1}{(z-u)^2}$$

und damit erhält man aus Gl. (29)

$$d\sigma_1 - d\tau_2 + i\,(d\sigma_2 - d\tau_1) = \frac{i\,p(u)}{\pi}\,\frac{1}{z-u}\,du = -X\,du,$$

woraus durch Integration

$$\sigma_1 - \tau_2 + i\,(\sigma_2 - \tau_1) = -\frac{i}{\pi}\int_{u=a_1}^{u=a_2}\frac{p(u)}{u-z}\,du = -X = -\Phi - i\Psi \quad (30\text{a})$$

folgt. Durch Spalten von Real- und Imaginärteil erhält man hieraus:

$$\left.\begin{aligned}\sigma_1 - \tau_2 &= -\Phi\\ \sigma_2 - \tau_1 &= -\Psi\end{aligned}\right\} \quad . \; . \; . \; . \; . \; . \; . \; . \; . \; . \quad (30\text{b})$$

Da aber

$$\sigma_1 = \sigma_{x1} - \sigma_{y1};\quad \tau_1 = \tau_{xy1}$$

$$\sigma_2 = \sigma_{y2} - \sigma_{x2};\quad \tau_2 = \tau_{xy2},$$

so folgt unter Berücksichtigung der Gl. (28)

$$\left.\begin{aligned}\sigma_{x2} &= 2\Psi + y\frac{\partial\Psi}{\partial y} = 2\Psi - \tau_{xy1}\\ \sigma_{y2} &= -y\frac{\partial\Phi}{\partial x} = -y\frac{\partial\Psi}{\partial y} = \tau_{xy1}\\ \tau_{xy2} &= \Phi + y\frac{\partial\Phi}{\partial y} = \Phi - y\frac{\partial\Psi}{\partial x} = \sigma_{x1}\end{aligned}\right\} \quad \ldots \quad (30\,c)$$

Damit sind die Spannungen für die unter Schubbelastung stehende unendliche Halbscheibe ermittelt. Besondere Beachtung verdient der Zusammenhang zwischen den sich nach Gl. (26) errechnenden von der Normalbelastung herrührenden Spannungen, die durch den Index 1 gekennzeichnet sind, und den von einem entsprechenden Schubbelastungsstreifen herrührenden Spannungen nach Gl. (30c), die durch den Index 2 charakterisiert sind. Die Ermittlung beider Spannungszustände nach diesen Gleichungen erfordert nur die Berechnung der komplexen Spannungsfunktion nach Gl. (23).

Für den Fall eines Belastungsstreifens von $x = -a$ bis $x = +a$ mit konstanter Belastungsstärke p ist die komplexe Spannungsfunktion X schon in Gl. (22) berechnet worden.

Die Zerlegung in Real- und Imaginärteil gibt:

$$\Phi = \frac{p}{\pi}(\alpha_1 - \alpha_2)$$

$$\Psi = \frac{p}{\pi}\ln\frac{r_2}{r_1}.$$

Durch Einsetzen dieser Werte erhält man aus den Gl. (26)

$$\sigma_{x1} = -\frac{p}{\pi}\left[\alpha_2 - \alpha_1 + \frac{1}{2}(\sin 2\alpha_2 - \sin 2\alpha_1)\right]$$

$$\sigma_{y1} = -\frac{p}{\pi}\left[\alpha_2 - \alpha_1 - \frac{1}{2}(\sin 2\alpha_2 - \sin 2\alpha_1)\right]$$

$$\tau_{xy1} = \frac{p}{2\pi}[\cos 2\alpha_2 - \cos 2\alpha_1]$$

in Übereinstimmung mit den Gl. (2) von § 10 und durch Einsetzen derselben Werte von Φ und Ψ in die Gl. (30c) erhält man

$$\sigma_{x2} = \frac{2p}{\pi}\ln\frac{r_2}{r_1} - \frac{p}{2\pi}(\cos 2\alpha_2 - \cos 2\alpha_1) = 2\Psi - \tau_{xy1}$$

$$\sigma_{y2} = \frac{p}{2\pi}(\cos 2\alpha_2 - \cos 2\alpha_1) = \tau_{xy1}$$

$$\tau_{xy2} = -\frac{p}{\pi}\left[\alpha_2 - \alpha_1 + \frac{1}{2}(\sin 2\alpha_2 - \sin 2\alpha_1)\right] = \sigma_{x1}$$

in Übereinstimmung mit den Gl. (6) von § 11.

§ 13. Die durch halbkreisförmigen Belastungsstreifen auf Schub beanspruchte Halbebene

Am Schluß von § 11 haben wir schon darauf hingewiesen, daß wir durch Überlagerung rechteckiger Schubspannungsstreifen eine einfache Spannungsverteilung σ_x längs des Randes der Halbebene zu erreichen versuchen wollen. Wir lassen die Form des Belastungsstreifens zunächst offen, so daß wir gemäß Bild 22 eine zur y-Achse symmetrische Schubbelastung $q(u)$ voraussetzen. Diesen Belastungsstreifen denken wir uns in unendlich viele, unendlich schmale rechteckige Belastungsstreifen von der Höhe dq und der Breite $2u$ zerlegt. Für jeden dieser Streifen gilt Gl. (7) des § 11. Durch Summation über alle diese schmalen Streifen erhält man für die von der ganzen Belastung herrührende Spannungsverteilung längs der Begrenzung $y = 0$

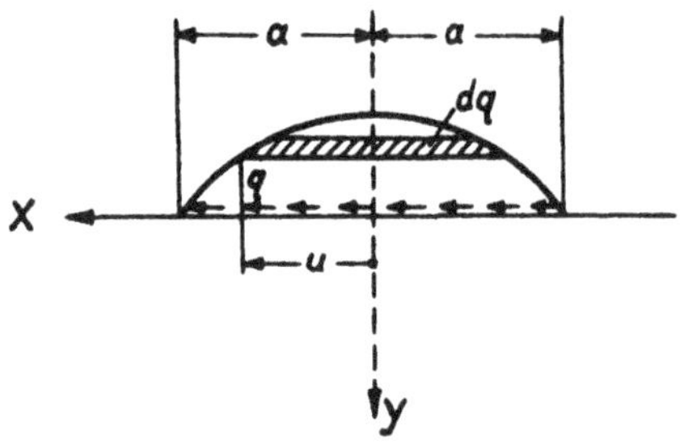

Bild 22

$$(\sigma_x)_{y=0} = -\frac{2}{\pi}\int_{u=a}^{u=0} \ln\left|\frac{x+u}{x-u}\right| \frac{dq}{du}\,du \quad . \quad . \quad . \quad . \quad . \quad . \quad (31)$$

Darin ist die Belastungsstärke q als Funktion von u gegeben anzusehen. Durch Differentiation von Gl. (31) nach x erhält man:

$$\frac{d}{dx}(\sigma_x)_{y=0} = -\frac{2}{\pi}\int_{u=a}^{u=0}\left(\frac{1}{x+u} - \frac{1}{x-u}\right)\frac{dq}{du}\,du = \frac{4}{\pi}\int_{u=a}^{u=0}\frac{u}{x^2-u^2}\,\frac{dq}{du}\,du$$

$$= -\frac{4}{\pi}\int_{u=0}^{u=a}\frac{u}{x^2-u^2}\,\frac{dq}{du}\,du.$$

Wir suchen nun eine solche Lastverteilung $q(u)$, daß $\frac{d}{dx}(\sigma_x)_{y=0}$ für $x^2 < a^2$ konstant, also unabhängig von x wird. Zu diesem Zwecke setzen wir für

$$\frac{u}{x^2-u^2} = \frac{u^2-x^2+x^2}{(x^2-u^2)\,u} = -\frac{1}{u} + \frac{x^2}{(x^2-u^2)\,u}$$

und erhalten damit

$$\frac{d(\sigma_x)_{y=0}}{dx} = \frac{4}{\pi}\int_{u=0}^{u=a}\frac{1}{u}\,\frac{dq}{du}\,du - \frac{4}{\pi}\,x^2\int_{u=0}^{u=a}\frac{1}{(x^2-u^2)\,u}\,\frac{dq}{du}\,du \quad . \quad . \quad (32)$$

Setzt man hierin

$$\frac{dq}{du} = c \cdot \frac{u}{\sqrt{a^2 - u^2}} \quad \ldots\ldots\ldots\ldots \quad (33)$$

so geht das erste der beiden Integrale von Gl. (32) über in

$$\int_{u=0}^{u=a} \frac{1}{u} \frac{dq}{du}\, du = c \int_{u=0}^{u=a} \frac{du}{\sqrt{a^2 - u^2}} = c \left[\arc \sin \frac{u}{a}\right]_{u=0}^{u=a} = c \cdot \frac{\pi}{2} \qquad (34)$$

und das zweite Integral von Gl. (32) wird[1])

$$c \cdot \int_{u=0}^{u=a} \frac{du}{(x^2 - u^2)\sqrt{a^2 - u^2}} = \begin{cases} 0 \text{ für } x^2 < a^2 \\ c \dfrac{\pi}{2\,|x|\,\sqrt{x^2 - a^2}} \text{ für } x^2 > a^2 \end{cases} \qquad (35)$$

Für $x^2 < a^2$ wird demnach

$$\frac{d}{dx}(\sigma_x)_{y=0} = 2c \quad \ldots\ldots\ldots\ldots \quad (36\text{a})$$

während für $x^2 > a^2$ gilt

$$\frac{d}{dx}(\sigma_x)_{y=0} = 2c - \frac{2c\,|x|}{\sqrt{x^2 - a^2}} \quad \ldots\ldots\ldots \quad (36\text{b})$$

Die durch Gl. (33) bestimmte Schubverteilung erfüllt gerade die geforderte Bedingung, daß die Spannungen am Rand $(\sigma_x)_{y=0}$ im Belastungsstreifen $-a < x < a$ linear verteilt sind. Durch Integration von Gl. (33) folgt

$$q = -c\sqrt{a^2 - u^2} = \frac{q_0}{a}\sqrt{a^2 - u^2} \quad \ldots\ldots \quad (37)$$

wenn mit $q_0 = -ca$ die größte Belastungsstärke in der Mitte des Belastungsstreifens für $x = 0$ bezeichnet wird. Wie aus Gl. (37) hervorgeht, ist die gesuchte Schubbelastung über die Strecke $-a$ bis $+a$ halbkreisförmig verteilt.

Mit dem gefundenen Wert von $c = -\frac{q_0}{a}$ gehen die Gl. (36a) und (36b) über in

$$\frac{d(\sigma_x)_{y=0}}{dx} = -\frac{2q_0}{a} \text{ für } x^2 < a^2 \quad \ldots\ldots\ldots\ldots \quad (38\text{a})$$

$$\frac{d(\sigma_x)_{y=0}}{dx} = -\frac{2q_0}{a} + \frac{2q_0\,|x|}{a\sqrt{x^2 - a^2}} \text{ für } x^2 > a^2 \quad \ldots \quad (38\text{b})$$

[1]) Siehe z. B. Bierens de Haan, »Nouvelles tables d'intégrales définies«, Leyden 1867, Tafel 12, S. 39.

Daraus folgt:

$$(\sigma_x)_{y=0} = -\frac{2q_0}{a}x$$

für $x^2 < a^2$ . . . (39a)

$$(\sigma_x)_{y=0} = -\frac{2q_0}{a}\left(x \mp \sqrt{x^2 - a^2}\right)$$

für $x^2 > a^2$ . . . (39b)

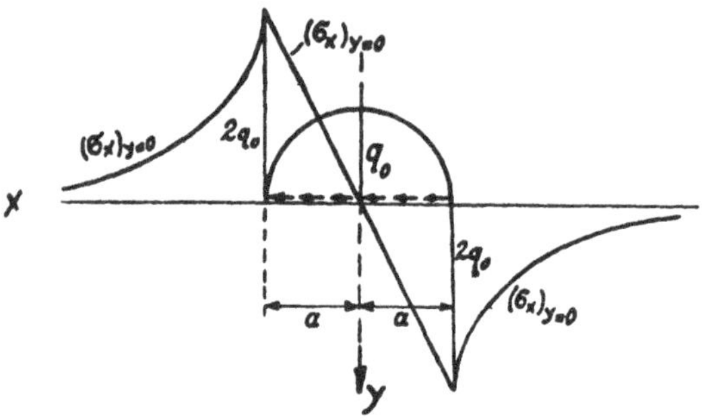

Bild 23

Bild 23 zeigt diese Spannungsverteilung sowie die zugehörige halbkreisförmige Belastung.

§ 14. Die durch halbkreisförmigen Belastungsstreifen auf Druck beanspruchte Halbebene

Im vorhergehenden § haben wir gesehen, daß der halbkreisförmige Schubbelastungsstreifen der Halbebene dadurch ausgezeichnet ist, daß für ihn die Randspannungen $(\sigma_x)_{y=0}$ im Belastungsstreifen linear verteilt sind, und zwar derart, daß diese Randspannung in der Mitte des Streifens den Wert Null annimmt und von hier aus nach der einen Seite positiv und nach der anderen Seite mit gleichem negativen Wert geradlinig anwächst. Eine solche Schubbelastung tritt z. B. an der Berührungsstelle eines Rades mit der als Halbebene gedachten Schiene auf, wenn das rollende Rad gebremst wird. Die Berührung zwischen Rad und Schiene findet infolge der elastischen Abplattung des Rades längs einer kleinen Strecke, der sog. Drucklinie, von der Größe $2a$ statt. Die beim Bremsen auftretende Schubspannung zwischen Rad und Schiene tritt zugleich mit einer längs der Drucklinie $2a$ verteilten Druckbeanspruchung auf, und zwar gilt als Beziehung zwischen dem an einer Stelle u der Drucklinie herrschenden Normaldruck $p(u)$ und der zugehörigen Schubbelastung $q(u)$ nach dem Coulombschen Reibungsgesetz

$$q(u) = \mu \cdot p(u) \qquad \text{. . . . . (40)}$$

wobei μ entweder den Haftreibungskoeffizienten oder im Falle des Gleitens zwischen Rad und Schiene, den Gleitungskoeffizienten bedeutet.

Dem im vorigen § behandelten halbkreisförmigen Schubbelastungsstreifen entspricht demnach wegen Gl. (40) gleichfalls ein halbkreisförmiger Druckbelastungsstreifen der Halbebene. Wir werden in § 17 sehen, daß dieser Art der Belastung der Halbebene eine praktisch wichtige Bedeutung zukommt.

Um den zugehörigen Spannungszustand abzuleiten, gehen wir von den Formeln (2) von § 10 für den rechteckigen Belastungsstreifen aus.

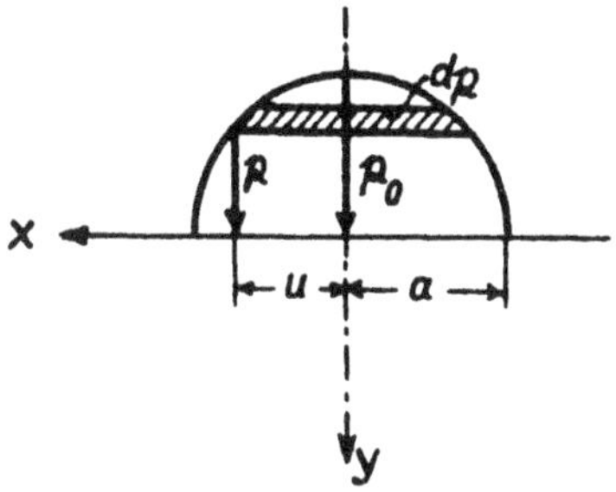

Bild 24

Wir denken uns nach Bild 24 den halbkreisförmigen Druckbelastungsstreifen in schmale Rechteckstreifen von der Breite $2u$ und der Höhe dp aufgelöst. Für jeden einzelnen dieser Rechteckstreifen kann man den zugehörigen Spannungszustand aus den Gl. (2) entnehmen.

Durch Summation über alle Streifen erhält man unter Berücksichtigung von

$$p = \frac{p_0}{a}\sqrt{a^2 - u^2} \quad \ldots\ldots\ldots\ldots \quad (41)$$

oder

$$\frac{dp}{du} = -\frac{p_0}{a}\,\frac{u}{\sqrt{a^2 - u^2}} \quad \ldots\ldots\ldots\ldots \quad (42)$$

die folgende Spannungsverteilung in der Halbebene:

$$\left.\begin{aligned}
\sigma_x &= +\frac{p_0}{\pi a}\int\limits_{u=a}^{u=0}\left[\alpha_2 - \alpha_1 + \frac{1}{2}(\sin 2\alpha_2 - \sin 2\alpha_1)\right]\frac{u}{\sqrt{a^2 - u^2}}\,du \\
\sigma_y &= +\frac{p_0}{\pi \cdot a}\int\limits_{u=a}^{u=0}\left[\alpha_2 - \alpha_1 - \frac{1}{2}(\sin 2\alpha_2 - \sin 2\alpha_1)\right]\frac{u}{\sqrt{a^2 - u^2}}\,du \\
\tau_{xy} &= -\frac{p_0}{2\pi a}\int\limits_{u=a}^{u=0}[\cos 2\alpha_2 - \cos 2\alpha_1]\frac{u}{\sqrt{a^2 - u^2}}\,du
\end{aligned}\right\} \quad (43)$$

Darin bedeuten α_1 und α_2 die Winkel, die die Strahlen vom betrachteten Punkt der x-, y-Ebene nach den Punkten $-u$ und $+u$ der x-Achse mit der x-Achse einschließen. Sie sind demnach auch Funktionen von u. Wir wollen den Spannungszustand aber nicht an einem beliebigen Punkt der x-, y-Ebene untersuchen, sondern es genügt hier, die Spannungen längs der beiden Koordinatenachsen genauer festzustellen. Längs der x-Achse ist außerhalb des Belastungsstreifens auf der positiven x-Achse $\alpha_1 = \alpha_2 = 0$ und auf der negativen x-Achse $\alpha_1 = \alpha_2 = \pi$, so daß dort überall $\sigma_x = \sigma_y = \tau_{xy} = 0$ aus den Gl. (43) folgt. Für Punkte der x-Achse, die im Belastungsstreifen liegen, also für $x = x_1$ mit $|x_1| < a$, gilt für $u > x_1$, daß $\alpha_1 = 0$ und $\alpha_2 = \pi$ ist, während für $u < x_1$ sowohl $\alpha_1 = 0$ wie $\alpha_2 = 0$ wird. Demnach liefern die Gl. (43) die Werte

$$(\sigma_x)_{y=0} = (\sigma_y)_{y=0} = \frac{p_0}{a}\int\limits_{u=a}^{u=x_1}\frac{u\,du}{\sqrt{a^2 - u^2}} = -\frac{p_0}{a}\sqrt{a^2 - x_1^2} = -p_1 \quad (44)$$

wenn mit p_1 die zu x_1 gehörige Druckbelastung bezeichnet wird. Zugleich folgt aus der 3. Gleichung (43) $(\tau_{xy})_{y=0} = 0$, so daß die Grenzbedingungen längs der Begrenzung der Halbebene durch die Gl. (43) befriedigt sind. Zugleich folgt aus Gl. (44), daß hier überall die Spannung $(\sigma_x)_{y=0}$ mit der Druckspannung $(\sigma_z)_{y=0} = -p_1$ übereinstimmt. Diese Beziehung gilt allgemein für senkrechte Belastung der Halbebene, da sie in § 10 für den rechteckigen Belastungsstreifen abgeleitet worden ist und sich jede beliebige senkrechte Belastung aus solchen rechteckigen Belastungsstreifen zusammensetzen läßt.

Wir kommen nunmehr zur Untersuchung des Spannungszustandes längs der y-Achse. Hierfür vereinfachen sich die Gl. (43) wesentlich. Für die Punkte der y-Achse gilt:

$$\alpha_1 = \alpha \qquad \alpha_2 = \pi - \alpha \qquad \alpha_2 - \alpha_1 = \pi - 2\alpha$$

$$\sin 2\alpha_1 = \sin 2\alpha, \quad \cos 2\alpha_1 = \cos 2\alpha, \quad \sin 2\alpha_2 = -\sin 2\alpha, \quad \cos 2\alpha_2 = \cos 2\alpha.$$

Zunächst folgt damit aus der 3. Gl. (43) $(\tau_{xy})_{x=0} = 0$, was sich aus Symmetriebetrachtungen ergibt. Die Normalspannungen ergeben die folgenden Werte:

$$\left.\begin{aligned} (\sigma_x)_{x=0} &= \frac{p_0}{\pi a} \int_{u=a}^{u=0} (\pi - 2\alpha - \sin 2\alpha) \frac{u}{\sqrt{a^2 - u^2}}\, du \\ (\sigma_y)_{x=0} &= \frac{p_0}{\pi a} \int_{u=a}^{u=0} (\pi - 2\alpha + \sin 2\alpha) \frac{u}{\sqrt{a^2 - u^2}}\, du \end{aligned}\right\} \quad . \; . \; . \quad (45)$$

oder:

$$(\sigma_x)_{x=0} = -p_0 - \frac{p_0}{\pi a} \int_{u=0}^{u=a} (2\alpha + \sin 2\alpha)\, d\sqrt{a^2 - u^2}$$

$$(\sigma_y)_{x=0} = -p_0 - \frac{p_0}{\pi a} \int_{u=0}^{u=a} (2\alpha - \sin 2\alpha)\, d\sqrt{a^2 - u^2}.$$

Durch partielle Integration erhält man hieraus:

$$\left.\begin{aligned} (\sigma_x)_{x=0} &= -p_0 - \frac{p_0}{\pi a} (2\alpha + \sin 2\alpha) \sqrt{a^2 - u^2} \Bigg|_{u=0}^{u=a} + \\ &\qquad + \frac{4 p_0}{\pi a} \int_{u=0}^{u=a} \cos^2\alpha \sqrt{a^2 - u^2}\, d\alpha \\ (\sigma_y)_{x=0} &= -p_0 - \frac{p_0}{\pi a} (2\alpha - \sin 2\alpha) \sqrt{a^2 - u^2} \Bigg|_{u=0}^{u=a} + \\ &\qquad + \frac{4 p_0}{\pi a} \int_{u=0}^{u=a} \sin^2\alpha \sqrt{a^2 - u^2}\, d\alpha \end{aligned}\right\} \quad (46)$$

Es ist nun

$$\frac{p_0}{\pi \cdot a}(2\alpha \pm \sin 2\alpha)\sqrt{a^2 - u^2}\Bigg|_{u=0}^{u=a} = -p_0,$$

so daß

$$\left.\begin{aligned} (\sigma_x)_{x=0} &= \frac{4p_0}{\pi a}\int\limits_{u=0}^{u=a} \cos^2\alpha \sqrt{a^2 - u^2}\, d\alpha \\ (\sigma_y)_{x=0} &= \frac{4p_0}{\pi \alpha}\int\limits_{u=0}^{u=a} \sin^2\alpha \sqrt{a^2 - u^2}\, d\alpha \end{aligned}\right\} \quad \ldots\ldots \quad (47)$$

Wir wollen zunächst die zweite dieser beiden Gleichungen weiter behandeln. Unter Berücksichtigung des geometrischen Zusammenhanges zwischen den Größen u und α erhält man:

$$\left.\begin{aligned} &y \cdot \operatorname{cotg}\alpha = +u & &\sin\alpha = \frac{y}{\sqrt{y^2 + u^2}}, \\ &\cos\alpha = \frac{u}{\sqrt{y^2 + u^2}} & &\frac{du}{dx} = -\frac{y^2 + u^2}{y} \\ &\sqrt{a^2 - u^2} = \frac{\sqrt{a^2 - (a^2 + y^2)\cos^2\alpha}}{\sin\alpha} \end{aligned}\right\} \quad \ldots \quad (48)$$

Führt man noch als neue Veränderliche

$$v = \cos\alpha = \frac{u}{\sqrt{y^2 + u^2}}$$

in den Ausdruck für $(\sigma_y)_{x=0}$ der Gl. (47) ein, so erhält man

$$(\sigma_y)_{x=0} = -\frac{4p_0}{\pi a}\int\limits_{v=0}^{v=\frac{a}{\sqrt{a^2+y^2}}} \sqrt{a^2 - (a^2 + y^2)v^2}\, dv =$$

$$-\frac{2p_0}{\pi a}\sqrt{a^2 + y^2}\left[v \cdot \sqrt{\frac{a^2}{a^2 + y^2} - v^2}\right.$$

$$\left. + \frac{a^2}{a^2 + y^2} \arcsin \frac{v}{a}\sqrt{a^2 + y^2}\right]_{v=0}^{v=\frac{a}{\sqrt{a^2+y^2}}} \quad \ldots \quad (49)$$

$$(\sigma_y)_{x=0} = -p_0 \cdot \frac{a}{\sqrt{a^2 + y^2}} \quad \ldots\ldots\ldots\ldots \quad (50)$$

Um $(\sigma_x)_{x=0}$ nach (47) zu berechnen, führt man zweckmäßig zunächst eine partielle Integration durch:

$$(\sigma_x)_{x=0} = \frac{4\,p_0}{\pi\,a}\int\limits_{u=0}^{u=a} \cos\alpha\,\sqrt{a^2-u^2}\,d(\sin\alpha) =$$

$$= \frac{4\,p_0}{\pi\,a}\Big[\cos\alpha\sin\alpha\,\sqrt{a^2-u^2}\Big]_{u=0}^{u=a} + \frac{4\,p_0}{\pi\,a}\int\limits_{u=0}^{u=a} \sin^2\alpha\,\sqrt{a^2-u^2}\,d\alpha$$

$$+ \frac{4\,p_0}{\pi\,a}\int\limits_{u=0}^{u=a} \frac{\sin\alpha\cos\alpha}{\sqrt{a^2-u^2}}\,u\,du \quad \dots\dots\dots\dots \quad (51)$$

Von den Ausdrücken rechts des Gleichheitszeichens verschwindet der erste, der zweite stimmt nach Gl. (47) bzw. (50) mit $(\sigma_y)_{x=0}$ überein und der dritte läßt sich wegen Gl. (48) umformen in

$$\frac{4\,p_0}{\pi\,a}\int\limits_{u=0}^{u=a} \sin\alpha\cos\alpha\,\frac{u}{\sqrt{a^2-u^2}}\,du = \frac{4\,p_0}{\pi\,a}\,y\int\limits_{u=0}^{u=a}\frac{u^2\,du}{(y^2+u^2)\sqrt{a^2-u^2}} =$$

$$= \frac{4\,p_0}{\pi\,a}\,y\int\limits_{u=0}^{u=a}\frac{du}{\sqrt{a^2-u^2}} - \frac{4\,p_0}{\pi\,a}\,y^3\int\limits_{u=0}^{u=a}\frac{du}{(y^2+u^2)\sqrt{a^2-u^2}}.$$

Wegen

$$\int\limits_{u=0}^{u=a}\frac{du}{\sqrt{a^2-u^2}} = \frac{\pi}{2}$$

und[1])

$$\int\limits_{u=0}^{u=a}\frac{du}{(y^2+u^2)\sqrt{a^2-u^2}} = \frac{\pi}{2\,|y|\,\sqrt{a^2+y^2}}$$

erhält man schließlich

$$(\sigma_x)_{x=0} = -\,p_0\,\frac{a}{\sqrt{a^2+y^2}} + \frac{2\,p_0}{a}\,y - \frac{2\,p_0}{a}\,\frac{y^2}{\sqrt{a^2+y^2}}$$

$$= \frac{2\,p_0\,y}{a} - \frac{p_0\,(a^2+2\,y^2)}{a\,\sqrt{a^2+y^2}} \quad \dots \quad (52)$$

Durch die Ausdrücke für $(\sigma_x)_{x=0}$ nach Gl. (52) und für $(\sigma_y)_{x=0}$ nach Gl. (50) ist der Spannungszustand längs der Symmetrieachse, nämlich der y-Achse, vollkommen bestimmt. Bild 25 gibt den Verlauf dieser

---

[1]) Siehe C. Bierens de Haan, »Nouvelles tables d'intégrales définies«, Leyden 1867, Tafel 12, S. 38.

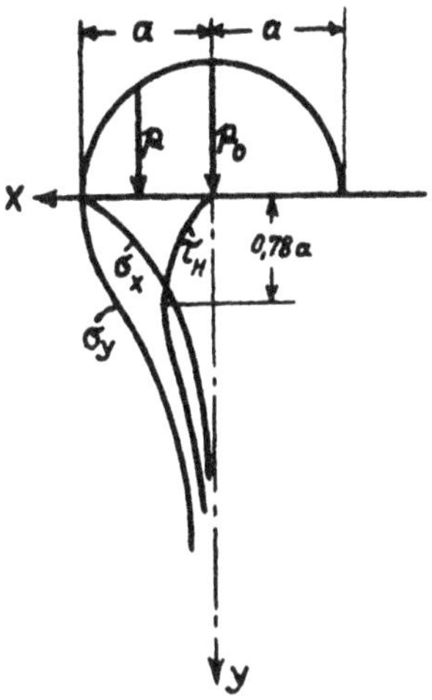

Bild 25

Spannungen. Daneben ist in Bild 25 auch die Hauptschubspannung

$$\tau_H = \left[\frac{\sigma_y - \sigma_x}{2}\right]_{x=0}$$

angegeben.

Ihr größter Wert τ_{max} tritt im Abstand 0,78 a unter der Drucklinie auf. Ihr Wert ist[1])

$$\tau_{max} = 0{,}30\, p_0 \quad . \;.\;.\;. \quad (52\text{a})$$

Legt man für die Anstrengung des Werkstoffes die Mohrsche Hypothese zugrunde, so wäre dieser Wert von τ_{max} maßgebend für die stärkste Beanspruchung, die die Halbebene unter der halbkreisförmigen Belastung erfährt.

§ 15. Die durch halbkreisförmigen Belastungsstreifen beanspruchte Halbebene in komplexer Darstellung

Die in den beiden vorhergehenden §§ behandelten Fälle der einerseits auf Druck, andererseits auf Schub durch halbkreisförmige Belastungsstreifen beanspruchten unendlichen Halbscheibe lassen sich mit Hilfe der zugehörigen komplexen Spannungsfunktion wesentlich einfacher behandeln, wie wir jetzt zeigen wollen. Wir brauchen zu diesem Zweck nur auf die allgemeinen Entwicklungen des § 12 zurückzugreifen. Nach Gl. (23) von § 12 berechnet man die komplexe Spannungsfunktion $X(z)$ und nach den Gl. (26) die zur Normalbeanspruchung gehörige sowie nach Gl. (30c) die zur Tangentialbelastung gehörige Spannungsverteilung.

Unter Zugrundelegung der Gl. (23) mit $p = q$ bzw. der Gl. (24) erhält man für die komplexe Spannungsfunktion

$$X(z) = \frac{i}{\pi}\int_{u=-a}^{u=+a} \frac{p \cdot du}{u - z} \quad . \;.\;.\;.\;.\;.\;.\;.\;.\;.\;. \quad (53)$$

bei der Lastverteilung

$$p = \frac{p_0}{a}\sqrt{a^2 - u^2} \quad . \;.\;.\;.\;.\;.\;.\;.\;.\;.\;.\;. \quad (54)$$

die Integraldarstellung

$$X(z) = \frac{i\,p_0}{\pi\,a}\int_{u=-a}^{u=+a} \frac{\sqrt{a^2 - u^2}}{u - z}\,du \quad . \;.\;.\;.\;.\;.\;.\;. \quad (55)$$

---

[1]) Siehe L. Föppl, »Der Spannungszustand und die Anstrengung des Werkstoffs bei der Berührung zweier Körper«, Forsch. Ing. Wes. Bd. 7 (1936), S. 209.

Um dieses bestimmte Integral aufzulösen, schreiben wir zunächst die Lösung des unbestimmten Integrals an:

$$\int \frac{\sqrt{a^2 - u^2}}{u - z}\, du = \sqrt{a^2 - u^2} + z \arcsin \frac{u}{a} + \sqrt{z^2 - a^2} \arccos \frac{a^2 - zu}{a\,(u - z)} \quad \ldots \quad (56)$$

Von der Richtigkeit dieser Gleichung überzeugt man sich am einfachsten durch Differentiation der rechten Seite der Gleichung nach u.

Setzt man nun in die rechte Seite der Gl. (56) für u die Grenzen des bestimmten Integrals der Gl. (55) ein, so ist

$$\int\limits_{u=-a}^{u=+a} \frac{\sqrt{a^2 - u^2}}{u - z}\, du = -\pi\,(z - \sqrt{z^2 - a^2}) \quad \ldots \ldots \quad (57)$$

Aus Gl. (55) erhält man die hier gültige komplexe Spannungsfunktion

$$X(z) = -i\,p_0 \left(\frac{z}{a} - \sqrt{\frac{z^2}{a^2} - 1} \right) \quad \ldots \ldots \quad (58)$$

Zur Vereinfachung der Schreibweise wollen wir die Konstante $a = 1$ setzen, so daß aus Gl. (58) hervorgeht

$$X(z) = -i\,p_0\,(z - \sqrt{z^2 - 1}) \quad \ldots \ldots \quad (59)$$

Für die weitere Berechnung ist es zweckmäßig, statt der komplexen Veränderlichen

$$z = x + i\,y \quad \ldots \ldots \quad (60)$$

die komplexe Größe

$$\gamma = \alpha + i\,\beta \quad \ldots \ldots \quad (61)$$

durch die Beziehung

$$z = \mathfrak{Cof}\,\gamma = \mathfrak{Cof}\,\alpha \cos\beta + i\,\mathfrak{Sin}\,\alpha \sin\beta \quad \ldots \ldots \quad (62)$$

einzuführen. Der Vergleich zwischen den Gl. (60) und (62) liefert den folgenden Zusammenhang zwischen den reellen Größen

$$x = \mathfrak{Cof}\,\alpha \cos\beta \qquad y = \mathfrak{Sin}\,\alpha \sin\beta \quad \ldots \ldots \quad (63)$$

Die komplexe Spannungsfunktion X geht nach Gl. (59) wegen (62) über in

$$X = -i\,p_0\,(\mathfrak{Cof}\,\gamma - \mathfrak{Sin}\,\gamma) = -i\,p_0\,e^{-\gamma} = -i\,p_0\,e^{-\alpha}\,(\cos\beta - i \sin\beta), \quad (64)$$

so daß mit

$$X = \Phi + i\,\Psi \quad \ldots \ldots \quad (65)$$

die zugehörigen harmonischen Spannungsfunktionen lauten:

$$\Phi = -p_0\,e^{-\alpha} \sin\beta \quad \ldots \ldots \quad (66\text{a})$$

$$\Psi = -p_0\,e^{-\alpha} \cos\beta \quad \ldots \ldots \quad (66\text{b})$$

Um die Spannungen σ_x, σ_y und τ_{xy} zu erhalten, die der harmonischen Spannungsfunktion Φ und Gl. (66) entsprechen, setzen wir diesen Wert in die Gl. (26) von § 12 ein. Zuvor bilden wir

$$\left.\begin{aligned}\frac{\partial \Phi}{\partial x} &= \frac{\partial \Phi}{\partial \alpha}\frac{\partial \alpha}{\partial x} + \frac{\partial \Phi}{\partial \beta}\frac{\partial \beta}{\partial x}\\ \frac{\partial \Phi}{\partial y} &= \frac{\partial \Phi}{\partial \alpha}\frac{\partial \alpha}{\partial y} + \frac{\partial \Phi}{\partial \beta}\frac{\partial \beta}{\partial y}\end{aligned}\right\} \quad . \; . \; . \; . \; . \; . \; . \; . \quad (67)$$

Die partiellen Ableitungen von α und β nach x und y werden dadurch gewonnen, daß man die beiden Gl. (63) partiell nach x und y differentiert. Dies ergibt die folgenden 4 Gleichungen:

$$\left.\begin{aligned}1 &= \mathfrak{Sin}\,\alpha \cos\beta \frac{\partial \alpha}{\partial x} - \mathfrak{Cos}\,\alpha \sin\beta \frac{\partial \beta}{\partial x}\\ 0 &= \mathfrak{Cos}\,\alpha \sin\beta \frac{\partial \alpha}{\partial x} + \mathfrak{Sin}\,\alpha \cos\beta \frac{\partial \beta}{\partial x}\end{aligned}\right\} \quad . \; . \; . \; . \quad (68\,\mathrm{a})$$

$$\left.\begin{aligned}1 &= \mathfrak{Cos}\,\alpha \sin\beta \frac{\partial \alpha}{\partial y} + \mathfrak{Sin}\,\alpha \cos\beta \frac{\partial \beta}{\partial y}\\ 0 &= \mathfrak{Sin}\,\alpha \cos\beta \frac{\partial \alpha}{\partial y} - \mathfrak{Cos}\,\alpha \sin\beta \frac{\partial \beta}{\partial y}\end{aligned}\right\} \quad . \; . \; . \; . \quad (68\,\mathrm{b})$$

Aus diesen folgt mit der Abkürzung

$$N = \mathfrak{Sin}^2\alpha \cos^2\beta + \mathfrak{Cos}^2\alpha \sin^2\beta = \frac{1}{2}(\mathfrak{Cos}\,2\alpha - \cos 2\beta) \quad . \; . \quad (69)$$

$$\frac{\partial \alpha}{\partial x} = \frac{\mathfrak{Sin}\,\alpha \cos\beta}{N}; \quad \frac{\partial \beta}{\partial x} = -\frac{\mathfrak{Cos}\,\alpha \sin\beta}{N} \quad . \; . \; . \; . \quad (70\,\mathrm{a})$$

und

$$\frac{\partial \alpha}{\partial y} = \frac{\mathfrak{Cos}\,\alpha \sin\beta}{N}; \quad \frac{\partial \beta}{\partial y} = \frac{\mathfrak{Sin}\,\alpha \cos\beta}{N} \quad . \; . \; . \; . \; . \quad (70\,\mathrm{b})$$

Die Gl. (67) gehen damit über in:

$$\left.\begin{aligned}\frac{\partial \Phi}{\partial x} &= -\frac{p_0 e^{-\alpha}}{N}[-\mathfrak{Sin}\,\alpha \sin\beta\cos\beta - \mathfrak{Cos}\,\alpha \sin\beta \cos\beta] = p_0 \frac{\sin\beta\cos\beta}{N}\\ \frac{\partial \Phi}{\partial x} &= p_0 \frac{\sin 2\beta}{\mathfrak{Cos}\,2\alpha - \cos 2\beta}\\ \frac{\partial \Phi}{\partial y} &= -\frac{p_0 e^{-\alpha}}{N}[-\mathfrak{Cos}\,\alpha \sin^2\beta + \mathfrak{Sin}\,\alpha \cos^2\beta] = -p_0 \frac{\cos 2\beta - e^{-2\alpha}}{2N}\\ \frac{\partial \Phi}{\partial y} &= -p_0\left(\frac{\mathfrak{Sin}\,2\alpha}{\mathfrak{Cos}\,2\alpha - \cos 2\beta} - 1\right)\end{aligned}\right\} \quad (71)$$

Damit erhält man aus den Gl. (26) die folgenden Spannungen:

$$\left.\begin{aligned}\sigma_{x1} &= -p_0 \sin\beta\left[e^{-\alpha} - \operatorname{Sin}\alpha\left(1 - \frac{\operatorname{Sin}2\alpha}{\operatorname{Cof}2\alpha - \cos 2\beta}\right)\right]\\ \sigma_{y1} &= -p_0 \sin\beta\left[e^{-\alpha} + \operatorname{Sin}\alpha\left(1 - \frac{\operatorname{Sin}2\alpha}{\operatorname{Cof}2\alpha - \cos 2\beta}\right)\right]\\ \tau_{xy1} &= -p_0 \operatorname{Sin}\alpha \sin\beta\frac{\sin 2\beta}{\operatorname{Cof}2\alpha - \cos 2\beta}\end{aligned}\right\} \quad (72)$$

Um nachzuweisen, daß dies die richtige Spannungsverteilung ist, müssen wir noch zeigen, daß die Grenzbedingungen befriedigt werden. Zu diesem Zweck entnehmen wir aus den Gl. (63) das orthogonale Netz der Kurven $\alpha = \text{const}$ und $\beta = \text{const}$. Die Schar $\alpha = \text{const}$ entspricht den Ellipsen

$$\frac{x^2}{\operatorname{Cof}^2\alpha} + \frac{y^2}{\operatorname{Sin}^2\alpha} = 1 \quad \ldots\ldots\ldots \quad (73\text{a})$$

und die Schar $\beta = \text{const}$ den Hyperbeln

$$\frac{x^2}{\cos^2\beta} - \frac{y^2}{\sin^2\beta} = 1 \quad \ldots\ldots\ldots \quad (73\text{b})$$

Beide Scharen haben als Brennpunkte die Punkte der x-Achse mit den Abständen ± 1 vom Nullpunkt. Die Strecke auf der x-Achse zwischen den Brennpunkten entspricht nach unserer früheren Feststellung $a = 1$ der Breite des Belastungsstreifens. Wir müssen deshalb auf der x-Achse die Gebiete außerhalb des Belastungsstreifens $|x| > 1$ und innerhalb des Belastungsstreifens $|x| < 1$ unterscheiden. Für die Punkte $|x| > 1$ folgt aus den Gl. (73) mit $y = 0$: $\sin\beta = 0$ und $\operatorname{Cof}\alpha = x$ und für die Punkte $|x| < 1$: $\operatorname{Sin}\alpha = 0$, $\cos\beta = x$. Damit ergeben sich aus den Spannungsgleichungen (72) die Grenzwerte:

$$\underset{|x|>1}{(\sigma_{y1})_{y=0}} = 0 \qquad \underset{|x|<1}{(\sigma_{y1})_{y=0}} = -p_0\sqrt{1-x^2} \qquad (\tau_{xy1})_{y=0} = 0, \quad . \; . \quad (74)$$

wie es die Grenzbedingungen der Aufgabe tatsächlich verlangen. Damit ist bewiesen, daß die Gl. (72) den Spannungszustand in der durch halbkreisförmige Belastungsstreifen senkrecht zum Rand belasteten Halbebene richtig wiedergeben.

Wir wollen die Gl. (72) dazu benützen, um die Hauptspannungen

$$\sigma_{1.2} = \frac{\sigma_x + \sigma_y}{2} \pm \sqrt{\left(\frac{\sigma_x - \sigma_y}{2}\right)^2 + \tau_{xy}^2} \quad \ldots\ldots \quad (75\text{a})$$

und die Hauptschubspannung

$$\tau_H = \sqrt{\left(\frac{\sigma_x - \sigma_y}{2}\right)^2 + \tau_{xy}^2} \quad \ldots\ldots\ldots \quad (75\text{b})$$

abzuleiten. Durch Einsetzen der Spannungswerte der Gl. (72) erhält man

$$\sigma_{1,2} = -p_0 \sin\beta\, e^{-\alpha}\left(1 \mp \frac{\mathfrak{Sin}\,\alpha}{\sqrt{\mathfrak{Sin}^2\alpha + \sin^2\beta}}\right) \quad . \; . \; . \quad (76\text{a})$$

$$\tau_H = p_0 \sin\beta\, e^{-\alpha}\frac{\mathfrak{Sin}\,\alpha}{\sqrt{\mathfrak{Sin}^2\alpha + \sin^2\beta}} \quad . \; . \; . \; . \; . \; . \; . \quad (76\text{b})$$

Die Isochromaten entsprechen den Kurven $\tau_H = \text{const.}$ Für die Symmetrieachse $x = 0$ berechnen sich die Spannungen nach Gl. (72), indem man darin $\cos\beta = 0$ und $\mathfrak{Sin}\,\alpha = y$ einsetzt zu

$$\left.\begin{aligned}
(\sigma_{x1})_{x=0} &= -p_0\left[\sqrt{1+y^2} - y - y\left(1 - \frac{2y\sqrt{1+y^2}}{2(1+y^2)}\right)\right] = \\
&\qquad -p_0\left[-2y + \frac{1+2y^2}{\sqrt{1+y^2}}\right] \\
(\sigma_{y1})_{x=0} &= -p_0\left[\sqrt{1+y^2} - y + y\left(1 - \frac{2y\sqrt{1+y^2}}{2(1+y^2)}\right)\right] = \\
&\qquad -p_0\frac{1}{\sqrt{1+y^2}} \\
(\tau_{xy1})_{x=0} &= 0
\end{aligned}\right\} \quad . \; . \quad (77)$$

Diese Formeln stimmen für $(\sigma_x)_{x=0}$ und $(\sigma_y)_{x=0}$ mit den Gl. (50) bzw. Gl. (52) von § 14 überein, wenn man beachtet, daß hier $a = 1$ gesetzt worden ist.

Wir wollen nun ganz entsprechend vorgehen, um auch den Spannungszustand in dem durch halbkreisförmigen Belastungsstreifen auf Schub beanspruchten unendlichen Halbscheibe zu finden. Zu diesem Zweck müssen wir in die Gl. (30c) von § 12 die Werte von Φ und Ψ aus den Gl. (66) einsetzen. Man erhält damit sofort:

$$\left.\begin{aligned}
\sigma_{x2} &= 2\Psi - \tau_{xy1} = -2p_0\cos\beta\, e^{-\alpha} + p_0\,\mathfrak{Sin}\,\alpha \sin\beta\frac{\sin 2\beta}{\mathfrak{Cof}\,2\alpha - \cos 2\beta} \\
\sigma_{y2} &= \tau_{xy1} = -p_0\,\mathfrak{Sin}\,\alpha\sin\beta\frac{\sin 2\beta}{\mathfrak{Cof}\,2\alpha - \cos 2\beta} \\
\tau_{xy2} &= \sigma_{x1} = -p_0\sin\beta\left[e^{-\alpha} - \mathfrak{Sin}\,\alpha\left(1 - \frac{\mathfrak{Sin}\,2\alpha}{\mathfrak{Cof}\,2\alpha - \cos 2\beta}\right)\right]
\end{aligned}\right\} (78)$$

Um zu zeigen, daß diese Spannungsverteilung die Grenzbedingungen für $y = 0$ richtig wiedergibt, beachten wir wie früher, daß

für $y = 0$ und $|x| > 1$ gilt $\sin\beta = 0$ und $\mathfrak{Cof}\,\alpha = x$; $\mathfrak{Sin}\,\alpha = \sqrt{x^2 - 1}$

» $y = 0$ » $|x| < 1$ » $\mathfrak{Sin}\,\alpha = 0$ » $\cos\beta = x$; $\sin\beta = \sqrt{1 - x^2}$.

Damit folgt aus den Gl. (78)

$$\left.\begin{aligned}&(\sigma_{y2})_{y=0} = 0\\&\underset{|x|>1}{(\tau_{xy2})_{y=0}} = 0;\quad \underset{|x|<1}{(\tau_{x2})_{y=0}} = -p_0\sqrt{1-x^2}\end{aligned}\right\}\quad\ldots\ldots \quad (79)$$

Das sind also die richtigen Grenzbedingungen. Die Spannungen σ_x längs der Begrenzung $y = 0$ sind:

$$\left.\begin{aligned}&\underset{|x|<1}{(\sigma_{x2})_{y=0}} = -2\,p_0\,x\\&\underset{|x|>1}{(\sigma_{x2})_{y=0}} = -2\,p_0\,(x-\sqrt{x^2-1})\end{aligned}\right\}\quad\ldots\ldots \quad (80)$$

Der Vergleich mit den Gl. (39) zeigt, daß dies die richtige Spannungsverteilung ist, wenn man beachtet, daß hier $a = 1$ gesetzt worden ist. Der Spannungsverlauf $(\sigma_{x2})_{y=0}$ wird durch Bild 23 veranschaulicht.

Längs der y-Achse ist $\cos\beta = 0$; $\mathfrak{Sin}\,\alpha = y$; $\mathfrak{Cof}\,\alpha = \sqrt{1+y^2}$ und damit erhält man aus den Gl. (78)

$$(\sigma_{x2})_{x=0} = 0 \qquad (\sigma_{y2})_{x=0} = 0 \qquad (\tau_{xy2})_{x=0} = -\frac{p_0}{\sqrt{1+y^2}} \quad \ldots \quad (81)$$

Die Hauptspannungen σ_1 und σ_2 sowie die Hauptschubspannungen τ_H lassen sich mit Hilfe der Gleichungen

$$\sigma_{1,2} = \frac{\sigma_x + \sigma_y}{2} \pm \tau_H$$

$$\tau_H = \sqrt{\left(\frac{\sigma_x - \sigma_y}{2}\right)^2 + \tau_{xy}^2}$$

berechnen, in die man die Werte für σ_{x2}, σ_{y2} und τ_{xy2} nach Gl. (78) einzusetzen hat. Nach einigen Umrechnungen erhält man:

$$\sigma_1 = -p_0\cos\beta\, e^{-\alpha} + p_0 e^{-\alpha}\sqrt{\frac{e^{-2\alpha}\sin^2\beta + \mathfrak{Sin}^2\alpha\cos^2\beta}{\mathfrak{Sin}^2\alpha + \sin^2\beta}} \quad (82)$$

$$\sigma_2 = -p_0\cos\beta\, e^{-\alpha} - p_0 e^{-\alpha}\sqrt{\frac{e^{-2\alpha}\sin^2\beta + \mathfrak{Sin}^2\alpha\cos^2\beta}{\mathfrak{Sin}^2\alpha + \sin^2\beta}} \quad (83)$$

$$\tau_H = \quad p_0 e^{-\alpha}\sqrt{\frac{e^{-2\alpha}\sin^2\beta + \mathfrak{Sin}^2\alpha\cos^2\beta}{\mathfrak{Sin}^2\alpha + \sin^2\beta}} \quad \ldots\ldots\ldots \quad (84)$$

§ 16. Der Bodendruck

Unter dem Fundament eines Gebäudes von länglichem, rechteckigen Grundriß wird sich wenigstens in den mittleren Querschnitten parallel zur kurzen Seite des Rechtecks ein ebener Spannungszustand im Boden ausbilden. Je nach der Art des Bodens und der Höhe des Bodendruckes p zwischen Fundament und Boden wird dieser Spannungszustand mehr oder weniger plastisch sein. Immer wird aber ein gewisser elastischer Anteil dabei sein, mit dem wir uns hier allein beschäftigen wollen: Die grundlegende Frage ist dabei noch die Verteilung der bekannten Gesamtkraft P über die Fundamentsohle. Um diese Frage zu entscheiden, ist es notwendig, auf die elastische Formänderung des Bodens und des Fundamentes einzugehen. Wir gehen von der Grundaufgabe aus, die von einer Einzellast P, die senkrecht zum Rand einer unendlichen Halbebene wirkt, herrührende Einsenkung des vor der Belastung geradlinigen Randes zu berechnen. Wir legen für diese Berechnung Bild 11 von § 5 zugrunde. Mit Hilfe der dort durch die Gl. (5) gegebenen Spannungsverteilung berechnet man die Dehnung ε_y parallel zur y-Achse:

$$\varepsilon_y = \frac{1}{E}\left(\sigma_y - \frac{1}{m}\sigma_x\right) = -\frac{2P}{E\pi}\left(\frac{y^3}{r^4} - \frac{1}{m}\cdot\frac{y x^2}{r^4}\right) \quad . \quad . \quad . \quad . \quad (85)$$

worin P die hier als positiv angenommene Druckkraft bedeutet. Wegen

$$\varepsilon_y = \frac{\partial \eta}{\partial y} \quad . \quad . \quad . \quad . \quad . \quad . \quad . \quad . \quad . \quad . \quad . \quad . \quad (86)$$

erhält man die von P herrührende Einsenkung des Bodens an der Stelle x durch

$$\eta = \frac{2P}{\pi E}\int\limits_{y=0}^{y=h}\left[\frac{y^3}{r^4} - \frac{1}{m}\,\frac{y x^2}{r^4}\right] dy \quad . \quad . \quad . \quad . \quad . \quad . \quad . \quad . \quad (87)$$

Darin soll die obere Grenze h des vorstehenden Integrals eine im Vergleich zu x sehr große Strecke bedeuten. Das positive Vorzeichen vor dem Integral wird damit begründet, daß η die Einsenkung der Bodenlinie relativ zu der im Abstand h liegenden Horizontalen bedeuten soll. Die beiden Integrale von Gl. (87) lassen sich auswerten und ergeben

$$\int\limits_{y=0}^{h}\frac{y}{r^4}\,dy = \frac{1}{2x^2} - \frac{1}{2(x^2+h^2)} \approx \frac{1}{2x^2}$$

$$\int\limits_{y=0}^{h}\frac{y^3}{r^4}\,dy = \frac{1}{2}\left[\ln\frac{x^2+h^2}{x^2} - 1\right] \approx \ln\frac{h}{x} - \frac{1}{2}.$$

Damit geht Gl. (87) über in

$$\eta = \frac{2P}{\pi E}\left[\ln\frac{h}{x} - \frac{1}{2} - \frac{1}{2m}\right] \quad . \quad . \quad . \quad . \quad . \quad . \quad . \quad (88)$$

Wir brauchen fürs Weitere vor allem den Differentialquotienten

$$\frac{\partial \eta}{\partial x} = -\frac{2P}{\pi E}\cdot\frac{1}{x} \quad . \quad . \quad . \quad . \quad . \quad . \quad . \quad . \quad . \quad . \quad . \quad (89)$$

Für eine stetige Lastverteilung nach Bild 26 ist $p(u)\,du$ an Stelle von P und $x - u$ an Stelle von x in die letzte Gleichung einzusetzen. Durch Integration über den Laststreifen erhält man alsdann

$$\frac{\partial \eta}{\partial x} = -\frac{2}{\pi E}\int\limits_{u=-a}^{u=+a}\frac{p(u)\,du}{x-u} \qquad (90)$$

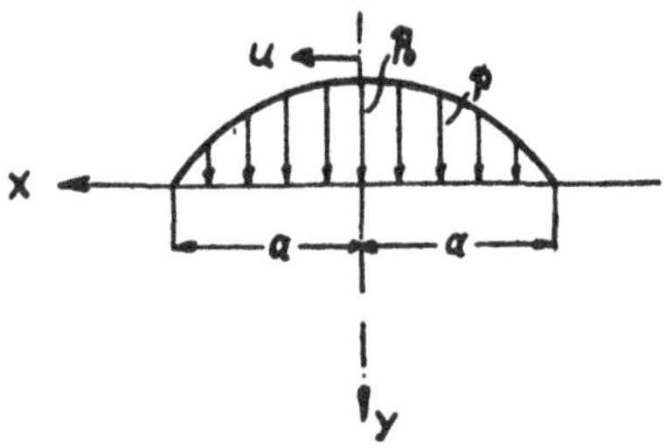

Bild 26

Wir wollen für das Weitere voraussetzen, daß die Druckverteilung p symmetrisch zur y-Achse sein soll, so daß

$$p(-u) = p(u).$$

Damit erhält man

$$\frac{\partial \eta}{\partial x} = -\frac{2}{\pi E}\left[\int\limits_{u=-a}^{u=0}\frac{p(u)\,du}{x-u} + \int\limits_{u=0}^{u=+a}\frac{p(u)\,du}{x-u}\right] =$$

$$= -\frac{2}{\pi E}\left[\int\limits_{u=0}^{u=a}\frac{p(u)\,du}{x-u} + \int\limits_{u=0}^{u=a}\frac{p(u)\,du}{x+u}\right] =$$

$$= -\frac{2}{\pi E}\int\limits_{u=0}^{u=a}\left(\frac{1}{x-u}+\frac{1}{x+u}\right)p(u)\,du = -\frac{4x}{\pi E}\int\limits_{u=0}^{u=a}\frac{p(u)\,du}{x^2-u^2} \qquad (91)$$

In dieser Integralgleichung ist sowohl die Einsenkung η als auch die Druckverteilung $p(u)$ unbekannt. Um eine strenge Lösung und damit die Druckverteilung $p(u)$ unter dem Fundament zu erhalten, müßte man dieselbe Berechnung, die wir soeben für die unendliche Halbebene durchgeführt haben und die auf Gl. (91) geführt hat, auch für das Fundament anstellen; hierzu braucht man zunächst den Spannungszustand in einem Streifen, der von einer Einzellast herrührt. Diese Aufgabe ist aber leider noch nicht streng gelöst. Infolgedessen ist auch unsere obige Aufgabe, den Bodendruck unter dem Fundament zu ermitteln, noch nicht streng lösbar. Immerhin lassen sich aber aus der Integralgleichung (91) einige Grenzfälle als strenge Lösungen ableiten, die schon einen wertvollen Einblick in die wirklichen Verhältnisse gestatten. Wir setzen bei diesen Grenzfällen entweder eine bestimmte Einsenkung η unter dem Fundament fest und ermitteln die zugehörige Druckverteilung $p(u)$ oder wir gehen von einer bestimmten Druckverteilung $p(u)$ aus und ermitteln hieraus die Einsenkung.

1. Fall: Angenommen sei ein absolut starres Fundament auf elastischem Boden. Wir können diesen Grenzfall auch durch das Verhältnis der Elastizitätsmoduln von Fundament und Boden charakterisieren. Wenn das Fundament absolut starr sein soll, so bedeutet dies einen

unendlich großen Elastizitätsmodul E_F für den Werkstoff, aus dem das Fundament besteht. Bezeichnet man mit E_B den Elastizitätsmodul für den Boden, so ist bei diesem 1. Grenzfall

$$\frac{E_F}{E_B} = \infty \quad . \; . \; . \; . \; . \; . \; . \; . \; . \; . \; . \; . \; . \quad (92)$$

In diesem Fall ist in Gl. (91)

$$\frac{\partial \eta}{\partial x} = 0 \text{ für } |x| \leqq a \quad . \; . \; . \; . \; . \; . \; . \; . \; . \; . \; . \quad (93)$$

einzusetzen, da die Einsenkung des Bodens unter dem starren Fundament konstant sein muß. Es fragt sich nun, welche Druckverteilung $p(u)$ unter dieser Voraussetzung aus Gl. (91) folgt. Hierzu kann man das schon in Gl. (35) von § 13 benutzte bestimmte Integral verwenden.

$$\int\limits_{u=0}^{u=a} \frac{d\,u}{(x^2 - u^2)\sqrt{a^2 - u^2}} = \begin{cases} 0 \text{ für } x^2 < a^2 \\ \dfrac{\pi}{2\,|x|\sqrt{x^2 - a^2}} \text{ für } x^2 > a^2 \end{cases} \quad . \; . \quad (94)$$

Das Integral von Gl. (91) geht in dieses letztere über mit

$$p(u) = \frac{p_0 \cdot a}{\sqrt{a^2 - u^2}} \quad . \; . \; . \; . \; . \; . \; . \; . \; . \; . \; . \quad (95)$$

Das ist demnach die diesem Grenzfall des absolut starren Fundamentes entsprechende richtige Druckverteilung. Der Druck verteilt sich parabolisch über der Drucklinie $2a$ (siehe Bild 27). An den Enden der Drucklinie würde er theoretisch unendlich große Werte annehmen. Dieses in der Wirklichkeit unmögliche Ergebnis hängt mit der in der Wirklichkeit nie zutreffenden Voraussetzung eines absolut starren Fundamentes mit $E_F = \infty$ zusammen.

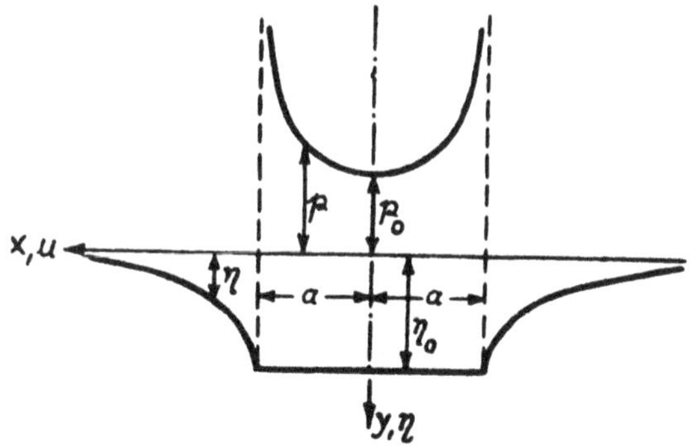

Bild 27

Die Größe des Gesamtdruckes folgt aus Gl. (95) zu

$$P_1 = a\,p_0 \int\limits_{u=-a}^{u=+a} \frac{d\,u}{\sqrt{a^2 - u^2}} = 2\,a\,p_0 \int\limits_{u=0}^{u=a} \frac{d\,u}{\sqrt{a^2 - u^2}} = p_0\,a\,\pi \quad . \; . \quad (96)$$

Die Einsenkung oder »elastische Linie des Bodens«, wie wir sie nennen wollen, folgt für $|x| > a$ aus Gl. (91) und (94) zu

$$\frac{\partial \eta}{\partial x} = -\frac{2 p_0 a}{E} \cdot \frac{1}{\sqrt{x^2 - a^2}} \quad \text{für } |x| > a.$$

An den Stellen $x = \pm a$ setzt die elastische Linie des Bodens mit einer senkrechten Tangentenrichtung an (s. Bild 27). Der weitere Verlauf für $|x| > a$ müßte ungefähr so wie in Bild 27 angegeben erfolgen. Seine Berechnung ist von geringerem Interesse, da ein Knick in der elastischen Linie des Bodens, wie er sich in diesem Grenzfall an den Enden der Drucklinie theoretisch ergibt, tatsächlich nicht eintreten kann. Dieser Knick ist ebenso unmöglich wie die dort errechnete unendlich große Druckspannung p für $u = \pm a$. Für das kreissymmetrische, starre Fundament bei ebensolcher Belastung gilt entsprechend Bild 27 eine parabolische Lastverteilung (s. L. Föppl, »Elastische Beanspruchung des Erdbodens unter Fundamenten«, Forschungen des Ingenieur-Wesens Bd. 12 (1941), S. 37). Immerhin kann man die parabolische Druckverteilung, abgesehen von den beiden Enden der Druckfläche und deren Umgebung, als gute Annäherung an die Wirklichkeit ansprechen, wenn es sich um ein verhältnismäßig starres Fundament auf elastisch sehr nachgiebigem Boden handelt, so daß das Verhältnis der Elastizitätsmoduln $\frac{E_F}{E_B}$ sehr groß ist. Versuche haben in diesem Falle das Absinken des Druckes gegen die Mitte des Fundamentes auch tatsächlich nachgewiesen.

2. Fall. Gleichmäßige Druckverteilung. Unsere Hauptgleichung (91) geht in diesem Fall über in

$$\frac{\partial \eta}{\partial x} = -\frac{2 p_0}{\pi E} \int\limits_{u=0}^{u=a} \left(\frac{1}{x-u} + \frac{1}{x+u}\right) du = \begin{cases} -\dfrac{2 p_0}{\pi E} \ln \dfrac{a+x}{a-x} & \text{für } |x| \leqq a \quad (98\text{a}) \\[2ex] -\dfrac{2 p_0}{\pi E} \ln \dfrac{a+x}{x-a} & \text{für } |x| \geqq a \quad (98\text{b}) \end{cases}$$

Hieraus geht hervor, daß an den Enden der Drucklinie für $x = \pm a$ die elastische Linie des Bodens wieder eine senkrechte Tangente und damit einen Knick hat nach Art von Bild 28. Die relative Einsenkung der Bodendrucklinie

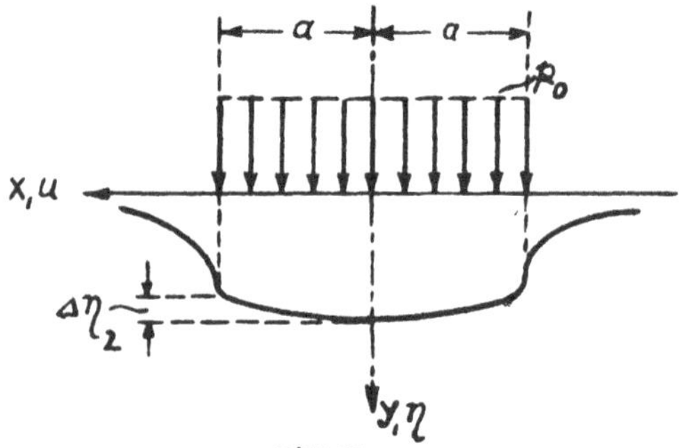

Bild 28

beträgt

$$(\varDelta\eta)_2 = -\int\limits_{x=0}^{x=a} \frac{\partial\eta}{\partial x}\,dx = +\frac{2\,p_0}{\pi E}\int\limits_{x=0}^{x=a} [\ln(a+x) - \ln(a-x)]\,dx$$

$$= +\frac{2\,p_0}{\pi E}\Big[(a+x)\ln(a+x) - (a+x) - (a-x)\ln(a-x) - (a-x)\Big]_{x=0}^{x=a}$$

$$= +\frac{4\,p_0}{\pi E}\,a\ln 2 = 0{,}882\,\frac{p_0}{E}\,a \quad \ldots\ldots\ldots\ldots \quad (99)$$

wofür man nach Einsetzen des Gesamtdruckes

$$P_2 = 2\,p_0\,a$$

auch schreiben kann:

$$(\varDelta\eta)_2 = 0{,}441\,\frac{P_2}{E} \quad \ldots\ldots\ldots \quad (100)$$

3. Fall. Halbkreisförmige Druckverteilung:

$$p = p_0\,\frac{\sqrt{a^2-u^2}}{a} \quad \ldots\ldots\ldots \quad (101)$$

Ihr entspricht der Gesamtdruck

$$P_3 = 2\,\frac{p_0}{a}\int\limits_{u=0}^{u=a}\sqrt{a^2-u^2}\,du = \frac{\pi}{2}\,p_0\,a \quad \ldots\ldots \quad (102)$$

Indem wir mit dem Ansatz der Gl. (101) in unsere Hauptgleichung (91) eingehen, erhalten wir

$$\frac{\partial\eta}{\partial x} = -\frac{4\,p_0\,x}{\pi E\,a}\int\limits_{u=0}^{u=a}\frac{\sqrt{a^2-u^2}}{x^2-u^2}\,du \quad \ldots\ldots \quad (103)$$

Dieses Integral läßt sich berechnen:

$$\int\limits_{u=0}^{u=a}\frac{\sqrt{a^2-u^2}}{x^2-u^2}\,du = \int\limits_{u=0}^{u=a}\frac{du}{\sqrt{a^2-u^2}} + (a^2-x^2)\int\limits_{u=0}^{u=a}\frac{du}{(x^2-u^2)\sqrt{a^2-u^2}}$$

$$= \frac{\pi}{2} + \begin{cases} 0 \text{ für } x^2 < a^2 \\ \dfrac{\pi(a^2-x^2)}{2\,|x|\sqrt{x^2-a^2}} \text{ für } x^2 > a^2 \end{cases} \quad \ldots\ldots \quad (104)$$

Dabei ist wieder von der Gl. (35) von § 13 Gebrauch gemacht worden.

Aus Gl. (103) folgt demnach

$$\frac{\partial\eta}{\partial x} = \begin{cases} -\dfrac{2\,p_0}{E}\,\dfrac{x}{a} \text{ für } x^2 < a^2 \\ -\dfrac{2\,p_0}{E}\,\dfrac{x}{a} + \dfrac{2\,p_0}{E}\,\dfrac{\sqrt{x^2-a^2}}{a} \text{ für } x^2 > a^2 \end{cases} \quad \ldots \quad (105)$$

Im Gegensatz zu den beiden anderen oben behandelten Grenzfällen verläuft hier die Tangente an die elastische Linie des Bodens an den Enden der Drucklinie für $x = \pm a$ nicht vertikal; $\frac{\partial \eta}{\partial x}$ nimmt hier den endlichen Wert

$$\left(\frac{\partial \eta}{\partial x}\right)_{x=\pm a} = \mp \frac{2\,p_0}{E}$$

an. Der Verlauf der elastischen Bodenlinie hat den aus Bild 29 zu entnehmenden Verlauf.

Unter der Drucklinie ist die elastische Linie eine Parabel:

$$\eta = -\frac{p_0}{E\,a}\,x^2 + \text{const},$$

woraus unter Berücksichtigung von Gl. (102)

$$(\varDelta\,\eta)_3 = \frac{p_0\,a}{E} = \frac{2}{\pi}\,\frac{P_3}{E} = 0{,}64\,\frac{P_3}{E} \quad . \quad . \quad . \quad . \quad . \quad . \quad (106)$$

folgt.

Die elastische Bodenlinie im äußeren Bereich schließt sich ohne Knick an die des inneren Bereiches an. Der Vergleich der beiden Gl. (101) und (106) für die Wölbung der elastischen Bodenlinie unter dem Fundament zeigt, daß bei gleicher Gesamtlast $P_2 = P_3$ der Wölbungspfeil $\varDelta\,\eta$ bei kreisförmiger Lastverteilung wesentlich größer ist als bei gleichförmiger.

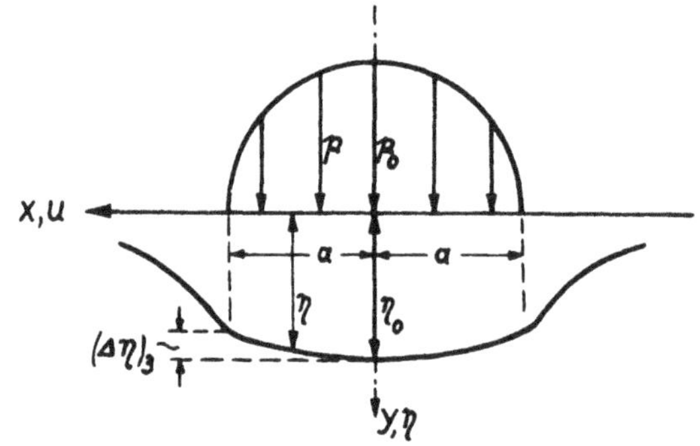

Bild 29

Bei der gleichmäßigen Lastverteilung hängt das mit der Wirklichkeit nicht in Einklang stehende Auftreten eines Knickes in der elastischen Bodenlinie mit der sprunghaften Lastverteilung an den Enden der Lastlinie bei $x = \pm a$ zusammen. Ein solches sprunghaftes Ansteigen der Last ist in Wirklichkeit nicht möglich. Die Lastlinie muß an den Enden stetig auf Null abnehmen, wenn auch beliebig steil. Im 3. Grenzfall trifft diese Voraussetzung zu; daher hat man hier einen stetigen Verlauf der elastischen Bodenlinie. Um aus den gewonnenen Ergebnissen auf die wirkliche Lastverteilung unter einem Fundament zu schließen, ergibt sich zunächst, daß die Lastverteilung an den Enden auf Null abfallen muß. Bei einem großen Wert des Verhältnisses der Elastizitätsmoduln von Fundament und Boden $\frac{E_F}{E_B}$ muß ferner im mittleren Teil die hohlparabolische Verteilung nach Fall 1 (s. Bild 27) gelten, so daß man in diesem Fall eine Druckverteilung nach Bild 30 annehmen muß, wobei die Höhe der beiden Höcker um so größer ausfällt, je größer das Verhältnis $\frac{E_F}{E_B}$ ist.

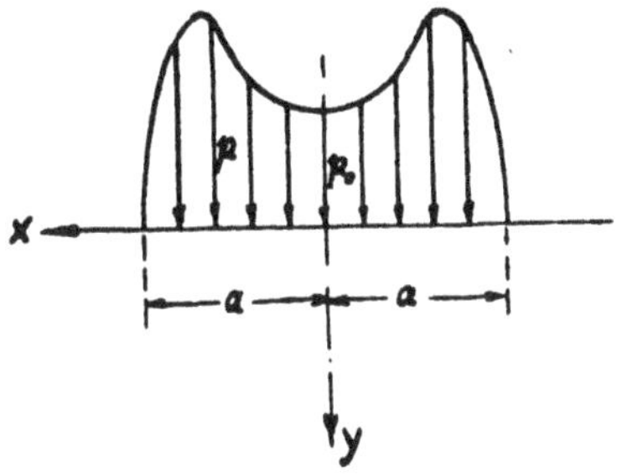

Bild 30

§ 17. Die Berührung zweier Zylinder

Es sei angenommen, daß zwei Zylinder längs einer Erzeugenden durch einen Druck $P \frac{\text{kg}}{\text{cm}}$ aufeinander gedrückt werden. Es entsteht alsdann in den mittleren Querschnitten ein ebener Formänderungs- bzw. Spannungszustand, den H. Hertz als erster untersucht hat, weshalb man ihn auch als Hertzschen Spannungszustand bezeichnet hat. In dem betrachteten Querschnitt von Bild 31 findet die Berührung der den beiden Kreiszylindern entsprechenden Kreise von den Radien r_1 und r_2 vor deren Belastung in einem Punkt 0 statt. Durch die Druckbelastung P entsteht an der Berührung eine elastische Drucklinie, deren Abmessung mit $2\,a$ bezeichnet werden soll; dabei ist $2\,a$ sehr klein gegenüber r_1 und r_2. Da die Formänderung rein elastisch sein soll, geht sie bei der Entlastung wieder vollständig zurück, ebenso wie die mit dieser Formänderung verbundenen elastischen Spannungen in beiden Zylindern.

Sollen zwei gegenüberliegende Punkte A_1 und A_2 (s. Bild 31) der beiden Querschnittskreise nach der Belastung in die gemeinsame Drucklinie fallen, so sind die diesen Punkten zugehörigen Zentriwinkel φ_1 und φ_2 sehr klein. Man kann daher angenähert setzen:

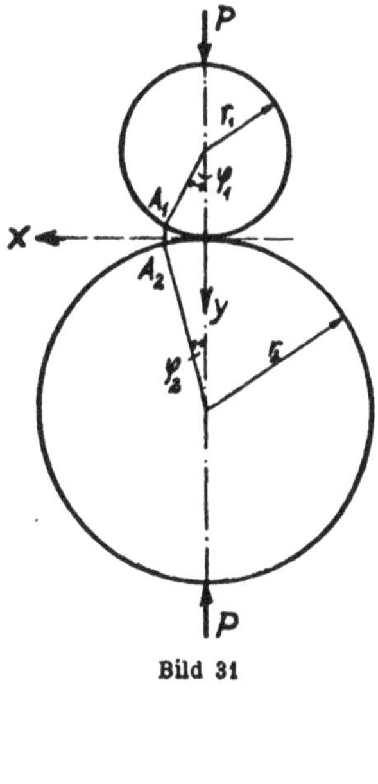

Bild 31

$$\left.\begin{aligned} x_1 &= r_1 \sin\varphi_1 \approx r_1\varphi_1 \\ x_2 &= r_2 \sin\varphi_2 \approx r_2\varphi_2 \\ A_1A_2 &= r_1(1-\cos\varphi_1) + r_2(1-\cos\varphi_2) \\ &\approx r_1\frac{\varphi_1^2}{2} + r_2\frac{\varphi_2^2}{2} \approx \frac{x^2}{2}\left(\frac{1}{r_1}+\frac{1}{r_2}\right) \end{aligned}\right\} \quad (107)$$

Da die elastische Drucklinie $2a$ als unendlich klein gegenüber r_1 und r_2 anzusehen ist, kann der Spannungszustand in den beiden Kreisscheiben in der Umgebung der Drucklinie ebenso berechnet werden, als ob statt des Kreises eine unendliche Halbebene vorliegen würde; also so wie dies im vorigen § geschehen ist. Bezeichnen wir ebenso wie dort die elastischen Einsenkungen für die beiden Kreise mit η_1 und η_2, so erhält man für die elastische Annäherung α der beiden Kreismittelpunkte infolge der Belastung durch P den Ausdruck

$$\alpha = A_1 A_2 + \eta_1 + \eta_2 \qquad (108)$$

worin für $A_1 A_2$ der Wert aus Gl. (107) einzusetzen ist. Dieser Ausdruck α stellt einen von x unabhängigen Wert dar, so daß

$$\frac{d\alpha}{dx} = 0 \qquad (109)$$

sein muß. Setzt man in diese Gleichung für $\frac{\partial \eta_1}{\partial x}$ und $\frac{\partial \eta_2}{\partial x}$ die entsprechenden Werte nach Gl. (91) von § 16 ein, so erhält man:

$$\frac{\partial \alpha}{\partial x} = x\left(\frac{1}{r_1} + \frac{1}{r_2}\right) - \frac{4x}{\pi}\left(\frac{1}{E_1} + \frac{1}{E_2}\right)\int_{u=0}^{u=a} \frac{p(u)\,du}{x^2 - u^2} = 0.$$

E_1 und E_2 sind die Elastizitätsmoduln der beiden Zylinder, wobei das Integral über die halbe Drucklinie zu erstrecken ist. Aus der letzten Gleichung folgt

$$\frac{\frac{1}{r_1} + \frac{1}{r_2}}{\frac{1}{E_1} + \frac{1}{E_2}} = \frac{4}{\pi}\int_{u=0}^{u=a} \frac{p(u)\,du}{x^2 - u^2} \qquad (110)$$

Diese Integralgleichung für $p(u)$ hat zur Lösung die halbkreisförmige Druckverteilung

$$p = p_0 \frac{\sqrt{a^2 - u^2}}{a} \qquad (111)$$

die wir als 3. Fall im vorigen § im Anschluß an Gl. (101) behandelt haben.

Unter Berücksichtigung der Gl. (104) erhält man aus Gl. (110)

$$a = 2\,p_0 \frac{\frac{1}{E_1} + \frac{1}{E_2}}{\frac{1}{r_1} + \frac{1}{r_2}} \qquad (112)$$

oder, indem man nach Gl. (102) den Gesamtdruck

$$P = \frac{\pi}{2} p_0 \cdot a$$

einsetzt:

$$a = 2\sqrt{\frac{P\left(\frac{1}{E_1} + \frac{1}{E_2}\right)}{\pi\left(\frac{1}{r_1} + \frac{1}{r_2}\right)}} \quad \text{(113a)}$$

und

$$p_0 = \sqrt{\frac{P}{\pi} \cdot \frac{\frac{1}{r_1} + \frac{1}{r_2}}{\frac{1}{E_1} + \frac{1}{E_2}}} \quad \text{(113b)}$$

Der Vergleich der Gl. (113a) mit der von H. Hertz auf ganz anderem Weg für die Breite der Drucklinie $2a$ abgeleiteten Formel zeigt Übereinstimmung bis auf den Faktor $\sqrt{1 - \frac{1}{m^2}}$, der bei Hertz gegenüber Gl. (113a) noch hinzutritt. Dieser Unterschied rührt daher, daß wir bei unseren Betrachtungen einen ebenen Spannungszustand vorausgesetzt haben, während es sich doch in Wirklichkeit in den mittleren Querschnitten der Walzen, die von den Walzenenden entfernt liegen, um einen ebenen Formänderungszustand handelt. Der Übergang von ersterem zu letzterem ist leicht durchzuführen. Es treten beim ebenen Formänderungszustand Spannungen σ_z senkrecht zur x-, y-Ebene auf, die sich aus der Bedingung berechnen lassen, daß die Dehnungen ε an jeder Stelle der x-, y-Ebene verschwinden müssen; d. h.

$$\varepsilon_z = \frac{1}{E}\left(\sigma_z - \frac{\sigma_x + \sigma_y}{m}\right) = 0,$$

woraus folgt

$$\sigma_z = \frac{\sigma_x + \sigma_y}{m} \quad \text{(114)}$$

Diese Spannungen σ_z beeinflussen die Formänderung der x-, y-Ebene, und zwar bringen sie für sich genommen Dehnungen ε_x und ε_y hervor von der Größe

$$\varepsilon_x = \varepsilon_y = \frac{\sigma_z}{mE} = \frac{\sigma_x + \sigma_y}{m^2 E} \quad \text{(115)}$$

Man kann diesen Einfluß in den obigen Rechnungen zur Bestimmung von a und p_0 dadurch berücksichtigen, daß man statt des Elastizitätsmoduls E beim ebenen Spannungszustand den Elastizitätsmodul

$$E' = \frac{E}{1 - \frac{1}{m^2}} \qquad (116)$$

einführt, wodurch die Ergebnisse des ebenen Spannungszustandes sofort auf den entsprechenden ebenen Formänderungszustand übertragen werden. Führt man also in die obigen Gleichungen (113a) und (113b) statt E_1 und E_2

$$E_1' = \frac{E_1}{1 - \frac{1}{m_1^2}}; \quad E_2' = \frac{E_2}{1 - \frac{1}{m_2^2}} \qquad (117)$$

ein, so erhält man die von Hertz angegebenen Beziehungen für den ebenen Formänderungszustand.

Wir wollen die Hertzschen Formeln auf den Fall anwenden, daß eine Walze vom Radius r auf den Halbraum mit $P \frac{\text{kg}}{\text{cm}}$ gedrückt wird und daß Walze und Boden aus demselben Material bestehen, so daß E und m für beide dieselben sind. Wenn die Berührung zwischen Walze und Unterlage in Richtung der Walzenachse gemessen auf einer nicht zu kurzen Strecke erfolgt, so liegt, wenigstens sicher für die mittleren Teile dieser Strecke, der Fall des ebenen Formänderungszustandes vor, so daß in die Gl. (113) statt E_1 und E_2 die Werte von E_1' und E_2' nach Gl. (117) einzusetzen sind. Mit $r_1 = r$; $r_2 = \infty$; $E_1' = E_2' = \frac{E}{1 - \frac{1}{m^2}}$; folgt

$$a = 2\sqrt{\frac{2P}{\pi}\left(1 - \frac{1}{m^2}\right)\frac{r}{E}}$$

$$p_0 = \sqrt{\frac{P}{2\pi} \cdot \frac{1}{1 - \frac{1}{m^2}} \cdot \frac{E}{r}}$$

oder mit $\frac{1}{m} = \frac{3}{10}$

$$a = 1{,}52\sqrt{\frac{P \cdot r}{E}}; \quad p_0 = 0{,}42\sqrt{\frac{PE}{r}},$$

Formeln, wie sie mit diesen Zahlen in den Lehrbüchern und der »Hütte« zu finden sind.

§ 18. Der Keil mit stetiger Rückenlast

Zu einem für die Beanspruchung eines Keiles wichtigen Spannungszustand gelangt man, wenn man aus den in § 4 Gl. (49) und Gl. (51) gegebenen Airyschen Spannungsfunktionen die folgende zusammenstellt:

$$F = r^2 (c_1 \cos 2\alpha + c_2 \sin 2\alpha + c_3 \alpha + c_4) \qquad (118)$$

Hieraus folgt nach Gl. (33) von § 4:

$$
\left.
\begin{aligned}
\sigma_r &= \frac{1}{r}\frac{\partial F}{\partial r} + \frac{1}{r^2}\frac{\partial^2 F}{\partial \alpha^2} = -2c_1\cos 2\alpha - 2c_2\sin 2\alpha + 2c_3\alpha + 2c_4 \\
\sigma_t &= \frac{\partial^2 F}{\partial r^2} \qquad\qquad\quad = \quad 2c_1\cos 2\alpha + 2c_2\sin 2\alpha + 2c_3\alpha + 2c_4 \\
\tau_{rt} &= -\frac{\partial}{\partial r}\left(\frac{1}{r}\frac{\partial F}{\partial \alpha}\right) \quad = \quad 2c_1\sin 2\alpha - 2c_2\cos 2\alpha - c_3
\end{aligned}
\right\} \quad (119)
$$

Wir wollen nun zeigen, daß wir mit diesem Ansatz durch geeignete Wahl der Konstanten c_1 bis c_4 den Spannungszustand in einem durch gleichmäßige Rückenlast p beanspruchten Keil nach Bild 32 wiedergeben können.

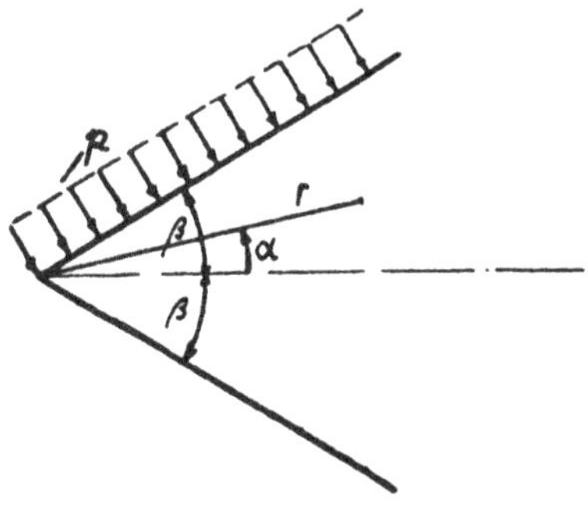

Bild 32

Die Grenzbedingungen lauten für diesen Belastungsfall:

für $\alpha = +\beta$: $\sigma_t = -p$; $\tau_{rt} = 0$
für $\alpha = -\beta$: $\sigma_t = 0$; $\tau_{rt} = 0$.

Setzt man diese Werte in die Gl. (119) ein, so erhält man zur Ermittlung der Konstanten die folgenden 4 Gleichungen:

$$
\left.
\begin{aligned}
-p &= 2c_1\cos 2\beta + 2c_2\sin 2\beta + 2c_3\beta + 2c_4 \\
0 &= 2c_1\sin 2\beta - 2c_2\cos 2\beta - c_3 \\
0 &= 2c_1\cos 2\beta - 2c_2\sin 2\beta - 2c_3\beta + 2c_4 \\
0 &= -2c_1\sin 2\beta - 2c_2\cos 2\beta - c_3
\end{aligned}
\right\} \quad . \; . \quad (120)
$$

Daraus erhält man

$$
\left.
\begin{aligned}
c_1 &= 0; \quad c_2 = \frac{p}{4(2\beta\cos 2\beta - \sin 2\beta)} \\
c_3 &= -\frac{p\cos 2\beta}{2(2\beta\cos 2\beta - \sin 2\beta)}; \quad c_4 = -\frac{p}{4}
\end{aligned}
\right\} \quad . \; . \; . \quad (121)
$$

Mit den Abkürzungen

$$
\left.
\begin{aligned}
b &= \frac{\cos 2\beta}{2\beta\cos 2\beta - \sin 2\beta} \\
c &= \frac{1}{2\beta\cos 2\beta - \sin 2\beta}
\end{aligned}
\right\} \quad . \; . \; . \; . \; . \; . \; . \quad (122)
$$

erhält man aus den Gl. (119):

$$\left.\begin{aligned}\sigma_r &= -\frac{p}{2}(1 + 2b\alpha + c\sin 2\alpha)\\ \sigma_t &= -\frac{p}{2}(1 + 2b\alpha - c\sin 2\alpha)\\ \tau_{rt} &= -\frac{p}{2}(-b + c\cos 2\alpha)\end{aligned}\right\} \quad \ldots\ldots \quad (123)$$

Dies ist die streng richtige Spannungsverteilung im Keil, der die durch Bild 32 veranschaulichte gleichmäßige Rückenlast p trägt. Längs eines Strahles durch die Keilspitze ist der Spannungszustand derselbe, da die Spannungen nach Gl. (123) von r unabhängig sind. Damit hat man zugleich die genaue Spannungsverteilung in einem Keil, der durch p gleichmäßig belastet ist, nach Bild 33.

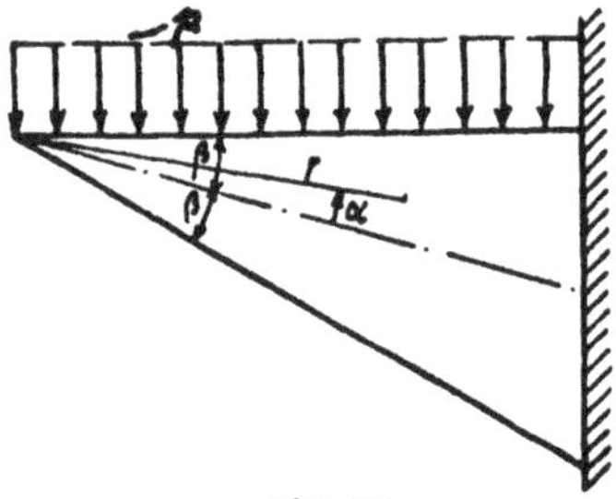

Bild 33

Um diese genaue Spannungsverteilung im Keil mit der aus der gewöhnlichen Biegungslehre sich ergebenden zu vergleichen, nehmen wir als Beispiel den Fall von Bild 33 mit dem Öffnungswinkel $2\beta = 45^0 = \frac{\pi}{4}$.

Aus den Gl. (123) folgt für $\alpha = \beta$

$$(\sigma_r)_{\alpha=\beta} = -2p\frac{\beta\cos 2\beta}{2\beta\cos 2\beta - \sin 2\beta} = p\frac{\pi}{4-\pi} = 3{,}65\,p,$$

während man aus der Biegungslehre angenähert erhält:

$$(\sigma_r)_{\alpha=\beta} = \frac{M}{W} = \frac{p\frac{x^2}{2}}{\frac{1\cdot x^2}{6}} = 3{,}0\,p,$$

worin x den Abstand des betrachteten Querschnittes von der Keilspitze bedeutet. Der Fehler, den man nach der einfachen Biegungslehre macht, ist demnach nicht unerheblich. Er ist noch größer an der Stelle $\alpha = -\beta$. Dort folgt aus den Gl. (123)

$$(\sigma_r)_{\alpha=-\beta} = p\frac{\sin 2\beta}{2\beta\cos 2\beta - \sin 2\beta} = -4{,}65\,p,$$

während man nach der elementaren Biegungslehre hier auch wieder $-3{,}0\,p$ annehmen müßte.

Als ein weiteres Beispiel zum Keil wollen wir den folgenden in § 4 Gl. (49) enthaltenen Ansatz für die Spannungsfunktion behandeln:

$$F = r^3(c_1\cos\alpha + c_2\sin\alpha + c_3\cos 3\alpha + c_4\sin 3\alpha) \quad . \; . \quad (124)$$

Hieraus folgt:

$$\left.\begin{aligned}\sigma_r &= \frac{1}{r}\frac{\partial F}{\partial r} + \frac{1}{r^2}\frac{\partial^2 F}{\partial \alpha^2} = \\ &= 2\,r\,(c_1 \cos\alpha + c_2 \sin\alpha - 3\,c_3 \cos 3\,\alpha - 3\,c_4 \sin 3\,\alpha) \\ \sigma_t &= \frac{\partial^2 F}{\partial r^2} = 6\,r\,(c_1 \cos\alpha + c_2 \sin\alpha + c_3 \cos 3\,\alpha + c_4 \sin 3\,\alpha) \\ \tau_{rt} &= -\frac{\partial}{\partial r}\left(\frac{1}{r}\frac{\partial F}{\partial \alpha}\right) = \\ &= 2\,r\,(c_1 \sin\alpha - c_2 \cos\alpha + 3\,c_3 \sin 3\,\alpha - 3\,c_4 \cos 3\,\alpha)\end{aligned}\right\} \quad (125)$$

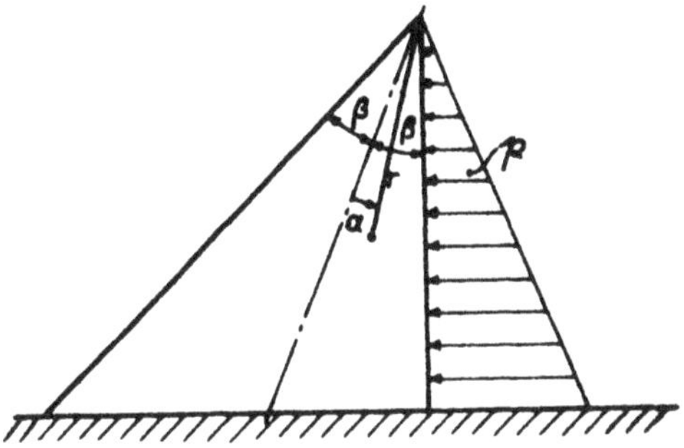

Bild 34

Hiernach kann man durch geeignete Wahl der Konstanten c_1 bis c_4 die folgenden Bedingungen an den Keilflanken befriedigen (siehe Bild 34):

für $\alpha = \beta$:

$\sigma_t = -p = -p_0 \cdot r; \quad \tau_{rt} = 0$

für $\alpha = -\beta$:

$\sigma_t = 0; \qquad \tau_{rt} = 0.$

Diese vier Bedingungen laufen auf die folgenden Gleichungen hinaus:

$$\left.\begin{aligned}-\frac{p_0}{6} &= c_1 \cos\beta + c_2 \sin\beta + c_3 \cos 3\,\beta + c_4 \sin 3\,\beta \\ 0 &= c_1 \sin\beta - c_2 \cos\beta + 3\,c_3 \sin 3\,\beta - 3\,c_4 \cos 3\,\beta \\ 0 &= c_1 \cos\beta - c_2 \sin\beta + c_3 \cos 3\,\beta - c_4 \sin 3\,\beta \\ 0 &= c_1 \sin\beta + c_2 \cos\beta + 3\,c_3 \sin 3\,\beta + 3\,c_4 \cos 3\,\beta\end{aligned}\right\} \;.\;.\; (126)$$

Woraus sich die Konstanten berechnen lassen zu

$$\left.\begin{aligned}c_1 &= \frac{p_0 \sin 3\,\beta}{4\,(\cos 3\,\beta \sin\beta - 3 \sin 3\,\beta \cos\beta)} \\ c_2 &= \frac{p_0 \cos 3\,\beta}{4\,(\sin 3\,\beta \cos\beta - 3 \cos 3\,\beta \sin\beta)} \\ c_3 &= \frac{p_0 \sin\beta}{12\,(3 \sin 3\,\beta \cos\beta - \cos 3\,\beta \sin\beta} \\ c_4 &= \frac{p_0 \cos\beta}{12\,(3 \cos 3\,\beta \sin\beta - \sin 3\,\beta \cos\beta)}\end{aligned}\right\} \;.\;.\;.\;.\; (127)$$

Durch Einsetzen dieser Werte in die Gl. (125) erhält man die Spannungen in dem nach Bild 34 beanspruchten Keil, bei dem die einseitige Drucklast p proportional mit dem Abstand von der Keilspitze zunimmt. Ein solcher Belastungsfall liegt bei einer Staumauer von dreieckigem Querschnitt vor, die einem einseitigen Wasserdruck p ausgesetzt ist, unter der Voraussetzung, daß das Wasser bis zur Krone der Staumauer reicht.

Wie die Gl. (125) zeigen, wachsen alle Spannungen längs eines Strahles durch die Keilspitze proportional r an. Man sieht ohne weiteres ein, daß sich die an den obigen beiden Beispielen untersuchten Beanspruchungen des Keiles verallgemeinern lassen, indem man aus Gl. (49) von § 4 die folgende Airysche Spannungsfunktion heranzieht:

$$F = r^n (c_1 \cos n \alpha + c_2 \sin n \alpha + c_3 \cos (n - 2) \alpha + c_4 \sin (n - 2) \alpha) \quad (128)$$

mit beliebigem ganzzahligen oder gebrochenen n. Für $n = 2$ folgt im wesentlichen der Ansatz von Gl. (118) und für $n = 3$ der Ansatz von Gl. (124).

IV. Abschnitt

Die Inversion ebener Spannungszustände

§ 19. Einführung der Inversion

Wir werden zeigen, daß sich zu jedem ebenen Spannungszustand ein hierzu »invertierter« ebener Spannungszustand angeben läßt. Beide Spannungszustände sind durch die Inversion gegenseitig miteinander verknüpft. Die Inversion ist in einer Eigenschaft der Differentialgleichung für die Airysche Spannungsfunktion F begründet. In Polarkoordinaten r, α lautet diese Differentialgleichung:

$$\Delta \Delta F = \left(\frac{\partial^2}{\partial r^2} + \frac{1}{r}\frac{\partial}{\partial r} + \frac{1}{r^2}\frac{\partial^2}{\partial \alpha^2}\right)^2 F = 0 \quad \ldots\ldots (1)$$

Die Spannungen sind bekanntlich

$$\left.\begin{aligned} \sigma_r &= \frac{1}{r}\frac{\partial F}{\partial r} + \frac{1}{r^2}\frac{\partial^2 F}{\partial \alpha^2} \\ (\sigma_t)_r &= \frac{\partial^2 F}{\partial r^2} \\ \tau_{rt} &= -\frac{\partial}{\partial r}\left(\frac{1}{r}\frac{\partial F}{\partial \alpha}\right) \end{aligned}\right\} \quad \ldots\ldots\ldots (2)$$

Diese Gleichungen stimmen mit den Gl. (33) von § 4 überein. Nur in der Bezeichnungsweise ist insofern eine Änderung vorgenommen worden, als an σ_t der Index r angefügt worden ist zum Unterschied von der später zu besprechenden Spannung $(\sigma_t)_\varrho$. In § 2 Gl. (13) haben wir schon darauf hingewiesen, daß sich jede Lösung der Gl. (1) darstellen läßt durch

$$F = r^2 F_1(r, \alpha) + F_2(r, \alpha), \quad \ldots\ldots\ldots (3)$$

worin F_1 und F_2 harmonische Funktionen sind, d. h.

$$\Delta F_1 = 0; \; \Delta F_2 = 0 \quad \ldots\ldots\ldots\ldots (4)$$

Wir werden nun zeigen, daß beim Übergang auf ein neues Polarkoordinatensystem ϱ, α durch die Transformation

$$\varrho = \frac{a^2}{r} \quad \ldots\ldots\ldots\ldots\ldots (5)$$

mit konstantem a die Airysche Spannungsfunktion $F(r, \alpha)$ in eine Airysche neue Spannungsfunktion $F(\varrho, \alpha)$ übergeht und daß sich die zugehörigen Spannungen mit den entsprechenden Spannungen des ersten Spannungszustandes einfach angeben lassen.

Bei dieser Transformation, die man als »Inversion« bezeichnet, kann man jeden beliebigen Punkt der Ebene als »Inversionszentrum«, d. h. als Nullpunkt der Polarkoordinatensysteme r, α und ϱ, α annehmen. Da sich α bei der Transformation nicht ändert, liegen entsprechende Punkte in beiden Spannungszuständen auf gleichen Radien.

Um nachzuweisen, daß durch die Transformation der Gl. (5) die Airysche Spannungsfunktion $F(r, \alpha)$ wieder in eine Airysche Spannungsfunktion $F(\varrho, \alpha)$ der Polarkoordinaten ϱ und α übergeht, bilden wir den Ausdruck

$$\Phi(\varrho, \alpha) \equiv \frac{\varrho^2}{a^2} F(r, \alpha) = \frac{\varrho^2}{a^2} [r^2 F_1(r, \alpha) + F_2(r, \alpha)]$$

$$= a^2 F_1(r, \alpha) + \frac{\varrho^2}{a^2} F_2(r, \alpha); \quad . \; . \; . \quad (6)$$

worin F_1 und F_2 nach Gl. (4) harmonische Funktionen von r, α sind. Sie sind dann aber auch harmonische Funktionen in bezug auf ϱ, α, wie aus folgendem hervorgeht:

$$\frac{\partial F_1}{\partial \varrho} = \frac{\partial F_1}{\partial r} \frac{\partial r}{\partial \varrho} = -\frac{a^2}{\varrho^2} \frac{\partial F_1}{\partial r};$$

$$\frac{\partial^2 F_1}{\partial \varrho^2} = \frac{a^4}{\varrho^4} \cdot \frac{\partial^2 F_1}{\partial r^2} + \frac{2 a^2}{\varrho^3} \frac{\partial F_1}{\partial r}.$$

Hieraus folgt

$$\frac{\partial^2 F_1}{\partial \varrho^2} + \frac{1}{\varrho} \frac{\partial F_1}{\partial \varrho} + \frac{1}{\varrho^2} \frac{\partial^2 F_1}{\partial \alpha^2} = \frac{a^4}{\varrho^4} \left[\frac{\partial^2 F_1}{\partial r^2} + \frac{\varrho \cdot}{a^2} \frac{\partial F_1}{\partial r} + \frac{\varrho^2}{a^4} \frac{\partial^2 F_1}{\partial \alpha^2}\right] =$$

$$= \frac{a^4}{\varrho^4} \left[\frac{\partial^2 F_1}{\partial r^2} + \frac{1}{r} \frac{\partial F_1}{\partial r} + \frac{1}{r^2} \frac{\partial^2 F_1}{\partial \alpha^2}\right] = 0 \quad . \; . \quad (7)$$

Ebenso läßt sich beweisen, daß auch F_2 als Funktion von ϱ, α eine harmonische Funktion in ϱ und α ist. Damit ist aber zugleich bewiesen, daß $\Phi(\varrho, \alpha)$ nach Gl. (6) eine biharmonische Funktion, d. h. eine Airysche Spannungsfunktion in ϱ, α darstellt; denn sie läßt sich nach Gl. (6) aus zwei harmonischen Funktionen $F_1(\varrho, \alpha)$ und $F_2(\varrho, \alpha)$ in der für biharmonische Funktionen vorgeschriebenen Weise zusammensetzen. Nachdem der Nachweis erbracht worden ist, daß aus jeder Airyschen Spannungsfunktion $F(r, \alpha)$ mit Hilfe der Transformation Gl. (5) eine neue Airysche Spannungsfunktion

$$\Phi(\varrho, \alpha) = \frac{\varrho^2}{a^2} \cdot F\left(\frac{a^2}{\varrho}, \alpha\right) \quad . \; . \; . \; . \; . \; . \; . \; . \; . \quad (8)$$

gewonnen werden kann, wollen wir die dieser Spannungsfunktion Φ entsprechenden Spannungen ableiten. Es gilt:

$$\left.\begin{aligned} \sigma_\varrho &= \frac{1}{\varrho}\frac{\partial \Phi}{\partial \varrho} + \frac{1}{\varrho^2}\frac{\partial^2 \Phi}{\partial \alpha^2} \\ (\sigma_t)_\varrho &= \frac{\partial^2 \Phi}{\partial \varrho^2} \\ \tau_{\varrho t} &= -\frac{\partial}{\partial \varrho}\left(\frac{1}{\varrho}\frac{\partial \Phi}{\partial \alpha}\right) \end{aligned}\right\} \quad \ldots\ldots\ldots\ldots (9)$$

Diese Spannungen im Punkt ϱ, α lassen sich durch die entsprechenden Spannungen σ_r, $(\sigma_t)_r$, τ_{rt} des zugehörigen Punktes im invertierten Spannungszustand ausdrücken. Wir bilden zu diesem Zweck nach Gl. (8)

$$\frac{\partial \Phi}{\partial \varrho} = \frac{2\varrho}{a^2} F + \frac{\varrho^2}{a^2}\frac{\partial F}{\partial r}\frac{\partial r}{\partial \varrho} = \frac{2\varrho}{a^2} F - \frac{\partial F}{\partial r}$$

und damit wird

$$\sigma_\varrho = \frac{2}{a^2} F - \frac{1}{\varrho}\frac{\partial F}{\partial r} + \frac{1}{\varrho^2}\frac{\partial^2 \Phi}{\partial \alpha^2} = \frac{2}{a^2} F - \frac{1}{\varrho}\frac{\partial F}{\partial r} + \frac{1}{a^2}\frac{\partial^2 F}{\partial \alpha^2} =$$

$$= \frac{a^2}{\varrho^2}\left(\frac{1}{r^2}\frac{\partial^2 F}{\partial \alpha^2} + \frac{1}{r}\frac{\partial F}{\partial r}\right) + \frac{2}{a^2}\left(F - r\frac{\partial F}{\partial r}\right) =$$

$$= \frac{a^2}{\varrho^2}\sigma_r + \frac{2}{a^2}\left(F - r\frac{\partial F}{\partial r}\right) \quad \ldots\ldots\ldots\ldots (10\text{a})$$

$$(\sigma_t)_\varrho = \frac{\partial^2 \Phi}{\partial \varrho^2} = \frac{2}{a^2} F + \frac{2\varrho}{a^2}\frac{\partial F}{\partial r}\frac{\partial r}{\partial \varrho} - \frac{\partial^2 F}{\partial r^2}\frac{\partial r}{\partial \varrho} =$$

$$= \frac{2}{a^2} F - \frac{2}{\varrho}\frac{\partial F}{\partial r} + \frac{a^2}{\varrho^2}\frac{\partial^2 F}{\partial r^2} = \frac{a^2}{\varrho^2}(\sigma_t)_r + \frac{2}{a^2}\left(F - r\frac{\partial F}{\partial r}\right); \quad (10\text{b})$$

$$\tau_{\varrho t} = -\frac{\partial}{\partial \varrho}\left(\frac{1}{\varrho}\frac{\partial \Phi}{\partial \alpha}\right) = \frac{1}{\varrho^2}\frac{\partial \Phi}{\partial \alpha} - \frac{1}{\varrho}\frac{\partial^2 \Phi}{\partial \varrho\, \partial \alpha} =$$

$$= \frac{1}{a^2}\frac{\partial F}{\partial \alpha} - \frac{1}{\varrho}\left(\frac{2\varrho}{a^2}\frac{\partial F}{\partial \alpha} - \frac{\partial^2 F}{\partial r\, \partial \alpha}\right) = -\frac{1}{a^2}\frac{\partial F}{\partial \alpha} + \frac{1}{\varrho}\frac{\partial^2 F}{\partial r\, \partial \alpha} =$$

$$-\frac{a^2}{\varrho^2}\left(\frac{1}{r^2}\frac{\partial F}{\partial \alpha} - \frac{1}{r}\frac{\partial^2 F}{\partial r\, \partial \alpha}\right) = -\frac{a^2}{\varrho^2}\tau_{rt} \quad \ldots\ldots\ldots (10\text{c})$$

Zusammenfassend ergibt sich demnach der folgende Zusammenhang zwischen den entsprechenden Spannungen in den beiden durch Inversion miteinander verknüpften Spannungszuständen:

$$\left.\begin{aligned} \sigma_\varrho &= \frac{a^2}{\varrho^2}\sigma_r + \frac{2}{a^2}\left(F - r\frac{\partial F}{\partial r}\right) \\ (\sigma_t)_\varrho &= \frac{a^2}{\varrho^2}(\sigma_t)_r + \frac{2}{a^2}\left(F - r\frac{\partial F}{\partial r}\right) \\ \tau_{\varrho t} &= -\frac{a^2}{\varrho^2}\tau_{rt} \end{aligned}\right\} \quad \ldots\ldots (11)$$

In diesen Transformationsformeln für die Spannungen stellen die beiden gleichen, in σ_ϱ und $(\sigma_t)_\varrho$ auftretenden Spannungsanteile $\frac{2}{a^2}\left(F - r\frac{\partial F}{\partial r}\right)$ für sich einen hydrostatischen, d. h. nach allen Richtungen gleichen Spannungszustand dar, der sich dem ersten Spannungszustand überlagert. Abgesehen von jenem hydrostatischen Spannungszustand zeigen die Transformationsformeln (11), daß die Spannungen des invertierten Spannungszustandes aus denen des gegebenen durch Multiplikation mit dem Transformationsfaktor $\frac{a^2}{\varrho^2} = \frac{r}{\varrho}$ gewonnen werden, wobei die Schubspannungen noch ihr Vorzeichen wechseln (s. Bild 35). Der Wechsel des Vorzeichens der Schubspannungen rührt von der durch die Transformation bedingten Zuordnung entsprechender Strecken in radialer Richtung. Die Strecke $A\,B$ geht in die Strecke $A'\,B'$ über (s. Bild 35) und das Streckenelement ds in ds'. Was die Größe entsprechender Strecken betrifft, so folgt aus der Transformation:

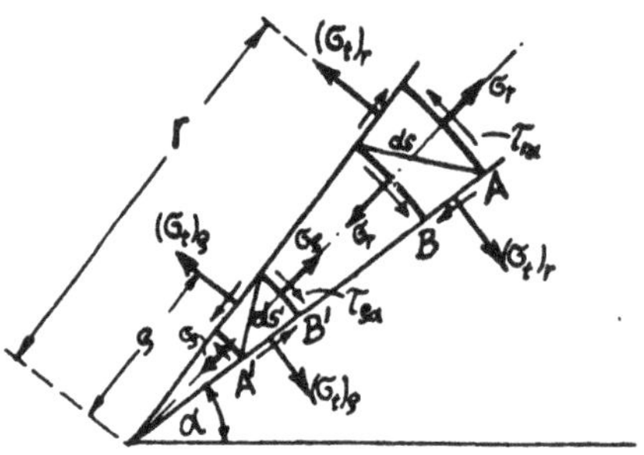

Bild 35

$$\frac{d\,s}{d\,s'} = \frac{r}{\varrho} \quad . \; . \; . \; . \; . \; . \; . \; . \; . \; . \; . \; . \quad (12)$$

Da die Hauptanteile der Spannungen nach Gl. (11) im invertierten Spannungszustand gegenüber dem gegebenen Spannungszustand im Verhältnis $\frac{r}{\varrho}$ wachsen, die zugehörigen Strecken aber im umgekehrten Verhältnis $\frac{\varrho}{r}$ abnehmen, so sind die resultierenden Kräfte der Spannungen auf entsprechenden Schnitten gleich. Eine Einzelkraft P geht als Grenzfall einer resultierenden Spannung längs einer Strecke in eine gleichgroße Kraft $P' = P$ des invertierten Spannungszustandes über. Ferner sieht man sofort ein, daß die Hauptspannungslinien des gegebenen ersten Spannungszustandes durch die Transformation in Hauptspannungslinien des zweiten Spannungszustandes übergehen, da längs der Hauptspannungslinien die Schubspannungen Null sind und dasselbe dann auch für die den Hauptspannungslinien des ersten Spannungszustandes durch die Transformation zugeordneten Linien des zweiten Spannungszustandes gelten muß. Das Hinzufügen des hydrostatischen Spannungsanteiles nach den Gl. (11) kann an diesem Übergang der Hauptspannungslinien des ersten Spannungszustandes in solche des zweiten Spannungszustandes nichts ändern, da der hydrostatische Spannungszustand schubspannungsfrei ist und daher auf die Richtungen der Hauptspannungen keinen Einfluß hat.

Von Bedeutung für die Anwendung der Inversion ist die Feststellung, daß ein lastfreier Rand durch die Inversion in einen Rand mit konstantem Normaldruck übergeht. Der Beweis dieser Behauptung folgt daraus, daß ein lastfreier Rand eine Hauptspannungslinie darstellt, die, wie wir oben sahen, wieder in eine Hauptspannungslinie des zweiten Spannungszustandes übergeht. Da der Rand lastfrei angenommen ist, sind im zweiten Spannungszustand die Normalspannungen längs des zugehörigen Randes nach Gl. (11) gegeben durch $\frac{2}{a^2}\left(F - r\frac{\partial F}{\partial r}\right)$. Wie wir am Schluß von § 2 gezeigt haben, ist aber längs eines lastfreien Randes $\frac{\partial F}{\partial x} = \text{const}$ und $\frac{\partial F}{\partial y} = \text{const}$ und infolgedessen gilt beim Fortschreiten längs des lastfreien Randes um ds:

$$\frac{\partial}{\partial s}\left(\frac{\partial F}{\partial x}\right) = 0; \quad \frac{\partial}{\partial s}\left(\frac{\partial F}{\partial y}\right) = 0 \quad \ldots\ldots\ldots \quad (13)$$

Denkt man sich die x-Achse in die Richtung $\alpha = 0$ gelegt, so gilt

$$\frac{\partial F}{\partial r} = \frac{\partial F}{\partial x}\frac{\partial x}{\partial r} + \frac{\partial F}{\partial y}\frac{\partial y}{\partial r} = \frac{\partial F}{\partial x}\frac{x}{r} + \frac{\partial F}{\partial y}\frac{y}{r}$$

und damit wird unter Berücksichtigung von Gl. (13)

$$F - r\frac{\partial F}{\partial r} = F - \left(\frac{\partial F}{\partial x}x + \frac{\partial F}{\partial y}y\right)$$

und

$$\frac{\partial}{\partial s}\left(F - r\frac{\partial F}{\partial r}\right) = \frac{\partial F}{\partial s} - \left(\frac{\partial F}{\partial x}\frac{\partial x}{\partial s} + \frac{\partial F}{\partial y}\frac{\partial y}{\partial s}\right) = \frac{\partial F}{\partial s} - \frac{\partial F}{\partial s} = 0 \quad (14,$$

d. h. die Normalspannung $\frac{2}{a^2}\left(F - r\frac{\partial F}{\partial r}\right)$ längs des zweiten Randes ist konstant.

Damit haben wir die wesentlichen Grundlagen der Inversion besprochen. Wir werden in den folgenden §§ bei den Anwendungen davon Gebrauch machen.

§ 20. Beispiel zur Inversion
Die durch zwei Lasten beanspruchte Walze

Wir gehen von dem in § 5 behandelten Spannungszustand aus, der sich in der unendlichen Halbebene durch eine senkrecht zum Rand gerichtete Einzellast P ausbildet (s. Bild 11). Die zugehörige Spannungsfunktion ist nach Gl. (1) und (3) von § 5

$$F(r, \alpha) = \frac{P}{\pi} r \alpha \cos \alpha = \frac{P}{\pi} \alpha x \quad \ldots \ldots \ldots \quad (15)$$

und die Spannungen sind nach Gl. (4) von § 5

$$\left.\begin{aligned} \sigma_r &= \frac{2P}{\pi} \frac{\sin \alpha}{r} \\ \sigma_t &= 0 \\ \tau_{rt} &= 0 \end{aligned}\right\} \quad \ldots \ldots \ldots \ldots \quad (16)$$

Dabei bezieht sich die Spannungsfunktion F ebenso wie die Spannungen auf das Polarkoordinatensystem mit dem Angriffspunkt O der Last P als Pol (s. Bild 11 und Bild 36). Dieser Spannungszustand soll in bezug auf den Punkt O', der im Abstand a vom Pol O auf der y-Achse gelegen ist, invertiert werden. Durch die Transformation $\varrho = \frac{a^2}{r'}$ mit $O'A = r'$ geht der Punkt A in den Punkt A' über. Wegen der Ähnlichkeit der Dreiecke OAO' und $OA'O'$ ist der Winkel $OA'O'$ gleich $\frac{\pi}{2} + \alpha$. Für die Punkte der $+x$-Achse ist $\alpha = 0$ und infolgedessen wird für die Punkte, die in der Abbildung den Punkten der x-Achse entsprechen, der Winkel $\frac{\pi}{2} + \alpha$ gleich $\frac{\pi}{2}$, d. h. sie liegen auf einem Kreis mit OO' als Durchmesser. Die unendliche Halbebene wird demnach auf den Kreis vom Durchmesser OO' abgebildet. Wie wir im vorigen § allgemein gezeigt haben, wird ein lastfreier Rand auf einen Rand mit konstantem Normaldruck abgebildet. Längs des Kreises OO' herrscht demnach eine Normalspannung von der Größe

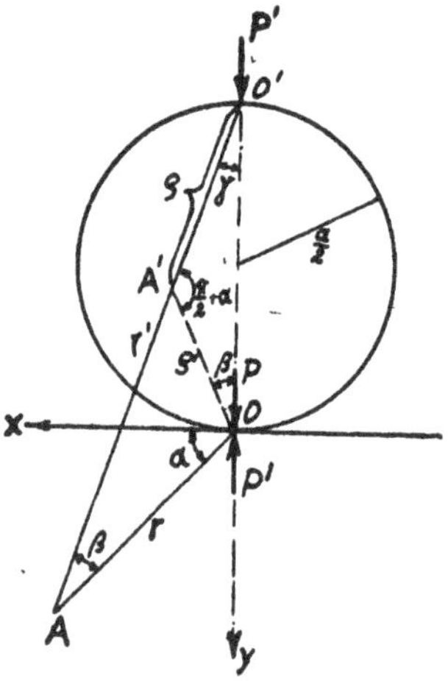

Bild 36

$$\sigma_0 = \frac{2}{a^2}\left(F - r' \frac{\partial F}{\partial r'}\right)_{\alpha = 0} \quad \ldots \ldots \ldots \quad (17)$$

Nach Gl. (15) ist $F_{\alpha=0} = 0$ und $(r')_{\alpha=0} = \frac{a}{\cos \gamma}$ sowie

$$\left(\frac{\partial F}{\partial r'}\right)_{\alpha=0} = \left(\frac{\partial F}{\partial r}\frac{\partial r}{\partial r'} + \frac{\partial F}{\partial \alpha}\frac{\partial \alpha}{\partial r'}\right)_{\alpha=0}$$

$$= 0 + \frac{P}{\pi}\left[(\cos \alpha - \alpha \sin \alpha) \sin \beta\right]_{\alpha=0} = \frac{P}{\pi} \cos \gamma.$$

Durch Einsetzen dieser Werte in Gl. (17) erhält man die konstante Normalspannung

$$\sigma_0 = -\frac{2}{a^2} \cdot \frac{P}{\pi} a = -\frac{2P}{\pi a}, \quad \ldots \ldots \quad (17\,a)$$

die am Umfang der Kreisscheibe herrscht. Dazu treten noch die beiden Einzelkräfte $P' = P$ in den Punkten O und O', die der Belastung der unendlichen Halbebene entsprechen und aus ihr durch die Transformation hervorgehen, und zwar entspricht die Einzellast P' im Punkt O der Kreisscheibe der Last P am selben Punkt O der Halbebene und der Einzellast P' im Punkt O' der Kreisscheibe entspricht die im Unendlichen der Halbebene eingreifende Last P.

Zu dem Falle der nur durch zwei diametral entgegengesetzt gleiche Kräfte P belasteten Halbscheibe (s. Bild 37) gelangt man schließlich, indem man den von der gleichmäßigen Belastung des Kreisrandes herrührenden hydrostatischen, überall gleichen Spannungszustand, der durch die oben berechnete Spannung σ_0 gegeben ist, abzieht. Indem man die Gl. (11) anwendet, läßt sich aus dem bekannten Spannungszustand in der unendlichen Halbebene der in der gedrückten Kreisscheibe an jeder Stelle angeben.

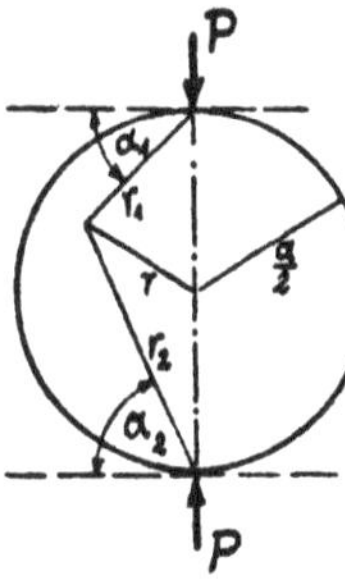

Bild 37

Um für die durch Bild (37) gekennzeichnete Belastung der Kreisscheibe vom Durchmesser a gültige Airysche Spannungsfunktion abzuleiten, benützen wir Gl. (6) des vorigen §. Bevor wir jedoch diese Gleichungen anwenden, schreiben wir die Airysche Spannungsfunktion nach Gl. (15) noch folgendermaßen um, wobei wir aus Bild 36 die Beziehung benützen

$$\alpha = \frac{\pi}{2} - (\gamma + \beta):$$

$$F = \frac{P}{\pi} \alpha x = -\frac{P}{\pi} (\gamma + \beta) x \quad \ldots \ldots \ldots \quad (18)$$

Dabei ist der Anteil $\frac{P}{2} x$ gleich weggelassen worden, da er für die Spannungsfunktion belanglos ist.

Setzen wir den Wert von F nach Gl. (18) in Gl. (6) ein, so erhält man die Spannungsfunktion Φ des invertierten Spannungszustandes:

$$\Phi(\varrho, \gamma) = -\frac{P}{\pi} \frac{\varrho^2}{a^2} x (\gamma + \beta),$$

wofür man nach einfachen, aus Bild 36 abzulesenden Umformungen schreiben kann

$$\Phi(\varrho, \gamma) = -\frac{P}{\pi} (\varrho \gamma \sin \gamma + \varrho' \beta \sin \beta)$$

oder mit Einführung der Bezeichnungen nach Bild 37 und unter Weglassen eines unwesentlichen Gliedes

$$\Phi = \frac{P}{\pi}(r_1 \alpha_1 \cos \alpha_1 + r_2 \alpha_2 \cos \alpha_2) \quad . \quad . \quad . \quad . \quad . \quad . \quad (19)$$

Um daraus die Spannungsfunktion F der durch zwei Einzellasten P nach Bild 37 belasteten Kreisscheibe zu erhalten, muß man noch die zum hydrostatischen Spannungszustand $\sigma_0 = -\frac{2P}{\pi a}$ gehörige Spannungsfunktion $F_0 = -\frac{P}{\pi}\frac{r^2}{a}$, wobei r nach Bild 37 vom Mittelpunkt der Walze aus gerechnet wird, abziehen und erhält damit die Spannungsfunktion

$$F = \frac{P}{\pi}(r_1 \alpha_1 \cos \alpha_1 + r_2 \alpha_2 \cos \alpha_2) + \frac{P}{\pi}\frac{r^2}{a}, \quad . \quad . \quad . \quad . \quad (20)$$

die allen Bedingungen der durch Bild 37 gekennzeichneten Aufgabe genügt.

Bild 38 zeigt die Zuordnung der Hauptspannungstrajektorien in den beiden durch Inversion verknüpften Spannungszuständen von Bild 36. Die Inversion eines Keiles, der durch eine Einzellast in der Spitze symmetrisch belastet ist, kann aus Bild 38 gewonnen werden, in-

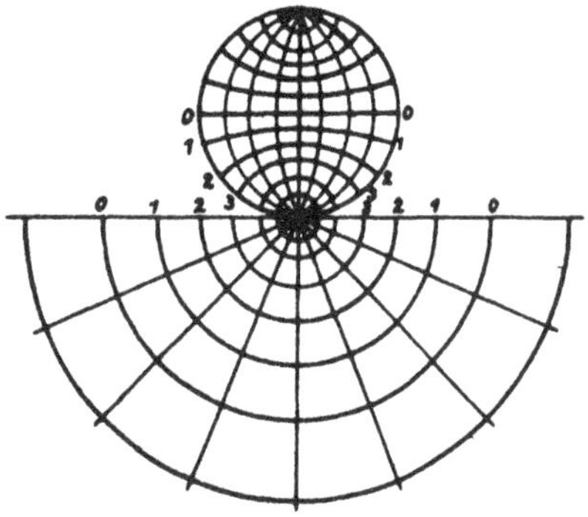

Bild 38

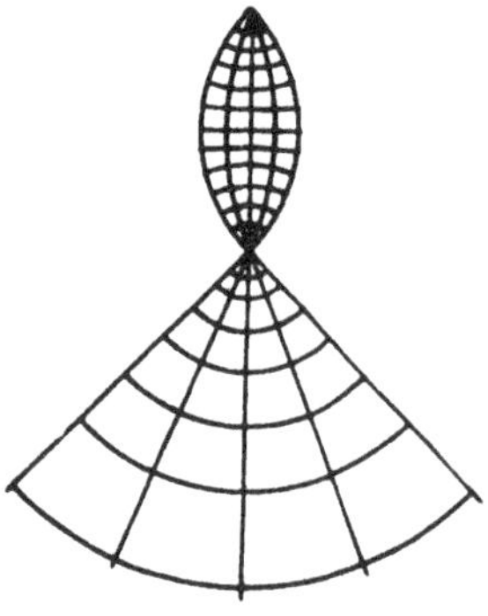

Bild 39

dem man den Keil aus der Halbebene in Bild 38 herausschneidet und aus dem Kreis von Bild 38 die den Begrenzungsgeraden des Keiles entsprechenden Spannungstrajektorien. Dadurch entsteht Bild 39.

§ 21. Die Inversion der unendlichen Halbebene bei gleichmäßiger Streifenbelastung

Gegeben sei der Spannungszustand in der unendlichen Halbebene x, y, der von einem Belastungsstreifen von der Breite $2b$ bei gleichmäßiger senkrechter Belastung p herrührt, wie er in § 10 abgeleitet worden ist. Dieser Spannungszustand soll in bezug auf den Punkt O'

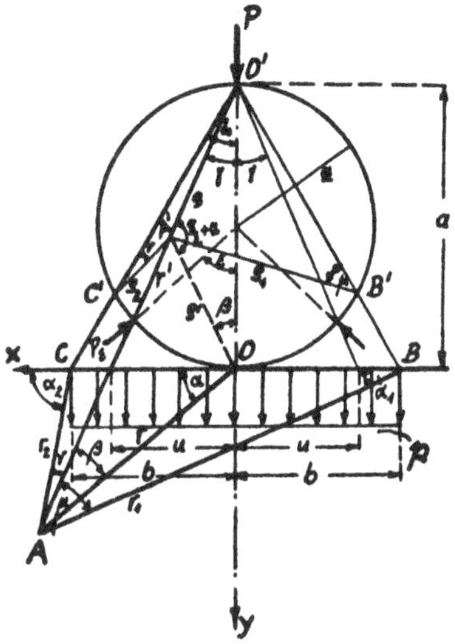

Bild 40

invertiert werden (s. Bild 40). Aus Symmetriegründen genügt es, sich auf die eine Hälfte $x > 0$ zu beschränken. Für die Abbildung des Spannungszustandes in der unendlichen Halbebene auf den in der Kreisscheibe sind die Transformationsformeln (11) von § 19 maßgebend, die mit den Bezeichnungen in Bild 40 folgendermaßen lauten:

$$\left.\begin{aligned} \sigma_\varrho &= \frac{r'}{\varrho}\sigma_{r'} + \frac{2}{a^2}\left(F - r'\frac{\partial F}{\partial r'}\right) \\ (\sigma_t)_\varrho &= \frac{r'}{\varrho}(\sigma_t)_{r'} + \frac{2}{a^2}\left(F - r'\frac{\partial F}{\partial r'}\right) \\ \tau_{\varrho t} &= -\frac{r'}{\varrho}\tau_{r' t} \end{aligned}\right\} \quad (21)$$

Dadurch wird der nach § 10 bekannte Spannungszustand im Punkt A der unendlichen Halbebene in den Spannungszustand im Punkt A' der Kreisfläche übergeführt.

Was die äußeren Lasten der Kreisscheibe anbelangt, so wirkt im Punkt O' der Kreisscheibe, dem Inversionszentrum, die Einzellast P, wenn

$$P = 2bp \quad \ldots\ldots\ldots\ldots \quad (22)$$

gesetzt wird. Da der Kreisumfang der geradlinigen Begrenzung der Halbscheibe entspricht, und diese eine Hauptspannungslinie ist, so treten am Kreisumfang nur senkrechte Lasten auf. Für die Punkte außerhalb des Belastungsstreifens $\gamma > \gamma_0$ (s. Bild 40) kommt, da sie zu einer lastfreien Hauptspannungslinie gehören, als Belastung der Kreisscheibe nur ein konstanter Druck von der Größe

$$\sigma_0 = \frac{2}{a^2}\left(F - r'\frac{\partial F}{\partial r'}\right) \quad \ldots\ldots\ldots \quad (23)$$

in Betracht. Dagegen kommt für die Randpunkte der Kreisscheibe, die den Belastungspunkten der Halbebene entsprechen, außer dem nach Gl. (23) zu berechnenden Normaldruck σ_0 noch ein weiterer Normaldruck p_e hinzu von der Größe

$$p_e = \left(\frac{r'}{\varrho}\right)_{\alpha=0} \cdot p = \frac{p}{\cos^2\gamma} \quad \ldots\ldots\ldots \quad (24)$$

Um die Größe $F - r'\dfrac{\partial F}{\partial r'}$ zu berechnen, gehen wir von dem in r, α geschriebenen Ausdruck der Airyschen Spannungsfunktion nach

Gl. (4) von § 10 aus:

$$F = -\frac{p}{2\pi}(r_2^2\alpha_2 - r_1^2\alpha_1) \quad . \quad . \quad . \quad . \quad . \quad . \quad . \quad . \quad (25)$$

Wir bilden damit (s. Bild 40)

$$\frac{\partial F}{\partial r'} = -\frac{p}{2\pi}\lim_{\Delta r'=0}\frac{(r_2+\Delta r_2)^2(\alpha_2+\Delta\alpha_2) - r_2^2\alpha_2 - (r_1+\Delta r_1)^2(\alpha_1+\Delta\alpha_1) + r_1^2\alpha_1^2}{\Delta r'}$$

$$= -\frac{p}{2\pi}\lim_{\Delta r'=0}\frac{2r_2\alpha_2\Delta r_2 + r_2^2\Delta\alpha_2 - 2r_1\alpha_1\Delta r_1 - r_1^2\Delta\alpha_1}{\Delta r'}$$

$$= -\frac{p}{2\pi}(2r_2\alpha_2\cos\nu - r_2\sin\nu - 2r_1\alpha_1\cos\mu - r_1\sin\mu) \quad . \quad . \quad . \quad . \quad (26)$$

Für die Begrenzung der Halbebene wird demnach

$$\left(\frac{\partial F}{\partial r'}\right)_{x=0} = \begin{cases} \frac{p}{\pi}b\cos\gamma \text{ für } x > b \\ \frac{p}{\pi}b\cos\gamma + p(b-x)\sin\gamma \text{ für } 0 < x < b \end{cases} \quad (27\text{a})$$

und

$$F_{\alpha=0} = \begin{cases} 0 \text{ für } x > b \\ -\frac{p}{2}(b-x)^2 \text{ für } 0 < x < b \end{cases} \quad . \quad . \quad . \quad . \quad (27\text{b})$$

Beachtet man ferner, daß

$$r'_{\alpha=0} = \frac{a}{\cos\gamma} \quad . \quad . \quad . \quad . \quad . \quad . \quad . \quad . \quad . \quad . \quad . \quad (27\text{c})$$

so erhält man aus Gl. (23)

$$(\sigma_0)_{\gamma>\gamma_0} = -\frac{2p}{\pi}\frac{b}{a} \quad . \quad . \quad . \quad . \quad . \quad . \quad . \quad . \quad . \quad . \quad . \quad . \quad . \quad . \quad . \quad . \quad (28\text{a})$$

$$(\sigma_0)_{\gamma<\gamma_0} = -\frac{p}{a^2}(b-x)^2 - \frac{2}{a^2}\frac{a}{\cos\gamma}\left[\frac{p}{\pi}b\cos\gamma + p(b-x)\sin\gamma\right] =$$

$$= -\frac{2p}{\pi}\frac{b}{a} - \frac{p}{a^2}(b-x)[b-x+2a\operatorname{tg}\gamma] =$$

$$= -\frac{2p}{\pi}\frac{b}{a} - \frac{p}{a^2}(b^2-x^2) \quad . \quad . \quad . \quad . \quad . \quad . \quad . \quad . \quad . \quad . \quad . \quad . \quad (28\text{b})$$

Berücksichtigt man Gl. (22), so kann man die letzten beiden Gleichungen umschreiben in:

$$(\sigma_0)_{\gamma>\gamma_0} = -\frac{P}{\pi a} \quad . \quad . \quad . \quad . \quad . \quad . \quad . \quad . \quad . \quad . \quad . \quad (29\text{a})$$

$$(\sigma_0)_{\gamma<\gamma_0} = -\frac{P}{\pi a} - \frac{P}{2a^2b}(b^2-x^2) \quad . \quad . \quad . \quad . \quad . \quad (29\text{b})$$

Wir wollen den Anteil $-\frac{P}{\pi a}$ der äußeren Belastung der Kreisscheibe am ganzen Umfang, also für $\gamma > \gamma_0$ und $\gamma < \gamma_0$, von der anderen Belastung am Kreisumfang absondern. Er stellt für sich einen hydrodynamischen Gleichgewichtszustand dar, den wir mit entgegengesetztem Vorzeichen überlagert denken, so daß der Kreisumfang für $90^0 > \gamma > \gamma_0$ lastfrei wird. Dagegen bleibt für $\gamma < \gamma_0$ einerseits die Belastung p_ε nach Gl. (24), und andererseits nach Gl. (29b)

$$\sigma_0 = -\frac{P}{2a^2 b}(b^2 - x^2) = -P\frac{b}{2a^2} + \frac{P}{2a^2 b}x^2 \quad . \; . \; . \; (30)$$

Das Gleichgewicht verlangt, daß die Resultierende dieser beiden stetigen Lastverteilungen p_ε und $-\sigma_0$ zwischen den Grenzen $-\gamma_0$ und $+\gamma_0$ gleich ist der im Scheitel O' angreifenden Einzellast P. Wegen

$$p_2 = \frac{p}{\cos^2\gamma} = p\frac{a^2 + x^2}{a^2} = p + p\frac{x^2}{a^2} = \frac{P}{2b} + P\frac{x^2}{2a^2 b}$$

wird

$$p_\varepsilon - \sigma_0 = \frac{P}{2b} + P\frac{b}{2a^2} = P\frac{a^2 + b^2}{2a^2 b} = \text{const} = p_0 \quad . \; . \; . \; (31)$$

Längs des Kreisumfanges von $-\gamma_0$ bis $+\gamma_0$ herrscht also dieser konstante Normaldruck $p_0 = p\frac{a^2 + b^2}{a^2} = \frac{p}{\cos^2\gamma_0}$, dessen Resultierende, wie man sofort sieht, gleich P ist. Die Inversion nach Bild 40 führt demnach auf den Spannungszustand in einer Kreisfläche, die einerseits durch eine Einzellast P, andererseits durch einen gleichmäßigen verteilten Druck p_0 beansprucht wird (s. Bild 41). Der Spannungszustand ist überall in der Kreisscheibe bekannt, da er mit Hilfe der Umrechnungsformeln (Gl. (21)) aus dem bekannten Spannungszustand in der unendlichen Halbebene gewonnen werden kann, wobei nur noch zu beachten ist, daß der überall gleiche hydrostatische Spannungszustand $\sigma_0 = -\frac{P}{\pi a}$ abzuziehen ist, damit der Rand für $90^0 > \gamma > \gamma_0$ lastfrei wird.

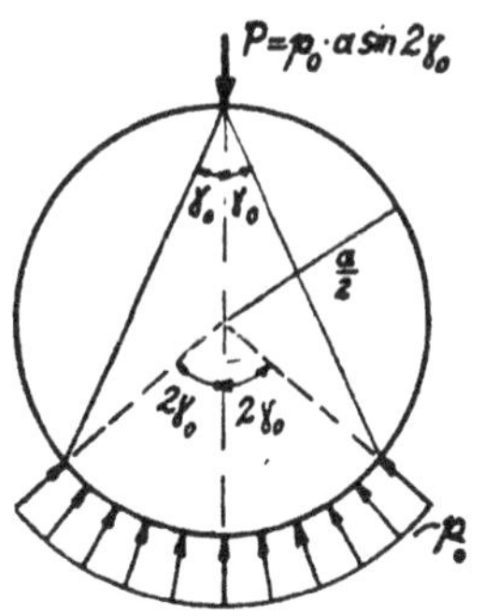

Bild 41

Um die zum Belastungsfall der Kreisscheibe nach Bild 41 zugehörige Airysche Spannungsfunktion abzuleiten, setzen wir nach Gl. (6) von § 19 unter Berücksichtigung von Gl. (25)

$$\Phi_1 = -\frac{p}{2\pi}\frac{\varrho^2}{a^2}(r_2^2\alpha_2 - r_1^2\alpha_1).$$

Um hieraus die richtige Spannungsfunktion zu erhalten, ist nur noch die zum hydrostatischen Spannungszustand $\sigma_0 = -\dfrac{P}{\pi a}$ gehörige Spannungsfunktion abzuziehen. Wir wollen Φ_1 mit Hilfe der aus Bild 40 zu entnehmenden Bezeichnungen in den charakteristischen Größen der Kreisscheibe ausdrücken. Die Endpunkte B und C des Belastungsstreifens der Halbebene entsprechen den Endpunkten B' und C' des Belastungsstreifens der Kreisscheibe. Daraus folgt die Ähnlichkeit der Dreiecke BAO' und $A'B'O'$ sowie der Dreiecke CAO' und $A'C'O'$; infolgedessen treten bei B' bzw. C' die Winkel μ bzw. ν auf, die auch bei A vorhanden sind. Ferner liest man aus Bild 40 ab:

$$r_1^2 = r'^2 + a^2 + b^2 - 2r'\sqrt{a^2+b^2}\cdot\cos(\gamma_0+\gamma)$$

$$r_2^2 = r'^2 + a^2 + b^2 - 2r'\sqrt{a^2+b^2}\cdot\cos(\gamma_0-\gamma)$$

$$\alpha_1 = \left(\frac{\pi}{2}-\gamma\right) - \mu$$

$$\alpha_2 = \left(\frac{\pi}{2}-\gamma\right) - \nu$$

und damit wird

$$\Phi_1 = -\frac{p}{2\pi}\left(\frac{\pi}{2}-\gamma-\nu\right)\left(a^2+\frac{a^2+b^2}{a^2}\varrho^2 - 2\varrho\sqrt{a^2+b^2}\cdot\cos(\gamma_0-\gamma)\right)$$

$$-\frac{p}{2\pi}\left(\frac{\pi}{2}-\gamma-\mu\right)\left(a^2+\frac{a^2+b^2}{a^2}\varrho^2 - 2\varrho\sqrt{a^2+b^2}\cdot\cos(\gamma_0+\gamma)\right)$$

$$= -\frac{p}{2\pi}\,\frac{a^2+b^2}{a^2}\left[\left(\frac{\pi}{2}-\gamma-\nu\right)\varrho^2 - \left(\frac{\pi}{2}-\gamma-\mu\right)\varrho_1^2\right]$$

oder da

$$p_0 = \frac{p}{\cos^2\gamma_0} = p\,\frac{a^2+b^2}{a^2}$$

ist,

$$\Phi_1 = -\frac{p_0}{2\pi}\left[\left(\frac{\pi}{2}-\gamma\right)(\varrho^2-\varrho_1^2) - \nu\varrho_2^2 + \mu\varrho_1^2\right].$$

Mit den Bezeichnungen in Bild 42 lautet demnach die Spannungsfunktion für diesen Belastungsfall:

$$\Phi = -\frac{p_0}{2\pi}\left(\frac{\pi}{2}-\gamma\right)(\varrho_2^2-\varrho_1^2)$$

$$+\frac{p_0}{2\pi}(\nu\varrho_2^2-\mu\varrho_1^2) + \frac{P}{2\pi a}r^2.$$

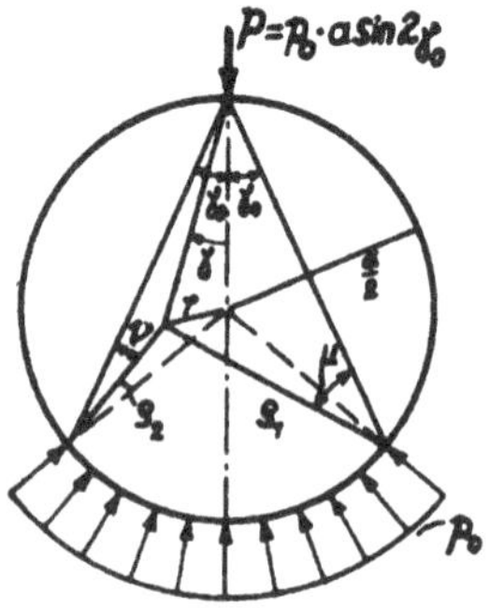

Bild 42

Wie wir in § 10 gezeigt haben, ist an der geradlinigen Begrenzung der unter gleichmäßiger Streifenbelastung auf Druck beanspruchten unendlichen Halbebene an jeder Stelle $\sigma_x = p$. Dasselbe gilt für den durch Inversion daraus gewonnenen Spannungszustand in der Kreisscheibe. Auch hier gilt für alle Punkte des Kreisumfanges, daß die tangentiale Normalspannung $\sigma_t = -p_0$, d. h. gleich dem dort herrschenden Druck ist. In § 10 haben wir darauf hingewiesen, daß die Grenzbedingung $\sigma = -p$ für die Randpunkte der unendlichen Halbebene Geltung behält für jede beliebige senkrechte Belastung p der Halbebene, da sich jede solche Belastung als Überlagerung von lauter rechteckigen Streifenbelastungen darstellen läßt. Dasselbe gilt aber auch für die Kreisscheibe, die ausschließlich durch Lastverteilung senkrecht zu ihrem Rand belastet wird. Auch hier läßt sich die beliebig gegebene senkrechte Randbelastung in Streifenbelastungen konstanter Stärke auflösen; da für die einzelnen Streifenbelastungen die obige Randbedingung $\sigma_t = p_0$ gilt, so gilt sie auch noch nach Überlagerung der einzelnen Streifenbelastungen für die beliebig gegebene senkrechte Belastung p_0 des Kreisumfanges, wobei p_0 beliebig veränderlich sein kann.

Dieser für senkrechte Randbelastung des Kreisumfanges allgemeingültige Satz gestattet eine wesentliche Vereinfachung der Spannungsermittlung in Kreisscheiben bei beliebiger senkrechter Belastung p_0 des Randes. Sie läuft nämlich auf die Ermittlung der halben Spannungssumme

$$\varphi = \frac{\sigma_x + \sigma_y}{2} = \frac{\sigma_r + \sigma_t}{2}$$

hinaus, die der Laplaceschen Gleichung

$$\Delta \varphi = 0$$

genügt. Am Rand ist nämlich

$$\varphi_{\text{Rand}} = -p_0$$

überall durch die senkrechte Randbelastung p_0 gegeben. Wie man mit Hilfe des »Spannungspotentials« φ die Spannungen selbst finden kann, ist in § 12 behandelt worden.

§ 22. Die durch drei Einzellasten senkrecht zum Rand beanspruchte Kreisscheibe

Wir gehen von dem bekannten Spannungszustand in der unendlichen Halbebene aus, der von zwei senkrechten Randlasten herrührt (s. Bild 43), und invertieren ihn in bezug auf das Inversionszentrum O' auf die Kreisscheibe vom Durchmesser a. Als Spannungsgleichungen können wir hier wieder die Gl. (21) des vorigen § verwenden. Die maßgebenden Bezeichnungen in Bild 40 und 43 stimmen überein. Die zur belasteten Halbebene gehörige Spannungsfunktion lautet hier gemäß Gl. (1) von § 5

$$F = \frac{P}{\pi}(r_1 \alpha_1 \cos \alpha_1 + r_2 \alpha_2 \cos \alpha_2) = \frac{P}{\pi}[\alpha_1 (x + c) + \alpha_2 (x - c)] \qquad (32,$$

Die geradlinige Begrenzung der Halbebene, die x-Achse, geht durch die Inversion in den Kreis vom Durchmesser a über. Da die x-Achse eine Hauptspannungslinie ist, gilt dies auch für den Kreis. Die beiden Einzellasten der Halbebene gehen in gleichgroße Einzellasten P über, die auf dem Kreisumfang senkrecht stehen.

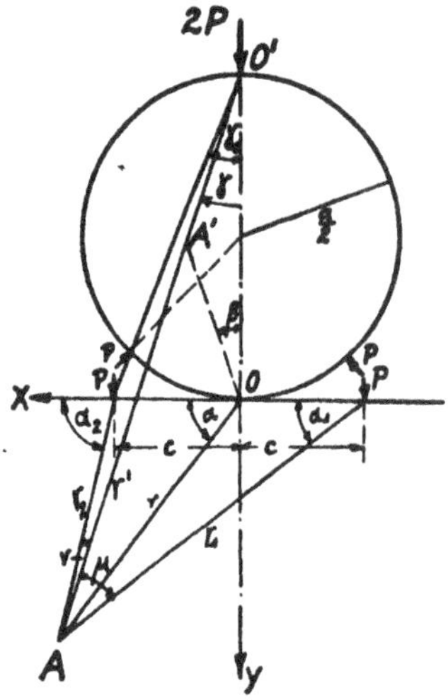

Bild 43

Der unendlich fernen Last $2P$ der Halbscheibe entspricht bei der Inversion die Einzellast $2P$ im Punkt O' der Kreisscheibe. Dazu tritt noch am Umfang des Kreises ein stetiger Normaldruck, der aber schon aus Gleichgewichtsgründen zwischen den beiden Einzellasten P ein anderer sein muß als zwischen den Einzellasten P und der Scheitellast $2P$. Um ihn zu bestimmen, ermitteln wir nach Gl. (23) des vorigen §

$$\sigma_0 = \frac{2}{a^2}\left(F - r'\frac{\partial F}{\partial r'}\right)_{\alpha = 0} \quad \ldots\ldots\ldots\ldots \quad (33)$$

Ähnlich wie im vorigen § bilden wir

$$\frac{\partial F}{\partial r'} = \frac{P}{\pi} \lim_{\Delta r' = 0} \frac{(r_1 + \Delta r_1)(\alpha_1 + \Delta \alpha_1)\cos(\alpha_1 + \Delta \alpha_1) - r_1 \alpha_1 \cos \alpha_1) +}{\Delta r'}$$

$$\frac{+ (r_2 + \Delta r_2)(\alpha_2 + \Delta \alpha_2)\cos(\alpha_2 + \Delta \alpha_2) - r_2 \alpha_2 \cos \alpha_2}{\Delta r'}$$

$$= \frac{P}{\pi} \lim_{\Delta r' = 0} \frac{- r_1 \alpha_1 \sin \alpha_1 \Delta \alpha_1 + r_1 \cos \alpha_1 \Delta \alpha_1 + \alpha_1 \cos \alpha_1 \Delta r_1 -}{\Delta r'}$$

$$\frac{- r_2 \alpha_2 \sin \alpha_2 \Delta \alpha_2 + r_2 \cos \alpha_2 \Delta \alpha_2 + \alpha_2 \cos \alpha_2 \Delta r_2}{\Delta r'}$$

$$= \frac{P}{\pi}(- \alpha_1 \sin \alpha_1 \sin \mu + \cos \alpha_1 \sin \mu + \alpha_1 \cos \alpha_1 \cos \mu -$$

$$- \alpha_2 \sin \alpha_2 \sin \nu + \cos \alpha_2 \sin \nu + \alpha_2 \cos \alpha_2 \cos \nu).$$

Damit erhält man

$$\left(\frac{\partial F}{\partial r'}\right)_{\alpha = 0} = \left\{\begin{array}{l} \dfrac{2P}{\pi}\cos \gamma \ \text{ für } \ \gamma > \gamma_0 \\ \dfrac{2P}{\pi}\cos \gamma + P \sin \gamma \ \text{ für } \ \gamma < \gamma_0 \end{array}\right\} \quad \ldots \quad (34)$$

Dabei genügt es, aus Symmetriegründen die linke Hälfte von Bild 43 zu berücksichtigen, so daß γ nur zwischen o und $\frac{\pi}{2}$ veränderlich ist.

Ferner ist wegen Gl. (32)

$$F_{a=0} = \begin{cases} 0 \text{ für } \gamma > \gamma_0 \\ P\,(a \operatorname{tg} \gamma - c) \text{ für } \gamma < \gamma_0 \end{cases} \quad \ldots\ldots \quad (35)$$

Damit erhält man für σ_0 nach Gl. (33)

$$\sigma_0 = \begin{cases} -\dfrac{4\,P}{\pi\, a} \text{ für } \gamma > \gamma_0 \\ -\dfrac{2\,P}{a}\left(\dfrac{2}{\pi} + \dfrac{c}{a}\right) \text{ für } \gamma < \gamma_0 \end{cases} \quad \ldots\ldots \quad (36)$$

Zieht man den hydrostatischen Spannungszustand, der von einem über den ganzen Kreisumfang konstanten Druck von der Größe $\frac{4\,P}{\pi\, a}$ herrührt, ab, so wird der Kreisumfang lastfrei bis auf einen gleichmäßigen Druck p zwischen den angreifenden Einzellasten P von der Größe

$$p = \frac{2\,P\,c}{a^2} = \frac{2\,P}{a} \operatorname{tg} \gamma_0 \quad \ldots\ldots\ldots \quad (37)$$

Wir erhalten damit die Belastung nach Bild 44. Wie sich leicht zeigen läßt, sind die am Kreisumfang angreifenden Kräfte im Gleichgewicht. Um die durch nur 3 Einzellasten beanspruchte Kreisscheibe

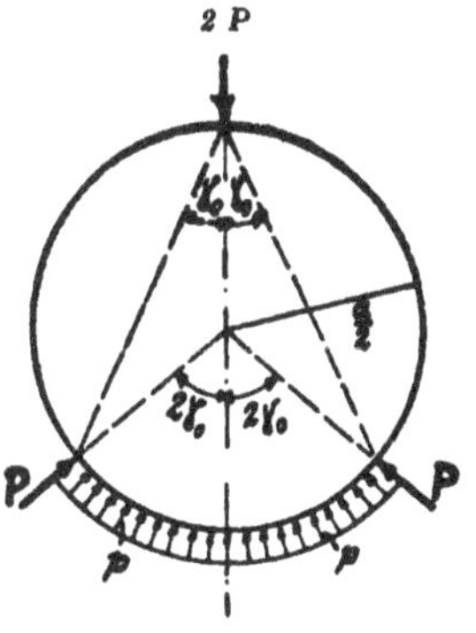

Bild 44

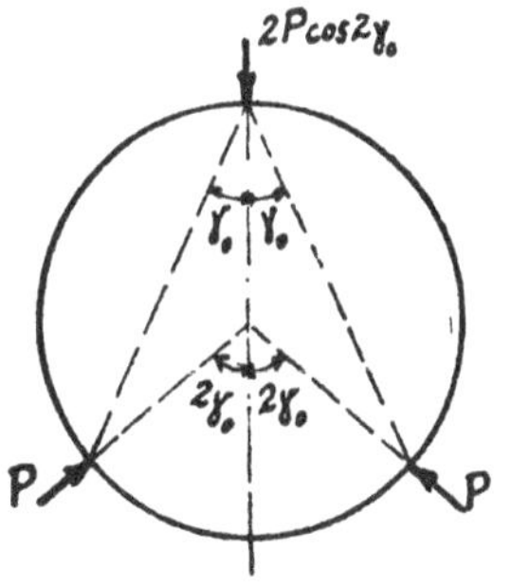

Bild 45

(s. Bild 45) hinsichtlich ihres Spannungszustandes zu erhalten, ist es nur noch nötig, den durch Bild 41 von § 21 gekennzeichneten Belastungsfall abzuziehen.

Die in diesem und den beiden vorigen § behandelten Beispiele von Belastungsfällen einer vollen Kreisscheibe durch senkrecht zum Rand gerichtete Lasten läßt sich durch Inversion in bezug auf den Mittelpunkt der Kreisscheibe auf die kreisgelochte, allseitig unendliche Ebene, die am Lochrand senkrecht beansprucht wird, zurückführen. Ebenso wie die äußeren, an der Kreisscheibe angreifenden Kräfte im Gleichgewicht sind, gilt dies auch für die durch Inversion erhaltenen Kräfte am Kreisloch der unendlichen Scheibe, so daß in diesen Belastungsfällen die Scheibe im Unendlichen lastfrei wird. Auf diese Belastungsfälle soll hier aber nicht näher eingegangen werden.

Weitere Beispiele zur Inversion findet man in dem Aufsatz W. Olszak, »Beiträge zur Anwendung der Inversionsmethode bei Behandlung von ebenen Problemen der Elastizitätstheorie«, Ing.-Archiv Bd. 6 (1925), S. 402.

V. Abschnitt

Die allseitig unendliche Ebene unter Belastung

§ 23. Einzellast in der unendlichen Ebene

Angenommen wird eine unendlich ausgedehnte Ebene, in deren Nullpunkt O eine Kraft Q in Richtung der negativen x-Achse angreift (s. Bild 46). Durch den Angriffspunkt O der Last wird die unendliche Ebene zweifach zusammenhängend, was für den durch Q in der Ebene hervorgerufenen Spannungszustand von ausschlaggebender Bedeutung ist. Wäre nämlich die Ebene etwa längs der negativen y-Achse aufgeschlitzt, so würde sich die Aufgabe der Spannungsermittlung auf den in § 7 an Hand von Bild 16 untersuchten Fall des Keiles mit Einzellast an der Spitze zurückführen lassen. Es braucht nur der dort mit β bezeichnete halbe Öffnungswinkel gleich π gesetzt zu werden. Der aus den Gl. (16) von § 7 mit $\beta = \pi$ sich ergebende strahlenförmige Spannungszustand stellt den einen Anteil des hier zu untersuchenden, von Q in der vollen Ebene hervorgerufenen Spannungszustandes dar. Wir wollen ihn durch den Index 1 kennzeichnen:

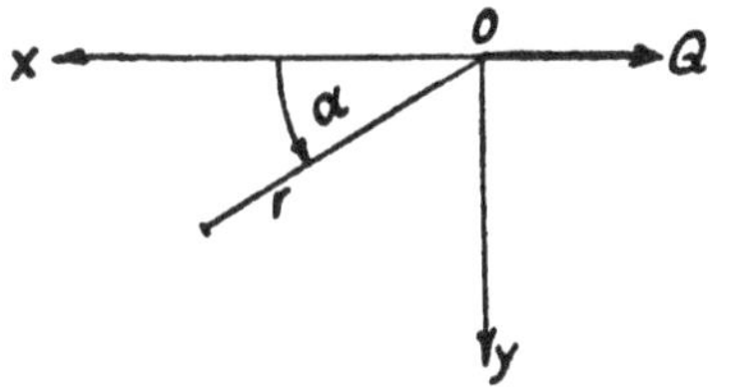

Bild 46

$$\left.\begin{aligned} \sigma_{r1} &= \frac{Q}{\pi}\,\frac{\cos\alpha}{r} \\ \sigma_{t1} &= 0 \\ \tau_{rt1} &= 0 \end{aligned}\right\} \quad \ldots\ldots\ldots\ldots \quad (1)$$

mit der zugehörigen Spannungsfunktion

$$F_1 = \frac{Q}{2\pi}\, r\,\alpha \sin\alpha \quad \ldots\ldots\ldots\ldots \quad (2)$$

Um zu zeigen, daß der für die aufgeschlitzte Ebene gültige Spannungszustand nach Gl. (1) für die Vollebene nicht richtig ist, ist es notwendig, auf die Formänderung einzugehen, die mit den Spannungen der Gl. (1) verknüpft ist. Zunächst beziehen wir die Spannungen nach Gl. (1) auf das Cartesische Koordinatensystem x, y in Bild 46. Die erforderlichen Umrechnungsformeln sind aus § 4a zu entnehmen und ergeben

$$\left.\begin{aligned} \sigma_{x1} &= \sigma_{r1}\cos^2\alpha = \frac{Q}{\pi}\,\frac{x^3}{r^4} \\ \sigma_{y1} &= \sigma_{r1}\sin^2\alpha = \frac{Q}{\pi}\,\frac{x\,y^2}{r^4} \\ \tau_{xy1} &= \sigma_{r1}\sin\alpha\cos\alpha = \frac{Q}{\pi}\,\frac{x^2\,y}{r^4} \end{aligned}\right\} \quad \ldots\ldots\ldots \quad (3)$$

Aus der Dehnung parallel zur y-Achse

$$\varepsilon_{y1} = \frac{\partial\,\eta_1}{\partial\,y} = \frac{1}{E}\left(\sigma_y - \frac{1}{m}\,\sigma_x\right) \quad \ldots\ldots\ldots \quad (4)$$

folgt durch partielle Integration nach y die Verschiebung parallel zur y-Achse:

$$\eta_1 = \frac{1}{E}\,\frac{Q}{\pi}\int\left[\frac{x\,y^2}{(x^2+y^2)^2} - \frac{1}{m}\,\frac{x^3}{(x^2+y^2)^2}\right]dy =$$

$$= \frac{1}{E}\,\frac{Q}{\pi}\int\left[\frac{m+1}{2\,m}\left(\frac{2\,x\,y^2}{(x^2+y^2)^2} - \frac{x}{x^2+y^2}\right) + \frac{m-1}{2\,m}\,\frac{x}{x^2+y^2}\right]dy =$$

$$= \frac{1}{E}\,\frac{Q}{\pi}\left[-\,\frac{m+1}{2\,m}\,\frac{x\,y}{x^2+y^2} + \frac{m-1}{2\,m}\,\operatorname{arc\,tg}\frac{y}{x}\right], \quad \ldots\ldots\ldots \quad (5)$$

wie man durch partielle Differentiation dieses letzten Ausdruckes nach y nachweisen kann. Wegen

$$\operatorname{arc\,tg}\frac{y}{x} = \alpha \quad \ldots\ldots\ldots\ldots \quad (6)$$

ist η_1 nach Gl. (5) für die Vollebene nicht eindeutig; denn nach jedem Umlauf um den Nullpunkt, dem Angriffspunkt der Last Q, ändert sich α um $2\,\pi$.

Da aber die wirkliche Verschiebung η eindeutig herauskommen muß, ist dem bisher allein betrachteten Spannungszustand 1 ein zweiter zu überlagern, so daß bei Überlagerung der beiden Formänderungsgrößen η_1 und η_2 sich die Vieldeutigkeit weghebt. Die zu diesem zweiten Spannungszustand gehörige Airysche Spannungsfunktion lautet

$$F_2 = -\,\frac{m-1}{2\,m}\cdot\frac{Q}{2\,\pi}\,r\ln r\cdot\cos\alpha \quad \ldots\ldots\ldots \quad (7)$$

Wie man durch Ausrechnen leicht zeigen kann, genügt F_2 der Differentialgleichung der Airyschen Spannungsfunktion

$$\varDelta\varDelta F_2 = 0 \quad \ldots\ldots\ldots\ldots \quad (8)$$

Die zugehörigen Spannungen sind im Polarkoordinatensystem

$$\left.\begin{aligned} \sigma_{r2} &= \sigma_{t2} = -\,\frac{m-1}{2\,m}\cdot\frac{Q}{2\,\pi}\cdot\frac{\cos\alpha}{r} \\ \tau_{rt2} &= -\,\frac{m-1}{2\,m}\cdot\frac{Q}{2\,\pi}\cdot\frac{\sin\alpha}{r} \end{aligned}\right\} \quad \ldots\ldots \quad (9)$$

und im Cartesischen Koordinatensystem x, y:

$$\left.\begin{aligned} \sigma_{x2} &= -\frac{m-1}{2m}\cdot\frac{Q}{2\pi}\left(\frac{x^3}{r^4}-\frac{x\,y^2}{r^4}\right) \\ \sigma_{y2} &= -\frac{m-1}{2m}\cdot\frac{Q}{2\pi}\left(\frac{x^3}{r^4}+\frac{3\,x\,y^2}{r^4}\right) \end{aligned}\right\} \quad \ldots\ldots \quad (10)$$

Ebenso wie vorher mit Hilfe des Spannungszustandes 1 bilden wir hier die Verschiebung η_2 durch partielle Integration der Gl. (4) nach y:

$$\begin{aligned} \eta_2 &= -\frac{1}{E}\,\frac{m-1}{2m}\cdot\frac{Q}{2\pi}\int\left[\left(\frac{x^3}{r^4}+\frac{3\,x\,y^2}{r^4}\right)-\frac{1}{m}\left(\frac{x^3}{r^4}-\frac{x\,y^2}{r^4}\right)\right]d\,y \\ &= -\frac{1}{E}\,\frac{m-1}{2m}\cdot\frac{Q}{2\pi}\int\left[2\,\frac{x}{r^2}-\frac{m+1}{m}\left(\frac{x}{r^2}-\frac{2\,x\,y^2}{r^4}\right)\right]d\,y \\ &= -\frac{1}{E}\,\frac{m-1}{2m}\cdot\frac{Q}{2\pi}\left[2\operatorname{arc\,tg}\frac{y}{x}-\frac{m+1}{m}\,\frac{x\,y}{x^2+y^2}\right] \quad \ldots\ldots \quad (11) \end{aligned}$$

Die Vieldeutigkeit von η_2, die durch arc tg $\frac{y}{x}$ für die Vollebene herauskommt, ist bis aufs Vorzeichen dieselbe wie für η_1 nach Gl. (5). Sie fällt weg, indem man beide Verschiebungsgrößen addiert:

$$\eta = \eta_1 + \eta_2 = -\frac{1}{E}\,\frac{Q}{4\pi}\left(\frac{m+1}{m}\right)^2\frac{x\,y}{r^2} \quad \ldots\ldots \quad (12)$$

Die zugehörige Spannungsfunktion wird

$$F = F_1 + F_2 = \frac{Q}{2\pi}\,r\,\alpha\sin\alpha - \frac{m-1}{2m}\,\frac{Q}{2\pi}\,r\ln r\cos\alpha \quad \ldots \quad (13)$$

mit den Spannungen:

$$\left.\begin{aligned} \sigma_r &= \sigma_{r1} + \sigma_{r2} = \frac{3m+1}{4m}\,\frac{Q}{\pi}\,\frac{\cos\alpha}{r} \\ \sigma_t &= \sigma_{t1} + \sigma_{t2} = -\frac{m-1}{4m}\,\frac{Q}{\pi}\,\frac{\cos\alpha}{r} \\ \tau_{rt} &= \tau_{rt1} + \tau_{rt2} = -\frac{m-1}{4m}\,\frac{Q}{\pi}\,\frac{\sin\alpha}{r} \end{aligned}\right\} \quad \ldots\ldots \quad (14)$$

Um zu zeigen, daß die Spannungsverteilung auch den Gleichgewichtsbedingungen in der Ebene genügt, denken wir uns die Spannungen nach Gl. (14) entlang eines Kreises um den Nullpunkt, dem Angriffspunkt der Last Q, als Mittelpunkt mit dem Radius r zu einer Resultierenden vereinigt. Zunächst geben die Normalspannungen längs des Kreises die Resultierende:

$$Q_{\mathrm{I}} = 2\int_{\alpha=0}^{\pi}\sigma_r\cdot r\cos\alpha\,d\,\alpha = \frac{3m+1}{4m}\,Q \quad \ldots\ldots \quad (15\mathrm{a})$$

Dazu tritt die Resultierende der Schubspannungen längs des Kreises:

$$Q_{\mathrm{II}} = -2 \int_{\alpha=0}^{\pi} \tau_{rt}\, r \sin\alpha\, d\alpha = \frac{m-1}{4m} Q \quad . \quad . \quad . \quad . \quad (15\mathrm{b})$$

Das Minuszeichen vor dem Integral mußte angebracht werden, damit die Resultierende Q_{II} der Schubspannungen in dieselbe Richtung fällt wie die Resultierende Q_{I} der Normalspannungen σ_r unter Berücksichtigung der positiven Richtung von τ_{rt}. Damit ist die Richtigkeit des von der Einzellast Q in der unendlichen Vollebene hervorgerufenen Spannungszustandes, wie er durch die Gl. (14) wiedergegeben wird, nachgewiesen. Der Spannungszustand ist demnach keineswegs strahlenförmig wie bei der Halbebene unter Einzellast oder beim Keil unter Spitzenlast, wo nur radiale Spannungen σ_r auftreten, während die tangentialen Spannungen σ_t ebenso wie die Schubspannungen τ_{rt} Null sind.

Besonders bemerkenswert ist, daß in die Ausdrücke für die Spannungen nach Gl. (14) die Poissonsche Konstante $\frac{1}{m}$ eingeht. Es tritt dies in diesem Buch zum erstenmal auf; denn bei allen bisher behandelten ebenen Spannungszuständen sind die Ausdrücke für die Spannungen von $\frac{1}{m}$ unabhängig. Es hängt dies damit zusammen, daß es sich bei der soeben behandelten Spannungsaufgabe zum erstenmal um ein zweifach zusammenhängendes Gebiet handelt. Durch eine in der unendlichen Vollebene angreifende Einzellast wird die Ebene zweifach zusammenhängend. Es ist ein wesentlicher Unterschied, ob ein geschlossener Weg in der Ebene den Angriffspunkt der Last enthält oder nicht. Bei einer Halbebene mit einer Einzellast am Rand ist ein Weg in der Halbebene, der den Angriffspunkt in der Last einschließt, nicht möglich, ebensowenig wie bei einer aufgeschlitzten Ebene mit einer Einzellast irgendwo am Schlitz; dagegen gibt es bei der Vollebene mit Einzellast zwei Sorten von geschlossenen Wegen; nämlich solche, die den Angriffspunkt der Einzellast enthalten und solche, die ihn nicht enthalten; daher wird die Ebene in diesem Fall als zweifach zusammenhängend bezeichnet. Der zweifache Zusammenhang dieses Gebietes stellt eine neue Bedingung gegenüber dem einfach zusammenhängenden Gebiet dar, die sich als Formänderungsbedingung ausdrückt, indem das Integral über irgendeine Verschiebungsgröße, z. B. ξ oder η längs eines geschlossenen Weges Null sein muß, und zwar sowohl für die Wege, die den Angriffspunkt der Last nicht enthalten wie auch für die, die ihn umschließen. Es darf daher der Winkel α des Polarkoordinatensystems, dessen Anfangspunkt mit dem Angriffspunkt der Last zusammenfällt, in dem Ausdruck für die Verschiebungsgrößen explizit nicht auftreten. Auf Grund dieser neuen Bedingung haben wir ja die obige Lösung für die Einzelkraft in der Vollebene abgeleitet. Ähnlich werden wir bei anderen Aufgaben mit zwei oder mehrfach zusammenhängenden Gebieten vorgehen.

Was die beiden Teilspannungszustände, die durch die Indizes 1 und 2 gekennzeichnet sind, und aus denen sich der Spannungszustand nach Gl. (14) zusammensetzt, betrifft, so geht aus der Ableitung hervor, daß der Spannungszustand 1 für sich schon der äußeren Last Q Gleichgewicht hält, so daß der Spannungszustand 2 einen Eigenspannungszustand bedeutet, der infolge des zweifachen Zusammenhanges zustande kommt. Von ihm allein rührt die Abhängigkeit der Spannungen von der Poissonschen Konstante her.

Ferner sei darauf aufmerksam gemacht, daß, wie aus den Gl. (14) abgelesen werden kann, die y-Achse, die senkrecht zur Last Q steht, eine antisymmetrische Achse für den Spannungszustand bedeutet, d. h. in Schnitten, die symmetrisch zur y-Achse liegen, sind Normal- und Schubspannungen bis aufs Vorzeichen einander gleich, und zwar so, daß die Normalspannungen das Vorzeichen ändern, während die Schubspannungen es beibehalten. In der y-Achse selbst treten nur Schubspannungen und keine Normalspannungen auf. Selbstverständlich ist die x-Achse, die in Richtung der Last Q geht, eine gewöhnliche Symmetrieachse, wobei in Schnitten, die symmetrisch zur x-Achse liegen, die Normalspannungen nach Größe und Vorzeichen übereinstimmen, während die Schubspannungen nur der Größe, nicht dem Vorzeichen nach übereinstimmen.

Aus dem antisymmetrischen Charakter der y-Achse folgt, daß die Last Q zur Hälfte von der Halbebene $x > 0$ aufgenommen wird, die gemäß Bild 46 auf Zug beansprucht wird, und zur anderen Hälfte von der Halbebene $x < 0$, die auf Druck beansprucht wird.

§ 24. Das Moment in der unendlichen Ebene

Von der in § 23 behandelten Einzellast Q in der Vollebene gelangt man zum Moment, indem man zwei parallele, entgegengesetzt gerichtete Kräfte Q und $-Q$ im Abstand ε annimmt und mit $\lim \varepsilon = 0$, $\lim Q = \infty$ zur Grenze eines endlichen Momentes $M = \varepsilon \cdot Q$ übergeht. Wir haben schon in § 8 bei der Ableitung der von einem Randmoment herrührenden Spannungsverteilung in der Halbebene von einer entsprechenden Überlagerung Gebrauch gemacht. Es besteht hier aber insofern ein Unterschied gegenüber dem Moment, das an der Begrenzung der Halbebene angreift, als das Moment in der Vollebene einen von der Richtung α unabhängigen Spannungszustand ergeben muß, da keine Richtung vor einer anderen ausgezeichnet ist. Das ist bei der Halbebene, an deren Begrenzung ein Moment angreift, nicht der Fall; denn hier stellt die geradlinige Begrenzung der Halbebene eine ausgezeichnete Richtung dar.

Um den Richtungscharakter des Spannungszustandes beim Moment in der Vollebene auszuschalten, muß neben dem obenerwähnten Moment eines Kräftepaares, dessen Kräfte parallel zur x-Achse gerichtet sind, ein zweites, gleich großes Kräftepaar hinzutreten, dessen Kräfte parallel zur y-Achse gerichtet sind. Der Mittelwert der zu beiden Momenten gehörigen Spannungsfunktionen gibt dann die Spannungsfunktion für das Moment in der Vollebene. Die Spannungsfunktion für das erste Kräftepaar, dessen Kräfte parallel zur x-Achse gerichtet sind, wird aus dem Wert von F nach Gl. (13) durch partielle Differentiation nach y und Multiplikation mit ε gewonnen. Denkt man sich gleich den obenerwähnten Grenzübergang ausgeführt, so kann man für $Q \cdot \varepsilon$ gleich M setzen und erhält damit

$$F_1 = -\frac{m-1}{2m} \cdot \frac{M}{2\pi} \frac{\partial}{\partial y}(r \ln r \cos\alpha) + \frac{M}{2\pi} \frac{\partial}{\partial y}(r\alpha \sin\alpha) \quad (16)$$

Beachtet man

$$r\frac{\partial \alpha}{\partial y} = \cos\alpha; \quad \frac{\partial r}{\partial y} = \sin\alpha,$$

so wird

$$F_1 = \frac{M}{2\pi}\left(\frac{m+1}{2m} \sin\alpha\cos\alpha + \alpha\right) \quad \ldots\ldots \quad (17)$$

Für das zweite Kräftepaar, dessen Kräfte parallel zur y-Achse gerichtet sind und das im gleichen Sinn dreht, wird die zugehörige Spannungsfunktion F_2 aus F_1 erhalten, indem im Ausdruck für F_1 nach Gl. (17) α durch $\alpha + \frac{\pi}{2}$ ersetzt wird:

$$F_2 = \frac{M}{2\pi}\left(-\frac{m+1}{2m} \sin\alpha\cos\alpha + \alpha + \frac{\pi}{2}\right) \quad \ldots\ldots \quad (18)$$

Der Mittelwert aus den beiden Werten F_1 und F_2 führt auf die Spannungsfunktion für das Moment in der Vollebene:

$$F = \frac{1}{2}(F_1 + F_2) = \frac{M}{2\pi}\alpha \quad \ldots\ldots \quad (19)$$

Darin wurde die Konstante $\frac{M}{8}$, die bei der Mittelbildung auftritt, als belanglos weggelassen.

Aus Gl. (19), die die Arysche Spannungsfunktion für den zu einem Moment M im Nullpunkt gehörigen Spannungszustand in der Vollebene darstellt, folgen die Spannungen:

$$\left.\begin{aligned} \sigma_r &= \frac{1}{r}\frac{\partial F}{\partial r} + \frac{1}{r^2}\frac{\partial^2 F}{\partial \alpha^2} = 0 \\ \sigma_t &= \frac{\partial^2 F}{\partial r^2} = 0 \\ \tau_{rt} &= -\frac{\partial}{\partial r}\left(\frac{1}{r}\frac{\partial F}{\partial \alpha}\right) = \frac{M}{2\pi}\frac{1}{r^2} \end{aligned}\right\} \quad \ldots\ldots \quad (20)$$

Wie zu erwarten war, ist der durch Gl. (20) gegebene Spannungszustand von der Richtung α unabhängig. Es handelt sich überhaupt um einen besonders einfachen Spannungszustand, da in Richtung der Radien von O und der Kreise um O überhaupt keine Normalspannungen σ_r und σ_t auftreten, sondern nur Schubspannungen τ_{rt}, deren Größe umgekehrt mit dem Quadrat des Abstandes vom Nullpunkt abnehmen.

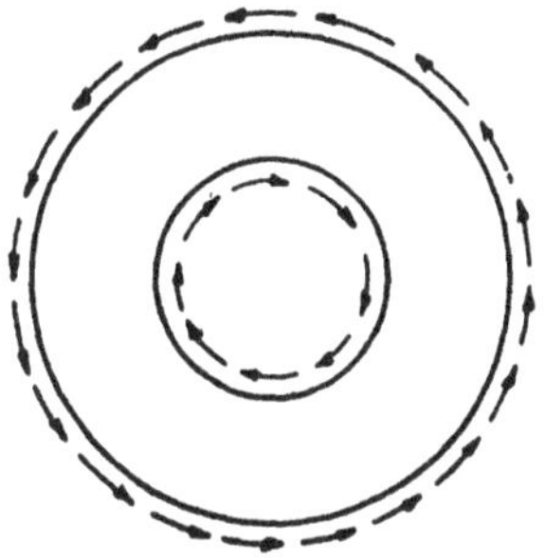

Bild 47

Indem man aus der Vollebene einen Kreisring, dessen Mittelpunkt O ist, herausgeschnitten denkt, halten sich die an den beiden Kreisen in entgegengesetzter Drehrichtung angreifenden Schubspannungen (s. Bild 47) das Gleichgewicht gemäß der dritten Gl. (20). Der hier betrachtete einfache Spannungszustand ist ein sog. »harmonischer«, wie wir derartige Spannungszustände in § 12 genannt haben, deren Spannungssumme $\sigma_r + \sigma_t$ überall gleich Null ist. Infolgedessen ist die durch Gl. (19) gegebene Spannungsfunktion F eine harmonische Funktion. Wir wollen bei dieser Gelegenheit gleich die zu F nach Gl. (19) konjugierte harmonische Funktion

$$F = C \cdot \ln r \qquad \qquad (21)$$

behandeln. Aus ihr folgen die Spannungen:

$$\left.\begin{aligned} \sigma_r &= \frac{1}{r}\frac{\partial F}{\partial r} + \frac{1}{r^2}\frac{\partial^2 F}{\partial \alpha^2} = \frac{C}{r^2} \\ \sigma_t &= \frac{\partial^2 F}{\partial r^2} = -\frac{C}{r^2} \\ \tau_{rt} &= -\frac{\partial}{\partial r}\left(\frac{t}{r}\frac{\partial F}{\partial \alpha}\right) = 0 \end{aligned}\right\} \qquad \qquad (22)$$

Dieser Spannungszustand hat mit dem vorher betrachteten, durch Gl. (20) gegebenen gemeinsam, daß er von der Richtung α unabhängig ist und daß die Spannungen umgekehrt proportional mit dem Quadrat des Abstandes r vom Nullpunkt abnehmen. Während aber beim ersten Spannungszustand in radialer und tangentialer Richtung nur Schubspannungen auftraten und die Normalspannungen Null waren, verschwinden beim zweiten Spannungszustand gerade die Schubspannungen, während die Normalspannungen σ_r und σ_t von Null verschieden sind. Diesem Spannungszustand eines unter innerem oder äußerem Normaldruck stehenden Ringes kommt eine große praktische Bedeutung zu. Wir werden auf ihn in § 38 zurückkommen.

§ 25. Die durch eine Bolzenkraft beanspruchte unendliche Ebene

Wir denken uns in einem unendlich ausgedehnten Blech ein kreisförmiges Loch vom Radius a gestanzt, in dem ein Bolzen von etwas kleinerem Radius steckt, der mit einer Kraft Q gegen das Blech gedrückt wird (s. Bild 48). Unter der Annahme, daß der Lochlaibungsdruck Q in einem Punkt des Kreisumfanges übertragen wird, soll der Spannungszustand in der Ebene bestimmt werden. Unter Benützung der Polarkoordinaten r, α und ϱ, φ lautet die Spannungsfunktion für die Aufgabe folgendermaßen:

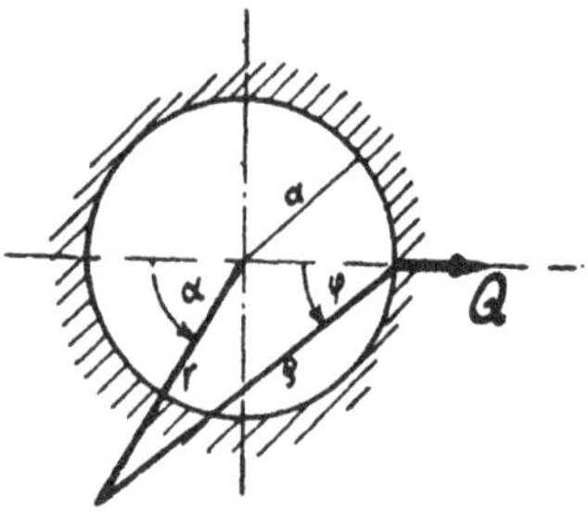

Bild 48

$$F = \frac{Q}{\pi}\left[\varrho\,\varphi\sin\varphi - \frac{r}{2}\,\alpha\sin\alpha - \frac{m-1}{4\,m}\,r\ln r\cos\alpha - \frac{3\,m-1}{8\,m}\,a^2\,\frac{\cos\alpha}{r} - \frac{a}{2}\ln r\right] \quad . \; . \; . \; (23)$$

Diese Spannungsfunktion spalten wir in 3 Teile:

$$F = F_1 + F_2 + F_3 \quad . \; . \; . \; . \; . \; . \; . \; . \; . \; . \; . \; (24)$$

worin

$$\left.\begin{aligned} F_1 &= \frac{Q}{\pi}\,\varrho\,\varphi\sin\varphi \\ F_2 &= -\frac{Q}{2\,\pi}\,r\,\alpha\sin\alpha \\ F_3 &= -\frac{Q}{\pi}\left[\frac{m-1}{4\,m}\,r\ln r\cos\alpha + \frac{3\,m-1}{8\,m}\,a^2\,\frac{\cos\alpha}{r} + \frac{a}{2}\ln r\right] \end{aligned}\right\} \quad (25)$$

Zunächst stellen wir fest, daß jede dieser 3 Teile der Gleichung $\Delta\,\Delta\,F = 0$ genügt; denn die Ausdrücke F_1 und F_2 sind schon als Airysche Spannungsfunktionen in § 5 benützt worden, und ebenso ist schon bei früheren Gelegenheiten gezeigt worden, daß die 3 Teile, aus denen sich F_3 zusammensetzt, einzeln der biharmonischen Gleichung genügen. Bevor wir den weiteren Nachweis erbringen, daß Gl. (23) die richtige Spannungsfunktion für die durch Bild 48 gekennzeichnete Spannungsaufgabe darstellt, nehmen wir sie einmal als richtig an und stellen damit die zu Bild 49 gehörige Spannungsfunktion auf. Sie

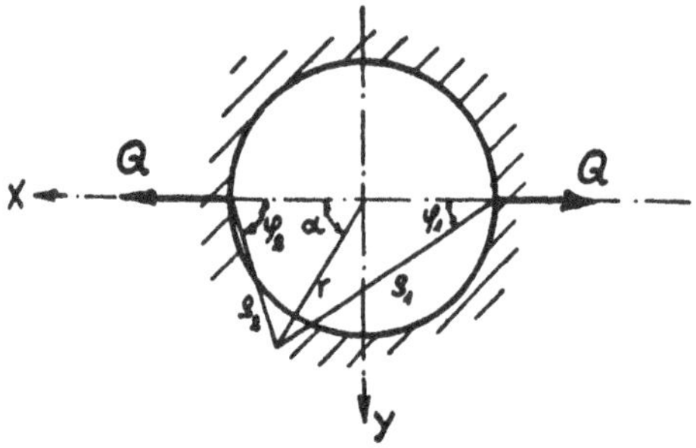

Bild 49

muß durch Überlagerung der beiden nach Gl. (23) zu bildenden Spannungsfunktionen gewonnen werden, die den beiden Einzelkräften in Bild 49 entsprechen. Während die zur rechten Kraft in Bild 49 gehörige Spannungsfunktion aus Gl. (23) übernommen werden kann, wobei nur ϱ und φ durch ϱ_1 und φ_1 zu ersetzen ist, wird die zur linken Kraft Q gehörige Spannungsfunktion aus Gl. (23) gewonnen, indem man einerseits ϱ und φ durch ϱ_2 und φ_2 ersetzt und andererseits α durch $\pi - \alpha$. Wegen cos $(\pi - \alpha) = -\cos\alpha$ und $\sin(\pi - \alpha) = \sin\alpha$ ergibt die Überlagerung dieser beiden Spannungsfunktionen die folgende, dem Spannungszustand in Bild 49 entsprechende Spannungsfunktion

$$F_{\mathrm{I}} = \frac{Q}{\pi}\left[\varrho_1 \varphi_1 \sin\varphi_1 + \varrho_2 \varphi_2 \sin\varphi_2 - a \ln r\right] \quad . \; . \; . \quad (26\,\mathrm{a})$$

Dabei ist der bei der Überlagerung auftretende Ausdruck

$$-\frac{r}{2}\sin\alpha\cdot(\alpha + \pi - \alpha) = -\frac{\pi}{2} r \sin\alpha = -\frac{\pi}{2} y$$

als belanglos gleich weggelassen worden.

Ganz entsprechend findet man durch Überlagerung die zum Spannungszustand in Bild 50 gehörige Spannungsfunktion:

$$F_{\mathrm{II}} = \frac{Q}{\pi}\left[\varrho_1 \varphi_1 \sin\varphi_1 - \varrho_2 \varphi_2 \sin\varphi_2 - r\alpha\sin\alpha \right.$$
$$\left. - \frac{m-1}{2m} r \ln r \cos\alpha - \frac{3m-1}{4m} a^2 \frac{\cos\alpha}{r}\right] \; . \; . \quad (26\,\mathrm{b})$$

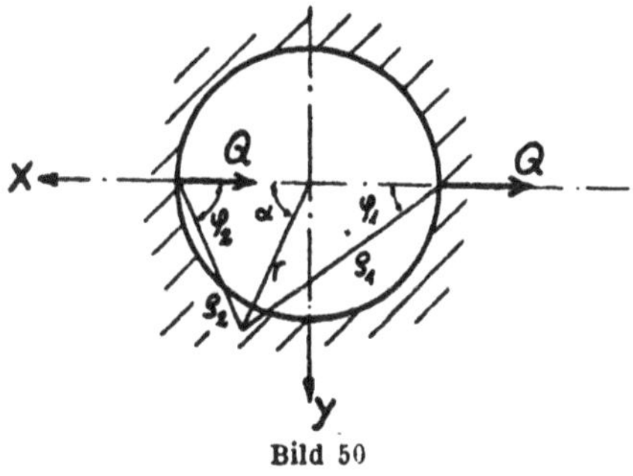

Bild 50

Geht man in diesem Ausdruck zur Grenze $r = \infty$ oder, was auf dasselbe hinausläuft, zu $\lim a = 0$ über, so fällt zunächst das letzte Glied in der Klammer von Gl. (26b) weg, und ferner ist bei diesem Übergang zu setzen

$$\varrho_1 = \varrho_2 = r; \quad \varphi_1 = \alpha; \quad \varphi_2 = \pi - \alpha,$$

womit F_{II} übergeht in

$$F_{\mathrm{II},0} = \frac{Q}{\pi}\left(r\alpha\sin\alpha - \frac{m-1}{2m} r \ln r \cos\alpha\right) \quad . \; . \; . \; . \; . \quad (27)$$

Dies ist aber nach Gl. (13) die richtige Spannungsfunktion für eine im Nullpunkt der Vollebene angreifende Einzelkraft von der Größe $2\,Q$. Damit ist aber der Nachweis erbracht, daß die zur Einzellast Q gehörige Spannungsfunktion von Gl. (23) die richtigen Grenzbedingungen im Unendlichen erfüllt. Es fehlt nur noch der Nachweis, daß sie auch am

Kreis vom Radius a die Grenzbedingungen befriedigt. Zu diesem Zweck bilden wir mit Hilfe von F_3 nach Gl. (25)

$$\left.\begin{aligned} \sigma_{r3} &= \frac{1}{r}\frac{\partial F_3}{\partial r} + \frac{1}{r^2}\frac{\partial^2 F_3}{\partial \alpha^2} \\ &= \frac{Q}{\pi}\left[-\frac{m-1}{4m}\frac{\cos\alpha}{r} + \frac{3m-1}{4m}a^2\frac{\cos\alpha}{r^3} - \frac{a}{2r^2}\right] \\ \tau_3 &= -\frac{\partial}{\partial r}\left(\frac{1}{r}\frac{\partial F_3}{\partial \alpha}\right) \\ &= \frac{Q}{\pi}\left[-\frac{m-1}{4m}\frac{\sin\alpha}{r} + \frac{3m-1}{4m}a^2\frac{\sin\alpha}{r^3}\right] \end{aligned}\right\} \quad (28)$$

woraus an der Grenze für $r = a$ folgt

$$\left.\begin{aligned} (\sigma_{r3})_{r=a} &= -\frac{Q}{2\pi a}(1-\cos\alpha) \\ (\tau_3)_{r=a} &= \frac{Q}{2\pi a}\sin\alpha \end{aligned}\right\} \quad \ldots\ldots \quad (29)$$

Die beiden Spannungsfunktionen F_1 und F_2 zeigen denselben Aufbau wie die Spannungsfunktion von § 6 Gl. (7), zu der der strahlenförmige Spannungszustand nach Gl. (8) von § 6 gehört. Infolgedessen rührt von F_1 die folgende Spannung normal zum Kreisumfang:

$$(\sigma_{r1})_{r=a} = \frac{2Q}{\pi}\frac{\cos\varphi}{(\varrho)_{r=a}}\cos^2\varphi,$$

woraus wegen

$$(\varrho)_{r=a} = 2a\cos\varphi$$

folgt:

$$(\sigma_{r1})_{r=a} = \frac{Q}{\pi a}\cos^2\varphi = \frac{Q}{\pi a}\cos^2\frac{\alpha}{2} = \frac{Q}{2\pi a}(1+\cos\alpha) \quad (30\text{a})$$

Entsprechend ergibt sich aus F_2 am Kreisumfang

$$(\sigma_{r2})_{r=a} = -\frac{Q}{\pi a}\cos\alpha \quad \ldots\ldots\ldots \quad (30\text{b})$$

Die Überlagerung

$$(\sigma_{r1})_{r=a} + (\sigma_{r2})_{r=a} + (\sigma_{r3})_{r=a} = 0 \quad \ldots\ldots \quad (31)$$

erfüllt die eine verlangte Randbedingung. Entsprechend läßt sich zeigen, daß auch $(\tau_3)_{r=a}$ nach Gl. (29) durch die von F_1 herrührende Randschubspannung aufgehoben wird. Damit ist der Nachweis erbracht, daß die Spannungsfunktion Gl. (23) alle Bedingungen der zu Bild 48 gehörenden Spannungsaufgabe erfüllt und daher richtig ist.

Besonders stark beansprucht wird der Angriffspunkt der Einzellast Q, für dessen nächste Umgebung die Spannungsfunktion F_1 allein maßgebend ist. Sie führt am Angriffspunkt selbst auf unendlich große Spannungen. Da diese nicht möglich sind, muß die nächste Umgebung des Angriffspunktes der Last ausgeschaltet werden und für sie die Überlegungen Platz greifen, die wir in § 17 über die Berührung zweier Zylinder angestellt haben. Dabei berühren sich in unserem Fall die beiden Zylinder im Gegensatz zu Bild 31 von § 17 von innen. In den Formeln von § 17 ist daher an Stelle der Summe $\frac{1}{r_1} + \frac{1}{r_2}$ der Krümmungen der beiden sich von außen berührenden Zylinder hier die Differenz $\frac{1}{r_1} - \frac{1}{r_2}$ zu setzen, wobei r_1 den Radius des Bolzens und $r_2 = a$ den des Loches bedeutet. Hat der Bolzen einen wesentlich kleineren Radius als das Loch, so kann von den Formeln von § 17 Gebrauch gemacht werden, da alsdann die Berührung zwischen Bolzen und Loch auf einem kleinen Bereich erfolgt; infolgedessen können dann auch für die weitere Umgebung des Angriffspunktes von Q, und zwar für die ganze übrige Ebene die Überlegungen dieses § als gültig herangezogen werden. Dies ändert sich aber, wenn der Durchmesser des Bolzens nur wenig kleiner ist als der des Loches. In diesem Fall wird die durch den Bolzen auf das Blech übertragene Kraft einen Lochlaibungsdruck zwischen Bolzen und Lochrand hervorrufen, der sich nicht mehr auf die nächste Umgebung eines Berührungspunktes beschränkt, sondern einen größeren Winkelbereich umspannt, der um so größer wird, je genauer der Bolzen ins Loch paßt.

Die dabei im Blech auftretenden Spannungszustände unter verschiedenen Annahmen über das Verteilungsgesetz des Lochlaibungsdruckes hat R. Sonntag in den »Mitteilungen aus dem Mechanisch-technischen Laboratorium der Techn. Hochschule München«, Heft 34 (1930) eingehend behandelt. Die Grundlagen für die Ausführungen dieses § entstammen auch der genannten Arbeit.

§ 25a. Die Halbscheibe mit Einzellast im Innern

In § 23 haben wir den Spannungszustand in der Vollscheibe, herrührend von einer Einzellast im Innern, abgeleitet, und in § 5 und § 6 die Spannungszustände in einer Halbscheibe, herrührend von einer Einzellast am Rand, behandelt. Es fehlt noch die Untersuchung des Spannungszustandes in einer Halbscheibe, wenn die Einzellast im Innern angreift. Diese Aufgabe ist von Ernst Melan in der Arbeit »Der Spannungszustand der durch eine Einzelkraft im Innern beanspruchten Halbscheibe« Z. A. M. M. Bd. 12 (1932), S. 343 gelöst worden.

Wir nehmen an, daß der Angriffspunkt der Last P im Abstand a von der freien Kante der Halbscheibe gelegen ist, die wir zur x-Achse wählen. Als erstes setzen wir voraus, daß die Kraft P senkrecht zur x-Achse gerichtet ist und in Richtung der negativen y-Achse weist

(s. Bild 50a). Spiegelt man den Angriffspunkt der Last O_1 an der freien Kante, so erhält man den Punkt O_2 im Abstand a vom Nullpunkt auf der negativen y-Achse. Unter Einführung des Bipolar-Koordinatensystems mit den beiden Polen O_1 und O_2 lautet die Spannungsfunktion

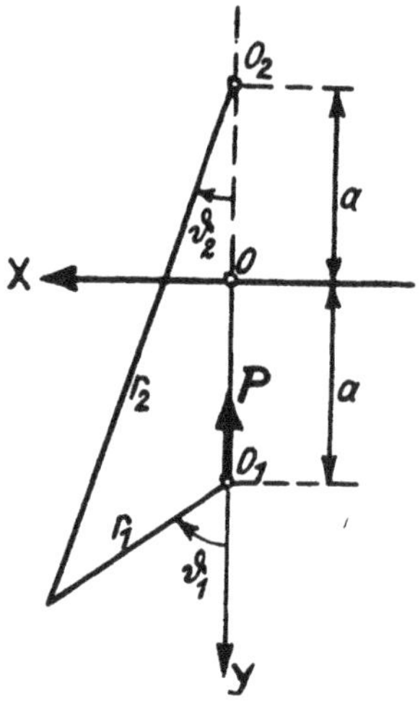

Bild 50 a

$$F_1 = \frac{P}{\pi}\left[\frac{x}{2}(\vartheta_1 + \vartheta_2) - \frac{m-1}{4m}(y-a)\ln\frac{r_1}{r_2} - \frac{m+1}{2m}\,a\,\frac{y(a+y)}{r_2^2}\right] \quad (32)$$

Die zweiten partiellen Differentialquotienten nach x und y liefern die Spannungskomponenten in diesen Richtungen.

Das Ergebnis dieser Rechnung ist folgendes:

$$\sigma_{x1} = \frac{\partial^2 F_1}{\partial y^2} = \frac{P}{\pi}\Bigg[-\frac{m-1}{2m}\left(\frac{\cos\vartheta_1}{r_1} - \frac{\cos\vartheta_2}{r_2}\right) + \frac{x}{2}\left(\frac{\sin 2\vartheta_1}{r_1^2} + \frac{\sin 2\vartheta_2}{r_2^2}\right) + \frac{m-1}{4m}(y-a)\left(\frac{\cos 2\vartheta_1}{r_1^2} - \frac{\cos 2\vartheta_2}{r_2^2}\right)$$
$$- \frac{m+1}{m}\frac{a}{r_2^2} + 2\,\frac{m+1}{m}\,a\,\frac{a+2y}{r_2^3}\cos\vartheta_2 + \frac{m+1}{m}\,a\,\frac{y(a+y)}{r_2^4}(\sin^2\vartheta_2 - 3\cos^2\vartheta_2)\Bigg] \quad \ldots\ldots (33\text{a})$$

$$\sigma_{y1} = \frac{\partial^2 F_1}{\partial x^2} = \frac{P}{\pi}\Bigg[\frac{\cos\vartheta_1}{r_1} + \frac{\cos\vartheta_2}{r_2} - \frac{x}{2}\left(\frac{\sin 2\vartheta_1}{r_1^2} + \frac{\sin 2\vartheta_2}{r_2^2}\right) - \frac{m-1}{4m}(y-a)\left(\frac{\cos 2\vartheta_1}{r_1^2} - \frac{\cos 2\vartheta_2}{r_2^2}\right)$$
$$+ \frac{m+1}{4m}\,a\,\frac{y(a+y)}{r_2^4}\left(\cos^2\vartheta_2 - 3\sin^2\vartheta_2\right)\Bigg) \quad \ldots\ldots (33\text{b})$$

$$\tau_{xy1} = -\frac{\partial^2 F_1}{\partial x\,\partial y} = -\frac{P}{\pi}\Bigg[-\frac{1}{2}\left(\frac{\sin\vartheta_1}{r_1} + \frac{\sin\vartheta_2}{r_2}\right) - \frac{m-1}{4m}\left(\frac{\sin\vartheta_1}{r_1} - \frac{\sin\vartheta_2}{r_2}\right) - \frac{x}{2}\left(\frac{\cos 2\vartheta_1}{r_1^2} + \frac{\cos 2\vartheta_2}{r_2^2}\right)$$
$$+ \frac{m+1}{4m}(y-a)\left(\frac{\sin 2\vartheta_1}{r_1^2} - \frac{\sin 2\vartheta_2}{r_2^2}\right) + \frac{m+1}{m}\,a\,\frac{a+2y}{r_2^3}\sin\vartheta_2 - 2\,\frac{m+1}{m}\,a\,\frac{y(a+y)}{r_2^4}\sin 2\vartheta_2\Bigg] \quad (33\text{c})$$

Wie man an Hand dieser Formeln leicht zeigen kann, verschwinden die Spannungen σ_y und τ_{xy} an der Begrenzung der Halbscheibe für $y = 0$. Längs dieses Randes ist die Verteilung der Randspannungen:

$$(\sigma_x)_{y=0} = \frac{P}{\pi}\left[-\frac{2}{m}\frac{a}{r^2} + 2\,\frac{m+1}{m}\,\frac{a^3}{r^4}\right], \quad \ldots\ldots \quad (34)$$

wenn mit $r_1 = r_2 = r$ der Abstand des betreffenden Randpunktes von den Polen O_1 und O_2 bezeichnet wird.

Die obigen Spannungsgleichungen gehen in die Gl. (5) von § 5 für die durch eine senkrechte Randlast beanspruchte Halbscheibe über, wenn man $a = 0$ und $\vartheta_1 = \vartheta_2 = \vartheta$ und $r_1 = r_2 = r$ setzt. Werden diese Werte von ϑ_1, ϑ_2, r_1 und r_2 in Gl. (32) für die Spannungsfunktion F eingesetzt, so geht sie über in

$$F_1 = \frac{P}{\pi}\,x\,\vartheta$$

in Übereinstimmung mit dem Wert von F_1 nach Gl. (1) von § 5 für die unendliche Halbebene, die durch eine Einzellast P senkrecht zum Rand beansprucht wird. Andererseits steckt aber in Gl. (32) auch der in § 23 behandelte Fall einer allseitig unendlichen Scheibe, die durch eine Einzellast P beansprucht wird, als Sonderfall. Setzt man nämlich in Gl. (32) $\vartheta_1 = \vartheta$, $\vartheta_2 = 0$, $r_1 = r$, $r_2 = \infty$, $y - a = r\cos\vartheta$ und streicht konstante Glieder im Ausdruck für F_1, so bleibt

$$F_1 = \frac{P}{\pi}\left[\frac{r\sin\vartheta}{2}\,\vartheta - \frac{m-1}{4m}\,r\ln r\cos\vartheta\right]$$

in Übereinstimmung mit der Spannungsfunktion nach Gl. (13) von § 23, wenn man entsprechend der verschiedenen Bezeichnungen ϑ durch α und P durch Q ersetzt.

Damit ist aber nachgewiesen, daß die Spannungsfunktion F_1 nach Gl. (32) und die Spannungen nach Gl. (33) alle Bedingungen der gestellten Aufgabe erfüllen, womit ihre Richtigkeit bewiesen ist.

Entsprechend wollen wir die Spannungsverteilung in der unendlichen Halbscheibe behandeln, die von einer Einzellast Q im Inneren parallel zum freien Rand herrührt (s. Bild 50b).

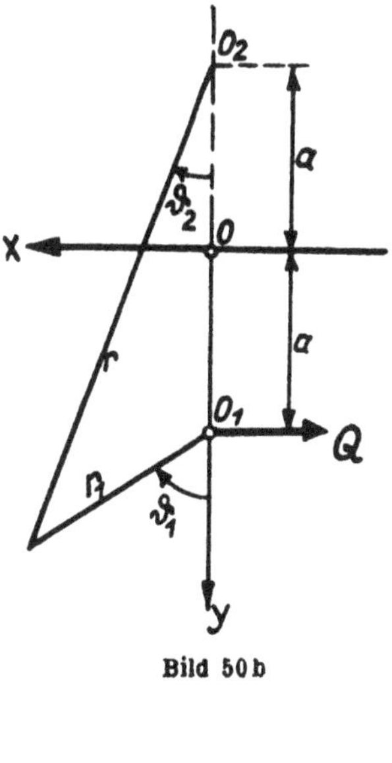

Bild 50b

Die zugehörige Spannungsfunktion F_2 lautet:

$$F_2 = \frac{Q}{\pi}\left[-\frac{y-a}{2}\,(\vartheta_1 + \vartheta_2) - \frac{m-1}{4m}\,x\ln\frac{r_1}{r_2} + \frac{m+1}{2m}\,a\,\frac{x\,y}{r_2^2}\right] \quad (35)$$

Hiermit bilden wir wieder durch zweimalige partielle Differentiationen die Spannungen und erhalten

$$\sigma_{x2} = \frac{\partial^2 F_2}{\partial y^2} = \frac{Q}{\pi}\left[\frac{\sin\vartheta_1}{r_1} + \frac{\sin\vartheta_2}{r_2}\right.$$
$$- \frac{y-a}{2}\left(\frac{\sin 2\vartheta_1}{r_1^2} + \frac{\sin 2\vartheta_2}{r_2^2}\right) + \frac{m-1}{4m}x\left(\frac{\cos 2\vartheta_1}{r_1^2} - \frac{\cos 2\vartheta_2}{r_2^2}\right)$$
$$\left. - 2\frac{m+1}{m}a\frac{x}{r_2^3}\cos\vartheta_2 + 3\frac{m+1}{m}a\frac{xy}{r_2^4}\cos^2\vartheta_2 - \frac{m+1}{m}a\frac{xy}{r_2^4}\sin^2\vartheta_2\right] \quad \ldots\ldots (36a)$$

$$\sigma_{y2} = \frac{\partial^2 F_2}{\partial x^2} = \frac{Q}{\pi}\left[\frac{y-a}{2}\left(\frac{\sin 2\vartheta_1}{r_1^2} + \frac{\sin 2\vartheta_2}{r_2^2}\right)\right.$$
$$- \frac{m-1}{2m}\left(\frac{\sin\vartheta_1}{r_1} - \frac{\sin\vartheta_2}{r_2}\right) - \frac{m-1}{4m}x\left(\frac{\cos 2\vartheta_1}{r_1^2} - \frac{\cos 2\vartheta_2}{r_2^2}\right)$$
$$\left. - 2\frac{m-1}{m}\frac{ay}{r_2^3}\sin\vartheta_2 + 3\frac{m+1}{m}a\frac{xy}{r_2^4}\sin^2\vartheta_2 - \frac{m+1}{m}a\frac{xy}{r_2^4}\cos^2\vartheta_2\right] \quad \ldots\ldots (36b)$$

$$\tau_{xy2} = -\frac{\partial^2 F_2}{\partial x\,\partial y} = -\frac{Q}{\pi}\left[-\frac{1}{2}\left(\frac{\cos\vartheta_1}{r_1} + \frac{\cos\vartheta_2}{r_2}\right)\right.$$
$$+ \frac{y-a}{2}\left(\frac{\cos 2\vartheta_1}{r_1^2} + \frac{\cos 2\vartheta_2}{r_2^2}\right) + \frac{m-1}{4m}x\left(\frac{\sin 2\vartheta_1}{r_1^2} - \frac{\sin 2\vartheta_2}{r_2^2}\right)$$
$$- \frac{m-1}{4m}\left(\frac{\cos\vartheta_1}{r_1} - \frac{\cos\vartheta_2}{r_2}\right) + \frac{m+1}{2m}\frac{a}{r_2^2}$$
$$\left. - \frac{m+1}{m}\frac{ax}{r_2^3}\sin\vartheta_2 - \frac{m+1}{m}\frac{ay}{r_2^3}\cos\vartheta_2 + 2\frac{m+1}{m}a\frac{xy}{r_2^4}\sin 2\vartheta_2\right] \quad \ldots\ldots (36c)$$

Wie man leicht aus diesen Formeln ablesen kann, sind die Grenzbedingungen $(\sigma_y)_{y=0} = 0$ und $(\tau_{xy})_{y=0} = 0$ erfüllt. Die Verteilung der Spannungen längs des freien Randes ist die folgende:

$$(\sigma_x)_{y=0} = \frac{Q}{\pi}\left[2\frac{x}{r^2} - 2\frac{m+1}{m}a^2\frac{x}{r^4}\right], \quad \ldots\ldots (37)$$

wenn wieder mit $r_1 = r_2 = r$ den Abstand des betreffenden Randpunktes von den Polen O_1 und O_2 bezeichnet wird. Wie zu erwarten, ist die Spannungsverteilung antisymmetrisch zur y-Achse.

Die Spannungsfunktion F_2 nach Gl. (35) geht für $a = 0$ und $\vartheta_1 = \vartheta_2 = \vartheta$ über in

$$F_2 = \frac{Q}{\pi}y\vartheta$$

in Übereinstimmung mit der Spannungsfunktion von § 6 Gl. (7) für die unendliche Halbebene, die durch eine tangentiale Randlast Q beansprucht wird. Der Unterschied zwischen beiden Spannungsfunktionen ist nur ein linearer Ausdruck in y, der immer zu jeder Spannungsfunktion hinzugefügt werden darf. Auch der Fall der allseitig unendlich ausgedehnten Scheibe mit Einzellast steckt in Gl. (35) als Sonderfall. Man braucht nur zu setzen $\vartheta_1 = \vartheta$, $\vartheta_2 = 0$, $r_1 = r$, $r_2 = \infty$, $y - a = r \cos \vartheta$, so geht Gl. (36) nach Streichen der konstanten Glieder im Ausdruck für F_2 über in

$$F_2 = \frac{Q}{\pi}\left[-\frac{r}{2}\vartheta \cos \vartheta - \frac{m-1}{4m} r \ln r \sin \vartheta\right]$$

in Übereinstimmung mit der Spannungsfunktion nach Gl. (13) von § 23, wenn man die anderen Bezeichnungen und die andere Richtung der Kraft berücksichtigt. Damit ist aber der Nachweis für die Richtigkeit der Spannungsfunktion F_2 nach Gl. (35) für den vorliegenden Belastungsfall erbracht.

VI. Abschnitt

Der ebene Spannungszustand in krummlinigen Koordinaten

§ 26. Der ebene Spannungs- bzw. Formänderungszustand als Sonderfall des dreiachsigen Spannungszustandes

Wir gehen von den allgemeinen Grundgleichungen (34) und (36) von »Drang und Zwang« Bd. I § 2 aus, wie sie für den dreiachsigen Spannungszustand Gültigkeit besitzen. Da es auf die Massenkräfte im allgemeinen nicht ankommt, setzen wir in den Gl. (36) von § 2 Bd. I noch $X = Y = Z = 0$. Um diese Gleichungen zunächst auf den Sonderfall des ebenen Spannungszustandes in der x-, y-Ebene anzuwenden, setzen wir

$$\sigma_z = 0; \quad \tau_{xz} = \tau_{zx} = 0; \quad \tau_{yz} = \tau_{zy} = 0 \qquad (1)$$

Setzen wir diese Beziehungen in die obenerwähnte Gl. (34) für die Spannungen ein, so folgt zunächst

$$\frac{\partial \zeta}{\partial z} = -\frac{e}{m-2} \qquad (2)$$

oder wegen

$$e = \frac{\partial \xi}{\partial x} + \frac{\partial \eta}{\partial y} + \frac{\partial \zeta}{\partial z},$$

$$e' = \frac{\partial \xi}{\partial x} + \frac{\partial \eta}{\partial y} = e\,\frac{m-1}{m-2} \qquad (3)$$

wobei für die ebene Dehnung zur Abkürzung e' eingeführt worden ist.

Die Spannungen lassen sich im Falle des ebenen Spannungszustandes folgendermaßen durch die ebenen Formänderungsgrößen ξ, η und e' ausdrücken:

$$\left.\begin{aligned} \sigma_x &= 2G\left(\frac{\partial \xi}{\partial x} + \frac{e'}{m-1}\right) \\ \sigma_y &= 2G\left(\frac{\partial \eta}{\partial y} + \frac{e'}{m-1}\right) \\ \tau_{xy} &= G\left(\frac{\partial \xi}{\partial y} + \frac{\partial \eta}{\partial x}\right) \end{aligned}\right\} \qquad (4)$$

Um die elastischen Grundgleichungen, d. h. die obenerwähnten Gl. (36) für den vorliegenden Sonderfall umzuschreiben, beachten wir die beiden letzten Beziehungen von Gl. (1). Aus ihnen folgt

$$\left.\begin{aligned} \frac{\partial \zeta}{\partial x} + \frac{\partial \xi}{\partial z} = 0 \\ \frac{\partial \eta}{\partial z} + \frac{\partial \zeta}{\partial y} = 0 \end{aligned}\right\} \quad \ldots\ldots\ldots\ldots \quad (5)$$

und hieraus

$$\left.\begin{aligned} \frac{\partial^2 \xi}{\partial z^2} = -\frac{\partial^2 \zeta}{\partial x \, \partial z} = \frac{1}{m-2} \frac{\partial e}{\partial x} = \frac{1}{m-1} \frac{\partial e'}{\partial x} \\ \frac{\partial^2 \eta}{\partial z^2} = -\frac{\partial^2 \zeta}{\partial y \, \partial z} = \frac{1}{m-2} \frac{\partial e}{\partial y} = \frac{1}{m-1} \frac{\partial e'}{\partial y} \end{aligned}\right\} \quad \ldots\ldots \quad (6)$$

Nun ist

$$\underset{x,y,z}{\Delta} \xi \equiv \frac{\partial^2 \xi}{\partial x^2} + \frac{\partial^2 \xi}{\partial y^2} + \frac{\partial^2 \xi}{\partial z^2} = \underset{x,y}{\Delta} \xi + \frac{1}{m-1} \frac{\partial e'}{\partial x}$$

$$\underset{x,y,z}{\Delta} \eta \equiv \frac{\partial^2 y}{\partial x^2} + \frac{\partial^2 \eta}{\partial y^2} + \frac{\partial^2 \eta}{\partial z^2} = \underset{x,y}{\Delta} \eta + \frac{1}{m-1} \frac{\partial e'}{\partial y}$$

und damit erhält man als elastische Grundgleichungen für den ebenen Spannungszustand:

$$\left.\begin{aligned} \Delta \xi + \frac{m+1}{m-1} \frac{\partial e'}{\partial x} = 0 \\ \Delta \eta + \frac{m+1}{m-1} \frac{\partial e'}{\partial y} = 0 \end{aligned}\right\} \quad \ldots\ldots\ldots\ldots \quad (7)$$

mit

$$e' = \frac{\partial \xi}{\partial x} + \frac{\partial \eta}{\partial y},$$

wobei Δ statt $\Delta_{x,y}$ geschrieben worden ist.

Entsprechend soll nun der Sonderfall des ebenen Formänderungszustandes aus den allgemeinen Grundgleichungen abgeleitet werden. Die ebene Formänderung in der x-, y-Ebene ist durch die Bedingung

$$\zeta = 0; \quad \tau_{xz} = \tau_{zx} = 0; \quad \tau_{yz} = \tau_{zy} = 0 \quad \ldots\ldots\ldots \quad (8)$$

charakterisiert. Damit folgt aus den allgemeinen Spannungsgleichungen

$$\left.\begin{aligned} \sigma_x &= 2G\left(\frac{\partial \xi}{\partial x} + \frac{e'}{m-2}\right) \\ \sigma_y &= 2G\left(\frac{\partial \eta}{\partial y} + \frac{e'}{m-2}\right) \\ \sigma_z &= 2G \frac{e'}{m-2} \\ \tau_{xy} &= G\left(\frac{\partial \xi}{\partial y} + \frac{\partial \eta}{\partial x}\right) \end{aligned}\right\} \quad \ldots\ldots\ldots\ldots \quad (9)$$

Es kann hier ohne weiteres e durch e' ersetzt werden, da $\zeta = 0$ ist. Da im Falle der ebenen Formänderung ξ und η von z unabhängig sind, gehen die elastischen Grundgleichungen in diesem Falle über in

$$\left.\begin{aligned} \Delta\xi + \frac{m}{m-2}\frac{\partial e'}{\partial x} = 0 \\ \Delta\eta + \frac{m}{m-2}\frac{\partial e'}{\partial y} = 0 \end{aligned}\right\} \quad \ldots\ldots\ldots \quad (10)$$

mit

$$e' = \frac{\partial\xi}{\partial x} + \frac{\partial\eta}{\partial y},$$

wobei die Operation Δ wieder die Abkürzung für $\frac{\partial^2}{\partial x^2} + \frac{\partial^2}{\partial y^2}$ bedeutet.

Der Vergleich der für den ebenen Spannungszustand gültigen Gl. (4) und (7) mit den entsprechenden Gl. (9) und (10) für den ebenen Formänderungszustand zeigt, daß sich beide Arten von Spannungszuständen nur unwesentlich in den Konstanten unterscheiden. Unter Berücksichtigung dieses Unterschiedes hat man mit jeder Lösung einer ebenen Spannungsaufgabe zugleich die entsprechende Lösung der ebenen Verzerrungsaufgabe und umgekehrt.

§ 27. Spannungen und Verschiebungen durch harmonische Funktionen dargestellt

Fürs Weitere wollen wir, wenn nichts anderes vermerkt wird, von den elastischen Grundgleichungen (7) des ebenen Spannungszustandes ausgehen mit den zugehörigen Spannungsgrößen nach Gl. (4). Was wir hier für den ebenen Spannungszustand nachweisen, gilt ganz entsprechend auch für den ebenen Formänderungszustand, wenn man von den Gl. (9) bzw. (10) ausgehen würde.

Wir wollen den Grundgleichungen (7) eine andere Form geben, indem wir neben der »ebenen Dehnung«

$$e' = \frac{\partial\xi}{\partial x} + \frac{\partial\eta}{\partial y} \quad \ldots\ldots\ldots \quad (11)$$

die »Drehung«

$$\omega = \frac{1}{2}\left(\frac{\partial\eta}{\partial x} - \frac{\partial\xi}{\partial y}\right) \quad \ldots\ldots\ldots \quad (12)$$

einführen. Damit lassen sich die elastischen Grundgleichungen (7) folgendermaßen umschreiben:

$$\left.\begin{aligned} \frac{\partial e'}{\partial x} &= \frac{m-1}{m}\frac{\partial\omega}{\partial y} \\ \frac{\partial e'}{\partial y} &= -\frac{m-1}{m}\frac{\partial\omega}{\partial x} \end{aligned}\right\} \quad \ldots\ldots\ldots \quad (13)$$

wie man sich durch Einsetzen des Wertes von e' in Gl. (7) sofort überzeugen kann.

Zunächst folgt aus len elastischen Grundgleichungen in Form der Gl. (13), daß die ebene Dehnung e' und die mit $\frac{m-1}{m}$ multiplizierte Drehung ω konjugierte harmonische Funktionen sind, so daß

$$e' + i\frac{m-1}{m}\omega \qquad (14)$$

eine komplexe analytische Funktion darstellt. Es gilt infolgedessen auch

$$\left.\begin{aligned}\Delta e' &= 0\\ \Delta \omega &= 0\end{aligned}\right\} \qquad (15)$$

Für die weiteren Entwicklungen ist es notwendig, neben der durch Gl. (14) eingeführten komplexen analytischen Funktion noch eine weitere derartige Funktion zu benützen, die aus der ersteren durch komplexe Integration gewonnen wird:

$$\Phi + i\Psi = \int\left(e' + i\cdot\frac{m-1}{m}\omega\right)(dx + i\,dy) \qquad (16)$$

Demnach ist

$$\left.\begin{aligned}\frac{\partial \Phi}{\partial x} &= \frac{\partial \Psi}{\partial y} = e'\\ \frac{\partial \Phi}{\partial y} &= -\frac{\partial \Psi}{\partial x} = -\frac{m-1}{m}\omega\end{aligned}\right\} \qquad (17)$$

und

$$\left.\begin{aligned}\Delta \Phi &= 0\\ \Delta \Psi &= 0\end{aligned}\right\} \qquad (18)$$

Wir wollen uns jetzt die Aufgabe stellen, die Verschiebungen ξ, η und die Spannungen σ_x, σ_y und τ mit Hilfe der harmonischen Funktionen e' und ω bzw. Φ und Ψ darzustellen. Zu diesem Zweck führen wir zunächst zur Abkürzung

$$\omega' = \frac{m-1}{m}\omega \qquad (19)$$

ein, so daß sich die Gl. (13) umschreiben lassen in

$$\left.\begin{aligned}\frac{\partial e'}{\partial x} &= \frac{\partial \omega'}{\partial y}\\ \frac{\partial e'}{\partial y} &= -\frac{\partial \omega'}{\partial x}\end{aligned}\right\} \qquad (20)$$

Damit lassen sich die elastischen Grundgleichungen (7) folgendermaßen darstellen:

$$\left.\begin{aligned} \Delta\xi + \frac{m+1}{2(m-1)}\left(\frac{\partial e'}{\partial x} + \frac{\partial \omega'}{\partial y}\right) = 0 \\ \Delta\eta + \frac{m+1}{2(m-1)}\left(\frac{\partial e'}{\partial y} - \frac{\partial \omega'}{\partial x}\right) = 0 \end{aligned}\right\} \quad \ldots \ldots \quad (21)$$

Da e' und ω' harmonische Funktionen sind, gelten die Identitäten

$$\left.\begin{aligned} 2\frac{\partial e'}{\partial x} \equiv \Delta(x e'); \quad 2\frac{\partial e'}{\partial y} \equiv \Delta(y e') \\ 2\frac{\partial \omega'}{\partial x} \equiv \Delta(x \omega'); \quad 2\frac{\partial \omega'}{\partial y} \equiv \Delta(y \omega') \end{aligned}\right\} \quad \ldots \ldots \quad (22)$$

Setzt man dies in die Gl. (21) ein, so lassen sich diese Gleichungen integrieren und man erhält als Lösung

$$\left.\begin{aligned} \xi = -\frac{m+1}{4(m-1)}(x e' + y \omega') + \varphi \\ \eta = -\frac{m+1}{4(m-1)}(y e' - x \omega') + \psi \end{aligned}\right\} \quad \ldots \ldots \quad (23)$$

worin φ und ψ harmonische Funktionen bedeuten. Um den Zusammenhang dieser Funktionen φ und ψ mit den harmonischen Funktionen e' und ω' bzw. Φ und Ψ aufzudecken, bilden wir mit Hilfe der Gl. (23)

$$e' = \frac{\partial \xi}{\partial x} + \frac{\partial \eta}{\partial y} =$$

$$= -\frac{m+1}{2(m-1)}e' - \frac{m+1}{4(m-1)}\left(x\frac{\partial e'}{\partial x} + y\frac{\partial \omega'}{\partial x} + y\frac{\partial e'}{\partial y} - x\frac{\partial \omega'}{\partial y}\right) + \frac{\partial \varphi}{\partial x} + \frac{\partial \psi}{\partial y}$$

$$2\omega = \frac{\partial \eta}{\partial x} - \frac{\partial \xi}{\partial y} =$$

$$= \frac{m+1}{2(m-1)}\omega' - \frac{m+1}{4(m-1)}\left(y\frac{\partial e'}{\partial x} - x\frac{\partial \omega'}{\partial x} - x\frac{\partial e'}{\partial y} - y\frac{\partial \omega'}{\partial y}\right) + \frac{\partial \psi}{\partial x} - \frac{\partial \varphi}{\partial y}.$$

In diesen beiden Gleichungen verschwinden die Klammern wegen der Beziehungen (20), so daß sie übergehen in

$$\left.\begin{aligned} \frac{3m-1}{2(m-1)}e' = \frac{\partial \varphi}{\partial x} + \frac{\partial \psi}{\partial y} \\ \frac{3m-1}{2(m-1)}\omega' = \frac{\partial \psi}{\partial x} - \frac{\partial \varphi}{\partial y} \end{aligned}\right\} \quad \ldots \ldots \quad (24)$$

oder unter Beachtung der Gl. (17)

$$\left.\begin{aligned} \frac{3m-1}{4(m-1)}\left(\frac{\partial \Phi}{\partial x} + \frac{\partial \Psi}{\partial y}\right) = \frac{\partial \varphi}{\partial x} + \frac{\partial \psi}{\partial y} \\ \frac{3m-1}{4(m-1)}\left(\frac{\partial \Psi}{\partial x} - \frac{\partial \Phi}{\partial y}\right) = \frac{\partial \psi}{\partial x} - \frac{\partial \varphi}{\partial y} \end{aligned}\right\} \quad \ldots \ldots \quad (25)$$

Aus diesen letzten Gleichungen folgt

$$\left.\begin{aligned}\varphi &= \frac{3m-1}{4(m-1)}\Phi + \frac{\partial f}{\partial x}\\ \psi &= \frac{3m-1}{4(m-1)}\Psi + \frac{\partial f}{\partial y}\end{aligned}\right\} \quad \ldots \ldots \ldots \quad (26)$$

worin f eine willkürliche harmonische Funktion bedeutet, die sich aus den jeweiligen Grenzbedingungen bestimmt. Setzt man diese Werte von φ und ψ in die Gl. (23) ein, so erhält man unter Berücksichtigung der Gl. (17) schließlich

$$\left.\begin{aligned}\xi &= \frac{3m-1}{4(m-1)}\Phi - \frac{m+1}{4(m-1)}\left(x\frac{\partial \Phi}{\partial x} - y\frac{\partial \Phi}{\partial y}\right) + \frac{\partial f}{\partial x}\\ \eta &= \frac{3m-1}{4(m-1)}\Psi + \frac{m+1}{4(m-1)}\left(x\frac{\partial \Psi}{\partial x} - y\frac{\partial \Psi}{\partial y}\right) + \frac{\partial f}{\partial y}\end{aligned}\right\} \quad . \; . \quad (27)$$

oder

$$\left.\begin{aligned}\xi &= \frac{3m-1}{4(m-1)}\Phi - \frac{m+1}{4(m-1)}(x e' + y\omega') + \frac{\partial f}{\partial x}\\ \eta &= \frac{3m-1}{4(m-1)}\Psi + \frac{m+1}{4(m-1)}(x\omega' - y e') + \frac{\partial f}{\partial y}\end{aligned}\right\} \quad . \; . \quad (28)$$

Um die Spannungen durch die konjugiert komplexen Größen e' bzw. ω' auszudrücken, setzen wir diese Werte von ξ und η in die Gl. (4) ein. Zunächst bilden wir

$$\left.\begin{aligned}\frac{\partial \xi}{\partial x} &= \frac{1}{2}e' - \frac{m+1}{4(m-1)}\left(x\frac{\partial e'}{\partial x} - y\frac{\partial e'}{\partial y}\right) + \frac{\partial^2 f}{\partial x^2}\\ \frac{\partial \eta}{\partial y} &= \frac{1}{2}e' + \frac{m+1}{4(m-1)}\left(x\frac{\partial e'}{\partial y} - y\frac{\partial e'}{\partial y}\right) + \frac{\partial^2 f}{\partial y^2}\end{aligned}\right\} \quad . \; . \quad (29\,\mathrm{a})$$

und

$$\left.\begin{aligned}\frac{\partial \xi}{\partial y} &= -\frac{m}{m-1}\omega' - \frac{m+1}{4(m-1)}\left(x\frac{\partial e'}{\partial y} + y\frac{\partial e'}{\partial x}\right) + \frac{\partial^2 f}{\partial x\,\partial y}\\ \frac{\partial \eta}{\partial y} &= \frac{m}{m-1}\omega' - \frac{m+1}{4(m-1)}\left(x\frac{\partial e'}{\partial y} + y\frac{\partial e'}{\partial x}\right) + \frac{\partial^2 f}{\partial x\,\partial y}\end{aligned}\right\} \quad (29\,\mathrm{b})$$

und damit erhält man die Spannungen

$$\left.\begin{aligned}\sigma_x &= G\frac{m+1}{m-1}\left[e' - \frac{1}{2}\left(x\frac{\partial e'}{\partial x} - y\frac{\partial e'}{\partial y}\right)\right] + 2G\frac{\partial^2 f}{\partial x^2}\\ \sigma_y &= G\frac{m+1}{m-1}\left[e' + \frac{1}{2}\left(x\frac{\partial e'}{\partial x} - y\frac{\partial e'}{\partial y}\right)\right] + 2G\frac{\partial^2 f}{\partial y^2}\\ \tau_{xy} &= -G\frac{m+1}{2(m-1)}\left(x\frac{\partial e'}{\partial y} + y\frac{\partial e'}{\partial x}\right) + 2G\frac{\partial^2 f}{\partial x\,\partial y}\end{aligned}\right\} \quad . \quad (30)$$

mit

$$\Delta f = 0 \quad \ldots \ldots \ldots \ldots \quad (31)$$

Bei Anwendung der Gl. (28) und (30) ist nach Gl. (3) der Zusammenhang zwischen der kubischen Dehnung

$$e = \frac{\partial \xi}{\partial x} + \frac{\partial \eta}{\partial y} + \frac{\partial \zeta}{\partial z}$$

und der ebenen Dehnung

$$e' = \frac{\partial \xi}{\partial x} + \frac{\partial \eta}{\partial y}$$

zu beachten:

$$e' = e \cdot \frac{m-1}{m-2}.$$

Wir haben die bisherigen Entwicklungen unter der Voraussetzung eines ebenen Spannungszustandes durchgeführt. Entsprechend kann man aber auch den ebenen Formänderungszustand behandeln. Zu diesem Zweck müßte man von den hierfür gültigen Spannungsgleichungen (9) und elastischen Grundgleichungen (10) des vorigen § ausgehen. Die letzteren lassen sich umschreiben in

$$\left.\begin{aligned} \frac{\partial e'}{\partial x} &= \frac{m-2}{m-1} \cdot \frac{\partial \omega}{\partial y} \\ \frac{\partial e'}{\partial y} &= -\frac{m-2}{m-1} \cdot \frac{\partial \omega}{\partial x} \end{aligned}\right\} \quad \ldots\ldots\ldots \quad (32)$$

wie man sich durch Einsetzen der Werte von e' und ω aus Gl. (11) und (12) sofort überzeugen kann. Diese Gl. (32) treten an Stelle der Gl. (13) des ebenen Spannungszustandes. Führt man an Stelle von ω' nach Gl. (19) hier die Größe

$$\omega_1' = \frac{m-2}{m-1}\,\omega \quad \ldots\ldots\ldots\ldots \quad (33)$$

ein, so gehen die Gl. (32) über in

$$\left.\begin{aligned} \frac{\partial e'}{\partial x} &= \frac{\partial \omega_1'}{\partial y} \\ \frac{\partial e'}{\partial y} &= -\frac{\partial \omega_1'}{\partial x} \end{aligned}\right\} \quad \ldots\ldots\ldots\ldots \quad (34)$$

die an Stelle der Gl. (20) treten. Indem man die Rechnung Schritt für Schritt genau so durchführt wie oben beim ebenen Spannungszustand und statt der Größen Φ und Ψ nach Gl. (17) Φ_1 und Ψ_1 durch

$$\left.\begin{aligned} \frac{\partial \Phi_1}{\partial x} &= \frac{\partial \Psi_1}{\partial y} = e' \\ \frac{\partial \Phi_1}{\partial y} &= -\frac{\partial \Psi_1}{\partial x} = -\frac{m-2}{m-1}\,\omega = -\omega_1' \end{aligned}\right\} \quad \ldots\ldots \quad (35)$$

einführt, erhält man schließlich für den ebenen Formänderungszustand die Verschiebungsgleichungen

$$\left.\begin{aligned}\xi &= \frac{3m-4}{4(m-1)}\Phi_1 - \frac{m}{4(m-2)}(x e' + y \omega_1') + \frac{\partial f}{\partial x}\\ \eta &= \frac{3m-4}{4(m-1)}\Psi_1 + \frac{m}{4(m-2)}(x \omega_1' - y e') + \frac{\partial f}{\partial y}\end{aligned}\right\} \quad . \; . \; (36)$$

die an Stelle der Gl. (28) treten, und die Spannungsgleichungen

$$\left.\begin{aligned}\sigma_x &= G\frac{m}{m-2}\left[e' - \frac{1}{2}\left(x\frac{\partial e'}{\partial x} - y\frac{\partial e'}{\partial y}\right)\right] + 2G\frac{\partial^2 f}{\partial x^2}\\ \sigma_y &= G\frac{m}{m-2}\left[e' + \frac{1}{2}\left(x\frac{\partial e'}{\partial x} - y\frac{\partial e'}{\partial y}\right)\right] + 2G\frac{\partial^2 f}{\partial y^2}\\ \sigma_z &= \frac{2G}{m-2}e'\\ \tau_{xy} &= -G\frac{m}{2(m-2)}\left(x\frac{\partial e'}{\partial y} + y\frac{\partial e'}{\partial x}\right) + 2G\frac{\partial^2 f}{\partial x\,\partial y}\end{aligned}\right\} \quad . \; . \; (32)$$

an Stelle der Gl. (30).

Man sieht aus dem Vergleich der für den ebenen Spannungszustand gültigen Gleichungen mit den entsprechenden Gleichungen für den ebenen Formänderungszustand, daß sich beide Spannungszustände nur in den auftretenden Konstanten unterscheiden.

§ 28. Krummlinige Koordinaten in der Ebene

In der x-y-Ebene wird durch Parameterdarstellung

$$\left.\begin{aligned}x &= \varphi(\alpha, \beta)\\ y &= \psi(\alpha, \beta)\end{aligned}\right\} \quad . \; . \; . \; . \; . \; . \; . \; . \; . \; . \; . \; . \; (38)$$

bei vorgegebenen Funktionen φ und ψ ein Kurvennetz festgelegt, so daß einem konstanten Wert von α eine Kurve der ersten Schar

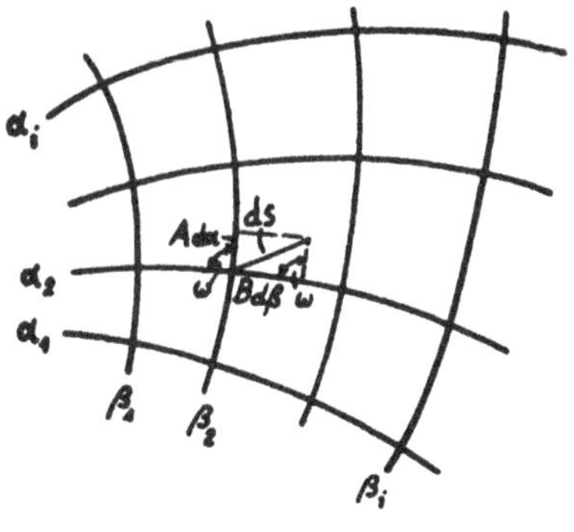

Bild 51

$$\alpha = \text{const} \quad . \; . \; . \; (39\text{a})$$

und einem konstanten Wert von β eine Kurve der zweiten Schar

$$\beta = \text{const} \quad . \; . \; . \; (39\text{b})$$

entspricht (s. Bild 51).

Jedem Punkt der x-y-Ebene entspricht ein bestimmtes Wertepaar α, β, das man die krummlinigen Koordinaten dieses Punktes nennt.

Wir wollen das Quadrat eines Linienelementes

$$ds^2 = dx^2 + dy^2$$

durch die krummlinigen Koordinaten α, β ausdrücken. Bezeichnet man (s. Bild 51) mit $A\,d\alpha$ die Projektion des Linienelementes ds auf die Koordinatenkurve $\beta = \text{const}$, die durch den Anfangspunkt von ds geht, und mit $B\,d\beta$ die Projektion des Linienelementes ds auf die Koordinatenkurve $\alpha = \text{const}$, die auch durch den Anfangspunkt von ds geht, und wird mit ω der Winkel bezeichnet, den die beiden Koordinatenkurvenscharen an der Stelle von ds miteinander einschließen (s. Bild 51), so gilt für das von den drei Seiten ds, $A\,d\alpha$ und $B\,d\beta$ begrenzte Dreieck nach einem bekannten Lehrsatz der Geometrie des Dreiecks:

$$ds^2 = A^2\,d\alpha^2 + 2\,AB\cos\omega\,d\alpha\,d\beta + B^2\,d\beta^2 \quad . \;.\;.\;.\; (40)$$

Wir wollen uns weiterhin nur noch mit rechtwinkligen Koordinatennetzen beschäftigen, bei denen also überall die Kurven der einen Schar $\alpha = \text{const}$ auf den Kurven der anderen Schar $\beta = \text{const}$ senkrecht stehen. Für dieses orthogonale Koordinatensystem ist

$$\omega = 90^0 \text{ oder}$$
$$\cos\omega = 0$$

und das Quadrat des Linienelementes geht über in

$$ds^2 = A^2\,d\alpha^2 + B^2\,d\beta^2 \quad . \;.\;.\;.\;.\;.\;.\;.\;.\;.\; (41)$$

Ist außerdem

$$A = B = \frac{1}{h} \quad . \;.\;.\;.\;.\;.\;.\;.\;.\;.\;.\;.\; (42)$$

so wird das Koordinatensystem als orthogonal und isotherm bezeichnet und das Quadrat des Linienelementes wird

$$ds^2 = \frac{1}{h^2}(d\alpha^2 + d\beta^2) \quad . \;.\;.\;.\;.\;.\;.\;.\;.\;.\; (43)$$

Nach Lamé wird h »Differentialparameter erster Ordnung« genannt, neuerdings auch häufig »Verzerrungsfaktor«, da h die Verzerrung zwischen den Koordinatenzuwüchsen $d\alpha$, $d\beta$ und dx, dy angibt.

Beim orthogonalen isothermen Koordinatensystem läßt sich also das Linienelement folgendermaßen ausdrücken:

$$ds^2 = dx^2 + dy^2 = \frac{1}{h^2}(d\alpha^2 + d\beta^2) \quad (44)$$

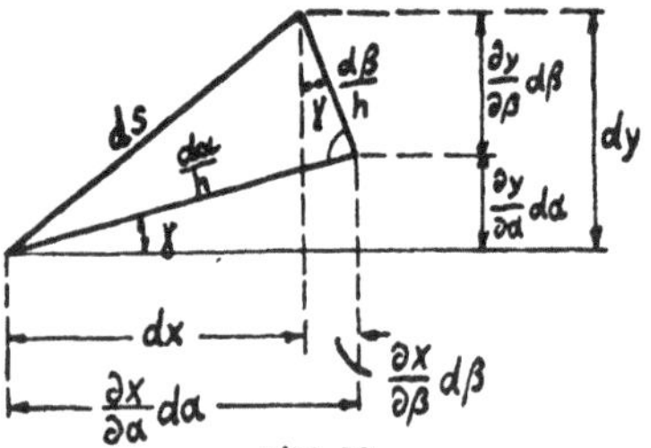

Bild 52

Weitere Beziehungen lassen sich am einfachsten aus Bild 52 ablesen:

$$\left.\begin{aligned} dx &= \frac{d\alpha}{h}\cos\gamma - \frac{d\beta}{h}\sin\gamma \\ dy &= \frac{d\alpha}{h}\sin\gamma + \frac{d\beta}{h}\cos\gamma \end{aligned}\right\} \quad \ldots\ldots\ldots \quad (45)$$

Vergleicht man hiermit

$$\left.\begin{aligned} dx &= \frac{\partial x}{\partial\alpha}d\alpha + \frac{\partial x}{\partial\beta}d\beta \\ dy &= \frac{\partial y}{\partial\alpha}d\alpha + \frac{\partial y}{\partial\beta}d\beta \end{aligned}\right\} \quad \ldots\ldots\ldots \quad (46)$$

so folgt:

$$\left.\begin{aligned} \frac{\partial x}{\partial\alpha} &= \frac{\partial y}{\partial\beta} = \frac{\cos\gamma}{h} \\ \frac{\partial x}{\partial\beta} &= -\frac{\partial y}{\partial\alpha} = -\frac{\sin\gamma}{h} \end{aligned}\right\} \quad \ldots\ldots\ldots \quad (47)$$

und hieraus

$$\frac{\partial x}{\partial\alpha}\cdot\frac{\partial x}{\partial\beta} + \frac{\partial y}{\partial\alpha}\cdot\frac{\partial y}{\partial\beta} = 0 \quad \ldots\ldots\ldots \quad (48)$$

und

$$\left(\frac{\partial x}{\partial\alpha}\right)^2 + \left(\frac{\partial y}{\partial\alpha}\right)^2 = \frac{1}{h^2} \quad \ldots\ldots\ldots \quad (48\text{a})$$

Wegen der Gl. (47) nennt man x und y konjugiert harmonische Funktionen von α und β.

Andererseits geht aus den Gl. (45) hervor

$$\frac{d\alpha}{h} = \cos\gamma\cdot dx + \sin\gamma\cdot dy$$

$$\frac{d\beta}{h} = \cos\gamma\cdot dy - \sin\gamma\cdot dx$$

und damit

$$\left.\begin{aligned} \frac{\partial\alpha}{\partial x} &= \frac{\partial\beta}{\partial y} = h\cos\gamma \\ \frac{\partial\alpha}{\partial y} &= -\frac{\partial\beta}{\partial x} = h\sin\gamma \end{aligned}\right\} \quad \ldots\ldots\ldots \quad (49)$$

und

$$\left(\frac{\partial\alpha}{\partial x}\right)^2 + \left(\frac{\partial\beta}{\partial x}\right)^2 = h^2.$$

Wegen der Gl. (49) sind α und β konjugiert harmonische Funktionen von x und y. Aus Gl. (49) folgt ferner

$$\frac{\partial\alpha}{\partial x}\cdot\frac{\partial\alpha}{\partial y} + \frac{\partial\beta}{\partial x}\frac{\partial\beta}{\partial y} = 0 \quad \ldots\ldots\ldots \quad (50)$$

Der Vergleich der Gl. (47) und (49) führt ferner zu folgenden Beziehungen:

$$\left.\begin{aligned} \cos\gamma &= \quad h\frac{\partial x}{\partial\alpha} = \quad \frac{1}{h}\frac{\partial\alpha}{\partial x} = h\frac{\partial y}{\partial\beta} = \frac{1}{h}\frac{\partial\beta}{\partial y} \\ \sin\gamma &= -h\frac{\partial x}{\partial\beta} = -\frac{1}{h}\frac{\partial\beta}{\partial x} = h\frac{\partial y}{\partial\alpha} = \frac{1}{h}\frac{\partial\alpha}{\partial y} \end{aligned}\right\} \quad . \; . \; . \; (51)$$

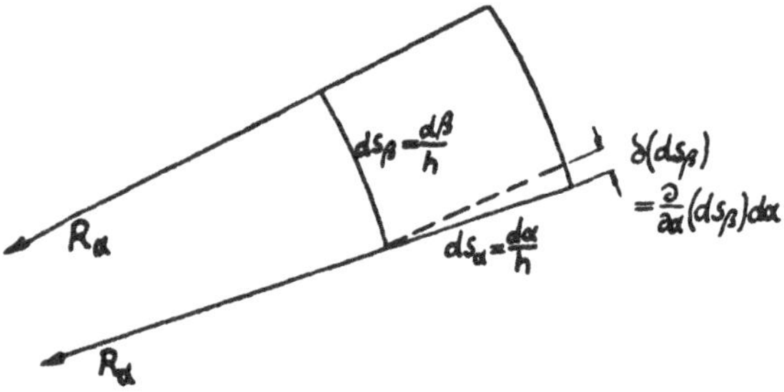

Bild 53

Um die Krümmungsradien R_α und R_β des Kurvennetzes auszudrücken, gehen wir von einem durch je zwei benachbarte Kurven beider Netze begrenzten Flächenelement aus (siehe Bild 53), dessen Begrenzungslinien ds_α und ds_β betragen und entnehmen hieraus:

$$\delta(ds_\beta) = \frac{\partial}{\partial\alpha}(ds_\beta)\,d\alpha = \frac{\partial}{\partial\alpha}\left(\frac{1}{h}\right)d\alpha\,d\beta = -\frac{1}{h^2}\frac{\partial h}{\partial\alpha}\,d\alpha\,d\beta$$

$$\frac{ds_\beta}{R_\alpha} = \frac{\delta(ds_\beta)}{ds_\alpha} = -\frac{1}{h}\frac{\partial h}{\partial\alpha}\,d\beta$$

oder:

$$\frac{1}{R_\alpha} = -\frac{\partial h}{\partial\alpha} \quad . \; . \; . \; . \; . \; . \; . \; . \; . \; . \; . \; . \quad (52\,a)$$

und entsprechend gilt

$$\frac{1}{R_\beta} = -\frac{\partial h}{\partial\beta} \quad . \; . \; . \; . \; . \; . \; . \; . \; . \; . \; . \; . \quad (52\,b)$$

Ferner folgt für den Zuwachs des Neigungswinkels γ, den $ds_\alpha = \frac{d\alpha}{h}$ mit der x-Achse einschließt, aus Bild 52

$$R_\alpha \cdot d\gamma = ds_\beta = \frac{d\beta}{h}$$

und entsprechend

$$R_\beta\, d\gamma = -ds_\alpha = -\frac{d\alpha}{h}$$

oder wegen der Gl. (52)

$$\frac{\partial\gamma}{\partial\alpha} = -\frac{1}{h}\frac{1}{R_\beta} = \quad \frac{1}{h}\frac{\partial h}{\partial\beta} \quad . \; . \; . \; . \; . \; . \; . \quad (53\,a)$$

und

$$\frac{\partial\gamma}{\partial\beta} = \quad \frac{1}{h}\frac{1}{R_\alpha} = -\frac{1}{h}\frac{\partial h}{\partial\alpha} \quad . \; . \; . \; . \; . \; . \; . \quad (53\,b)$$

Diese letzten Beziehungen sind für die Bildung des zweiten Differentialquotienten von α und β nach x bzw. y erforderlich. Es ist nämlich wegen Gl. (49)

$$\frac{\partial^2 \alpha}{\partial x^2} = -h \sin\gamma \frac{\partial \gamma}{\partial x} + \cos\gamma \frac{d h}{\partial x} =$$

$$= -h \sin\gamma \left(\frac{\partial \gamma}{\partial \alpha}\frac{\partial \alpha}{\partial x} + \frac{\partial \gamma}{\partial \beta}\frac{\partial \beta}{\partial x}\right) + \cos\gamma \left(\frac{\partial h}{\partial \alpha}\frac{\partial \alpha}{\partial x} + \frac{\partial h}{\partial \beta}\frac{\partial \beta}{\partial x}\right)$$

und wegen der Gl. (53) und (49)

$$\frac{\partial^2 \alpha}{\partial x^2} = \quad h\left(\frac{\partial h}{\partial \alpha}\cos 2\gamma - \frac{\partial h}{\partial \beta}\sin 2\gamma\right) \quad \text{(54a)}$$

Ebenso erhält man

$$\frac{\partial^2 \beta}{\partial x^2} = -h\left(\frac{\partial h}{\partial \alpha}\sin 2\gamma + \frac{\partial h}{\partial \beta}\cos 2\gamma\right) \quad \text{(54b)}$$

$$\frac{\partial^2 \alpha}{\partial x\,\partial y} = \quad h\left(\frac{\partial h}{\partial \alpha}\sin 2\gamma + \frac{\partial h}{\partial \beta}\cos 2\gamma\right) \quad \text{(54c)}$$

und hieraus folgt wegen

$$\left.\begin{aligned} \Delta\alpha &\equiv \frac{\partial^2 \alpha}{\partial x^2} + \frac{\partial^2 \alpha}{\partial y^2} = 0 \\ \Delta\beta &\equiv \frac{\partial^2 \beta}{\partial x^2} + \frac{\partial^2 \beta}{\partial y^2} = 0 \end{aligned}\right\} \quad \text{(55)}$$

$$\frac{\partial^2 \alpha}{\partial y^2} = -\frac{\partial^2 \alpha}{\partial x^2} = -h\left(\frac{\partial h}{\partial \alpha}\cos 2\gamma - \frac{\partial h}{\partial \beta}\sin 2\gamma\right) \quad \text{(56a)}$$

$$\frac{\partial^2 \beta}{\partial y^2} = -\frac{\partial^2 \beta}{\partial x^2} = \quad h\left(\frac{\partial h}{\partial \alpha}\sin 2\gamma + \frac{\partial h}{\partial \beta}\cos 2\gamma\right) \quad \text{(56b)}$$

Schließlich wollen wir noch die Laplacesche Ableitung

$$\Delta F = \frac{\partial^2 F}{\partial x^2} + \frac{\partial^2 F}{\partial y^2}$$

in krummlinigen Koordinaten umschreiben.

Es ist

$$\left.\begin{aligned} \frac{\partial F}{\partial x} &= \frac{\partial F}{\partial \alpha}\frac{\partial \alpha}{\partial x} + \frac{\partial F}{\partial \beta}\frac{\partial \beta}{\partial x} \\ \frac{\partial F}{\partial y} &= \frac{\partial F}{\partial \alpha}\frac{\partial \alpha}{\partial y} + \frac{\partial F}{\partial \beta}\frac{\partial \beta}{\partial y} \end{aligned}\right\} \quad \text{(57)}$$

und hieraus ergibt sich bei nochmaliger Differentiation:

$$\frac{\partial^2 F}{\partial x^2} = \frac{\partial^2 F}{\partial \alpha^2}\left(\frac{\partial \alpha}{\partial x}\right)^2 + 2\frac{\partial^2 F}{\partial \alpha\,\partial \beta}\frac{\partial \alpha}{\partial x}\frac{\partial \beta}{\partial x} + \frac{\partial^2 F}{\partial \beta^2}\left(\frac{\partial \beta}{\partial x}\right)^2 + \frac{\partial F}{\partial \alpha}\frac{\partial^2 \alpha}{\partial x^2} + \frac{\partial F}{\partial \beta}\frac{\partial^2 \beta}{\partial x^2} \quad \text{(58a)}$$

$$\frac{\partial^2 F}{\partial y^2} = \frac{\partial^2 F}{\partial \alpha^2}\left(\frac{\partial \alpha}{\partial y}\right)^2 + 2\frac{\partial^2 F}{\partial \alpha \partial \beta}\frac{\partial \alpha}{\partial y}\frac{\partial \beta}{\partial y} + \frac{\partial^2 F}{\partial \beta^2}\left(\frac{\partial \beta}{\partial y}\right)^2 + \frac{\partial F}{\partial \alpha}\frac{\partial^2 \alpha}{\partial y^2} + \frac{\partial F}{\partial \beta}\frac{\partial^2 \beta}{\partial y^2} \quad \ldots \text{(58b)}$$

$$\frac{\partial^2 F}{\partial x \partial y} = \frac{\partial^2 F}{\partial \alpha^2}\frac{\partial \alpha}{\partial x}\frac{\partial \alpha}{\partial y} + \frac{\partial^2 F}{\partial \alpha \partial \beta}\left(\frac{\partial \alpha}{\partial x}\frac{\partial \beta}{\partial y} + \frac{\partial \alpha}{\partial y}\frac{\partial \beta}{\partial x}\right) +$$
$$+ \frac{\partial^2 F}{\partial \beta^2}\frac{\partial \beta}{\partial x}\frac{\partial \beta}{\partial y} + \frac{\partial F}{\partial \alpha}\frac{\partial^2 \alpha}{\partial x \partial y} + \frac{\partial F}{\partial \beta}\frac{\partial^2 \beta}{\partial x \partial y} \quad \text{(58c)}$$

Durch Addition der beiden Gl. (58a) und (58b) erhält man unter Berücksichtigung der Gl. (49) und (55)

$$\Delta F \equiv \frac{\partial^2 F}{\partial x^2} + \frac{\partial^2 F}{\partial y^2} = h^2\left(\frac{\partial^2 F}{\partial \alpha^2} + \frac{\partial^2 F}{\partial \beta^2}\right) \quad \ldots\ldots \text{(59)}$$

Dieser letztere Ausdruck für ΔF wird auch nach Lamé als »Differentialparameter 2. Ordnung« bezeichnet. Die in diesem § abgeleiteten Beziehungen werden wir im folgenden bei Ableitung der auf ein krummliniges Koordinatensystem bezogenen elastischen Grundgleichungen anwenden.

Zum Schluß wollen wir noch zwei einfache Beispiele krummliniger und zwar orthogonal isothermer Koordinatensysteme behandeln. Da hierbei die Netzkurvenscharen $\alpha = \text{const}$ und $\beta = \text{const}$ zu konjugiert harmonischen Funktionen $\alpha(x, y)$ und $\beta(xy)$ gehören, kommt man immer zu einem derartigen krummlinigen Koordinatensystem, indem man die komplexe Koordinate $z = x + iy$ als beliebige analytische Funktion f der komplexen Koordinate $\alpha + i\beta$ darstellt:

$$z = x + iy = f(\alpha + i\beta) \quad \ldots\ldots\ldots \text{(60)}$$

und diese komplexe Gleichung in Real- und Imaginärteil spaltet:

$$\left.\begin{aligned} x &= x(\alpha, \beta) \\ y &= y(\alpha, \beta) \end{aligned}\right\} \text{ bzw. } \begin{aligned} \alpha &= \alpha(x, y) \\ \beta &= \beta(x, y). \end{aligned}$$

Als erstes Beispiel von Gl. (60) diene die Funktion

$$x + iy = e^{\alpha + i\beta} \quad \ldots\ldots\ldots\ldots \text{(61a)}$$

oder

$$\alpha + i\beta = \ln(x + iy) \quad \text{(61b)}$$

Die Aufspaltung in Real- und Imaginärteil liefert

$$\left.\begin{aligned} \alpha &= \ln r \\ \beta &= \operatorname{arc\,tg}\frac{y}{x} = \varphi \end{aligned}\right\} \quad \ldots\ldots\ldots\ldots \text{(62)}$$

mit

$$r^2 = x^2 + y^2.$$

Die orthogonalen Netzkurven sind einerseits die Kreise um den Nullpunkt $\alpha = \text{const}$ bzw. $r = \text{const}$, andererseits die Geraden durch den Nullpunkt $\beta = \text{const}$ bzw. $\varphi = \text{const}$. Wir haben es demnach mit dem üblichen Polarkoordinatensystem (r, φ) zu tun. Wenden wir auf dieses Koordinatensystem (r, φ) die allgemeinen Formeln an, so erhält man

$$\frac{\partial \alpha}{\partial x} = \frac{\partial \alpha}{\partial r}\frac{\partial r}{\partial x} = \frac{1}{r}\frac{x}{r} = \frac{x}{r^2}$$

$$\frac{\partial \alpha}{\partial y} = \frac{\partial \alpha}{\partial r}\frac{\partial r}{\partial y} = \frac{1}{r}\frac{y}{r} = \frac{y}{r^2}$$

und damit folgt aus den Gl. (49)

$$\left(\frac{\partial \alpha}{\partial x}\right)^2 + \left(\frac{\partial \alpha}{\partial y}\right)^2 = h^2 = \frac{x^2}{r^4} + \frac{y^2}{r^4} = \frac{1}{r^2}$$

oder

$$h = \frac{1}{r} = e^{-\alpha} \quad \ldots \ldots \ldots \ldots \quad (63)$$

als Wert für den Verzerrungsfaktor h.

Die Krümmungsradien der Netzkurven folgen aus Gl. (52a) bzw. (52b):

$$\left.\begin{aligned} \frac{1}{R_\alpha} &= -\frac{\partial h}{\partial \alpha} = e^{-\alpha} = \frac{1}{r} \\ \text{und} \quad \frac{1}{R_\beta} &= -\frac{\partial h}{\partial \beta} = 0 \end{aligned}\right\} \quad \ldots \ldots \quad (64)$$

Als zweites Beispiel diene die Ausgangsgleichung

$$z = x + iy = \operatorname{Cof}(\alpha + i\beta) = \cos\beta \operatorname{Cof}\alpha + i \sin\beta \operatorname{Sin}\alpha \quad . . \quad (65)$$

Aus der Aufspaltung

$$\left.\begin{aligned} x &= \cos\beta \operatorname{Cof}\alpha \\ y &= \sin\beta \operatorname{Sin}\alpha \end{aligned}\right\} \quad \ldots \ldots \ldots \quad (66)$$

folgen als Gleichungen der Netzkurven:

$$\frac{x^2}{\operatorname{Cof}^2\alpha} + \frac{y^2}{\operatorname{Sin}^2\alpha} = 1 \quad \ldots \ldots \ldots \quad (67a)$$

$$\frac{x^2}{\cos^2\beta} - \frac{y^2}{\sin^2\beta} = 1 \quad \ldots \ldots \ldots \quad (67b)$$

d. h. die Kurvenschar $\alpha = \text{const}$ entspricht den Ellipsen der Gl. (67a) und die Kurvenschar $\beta = \text{const}$ entspricht den Hyperbeln der Gl. (67b), die mit den Ellipsen gleiche Brennpunkte besitzen. Die Koordinaten α und β werden in diesem Fall als elliptische Koordinaten bezeichnet.

Aus Gl. (66) folgt

$$\frac{\partial x}{\partial \alpha} = \cos\beta \cdot \mathfrak{Sin}\,\alpha$$

$$\frac{\partial y}{\partial \alpha} = \sin\beta \cdot \mathfrak{Cof}\,\alpha$$

und damit wegen Gl. (47)

$$\left(\frac{\partial x}{\partial \alpha}\right)^2 + \left(\frac{\partial y}{\partial \alpha}\right)^2 = \frac{1}{h^2} = \cos^2\beta\,\mathfrak{Sin}^2\alpha + \sin^2\beta\,\mathfrak{Cof}^2\alpha = \mathfrak{Sin}^2\alpha + \sin^2\beta = \frac{1}{2}(\mathfrak{Cof}\,2\alpha - \cos 2\beta)$$

oder

$$h^2 = \frac{2}{\mathfrak{Cof}\,2\alpha - \cos 2\beta} \quad \ldots\ldots\ldots\ldots \quad (68)$$

Für den durch Bild 52 eingeführten Winkel γ zwischen der Tangente an die Kurven $\beta = \text{const}$ und der x-Achse gilt nach Gl. (51)

$$\left.\begin{aligned} \cos\gamma &= h\frac{\partial x}{\partial \alpha} = h\cos\beta\,\mathfrak{Sin}\,\alpha \\ \sin\gamma &= h\frac{\partial y}{\partial \alpha} = h\sin\beta\,\mathfrak{Cof}\,\alpha \end{aligned}\right\} \quad \ldots\ldots\ldots \quad (69)$$

und hieraus folgt:

$$\left.\begin{aligned} \cos^2\gamma &= \frac{2\cos^2\beta\,\mathfrak{Sin}^2\alpha}{\mathfrak{Cof}\,2\alpha - \cos 2\beta} \\ \sin^2\gamma &= \frac{2\sin^2\beta\,\mathfrak{Cof}^2\alpha}{\mathfrak{Cof}\,2\alpha - \cos 2\beta} \\ \sin 2\gamma &= \frac{\sin 2\beta\,\mathfrak{Sin}\,2\alpha}{\mathfrak{Cof}\,2\alpha - \cos 2\beta} \\ \cos 2\gamma &= \frac{\cos 2\beta\,\mathfrak{Cof}\,2\alpha - 1}{\mathfrak{Cof}\,2\alpha - \cos 2\beta} \end{aligned}\right\} \quad \ldots\ldots\ldots \quad (70)$$

Die Krümmungsradien der Netzkurven ergeben sich aus den Gl. (52) zu

$$\left.\begin{aligned} R_\alpha &= \frac{(\mathfrak{Cof}\,2\alpha - \cos 2\beta)^{\frac{3}{2}}}{\sqrt{2}\,\mathfrak{Sin}\,2\alpha} \\ R_\beta &= \frac{(\mathfrak{Cof}\,2\alpha - \cos 2\beta)^{\frac{3}{2}}}{\sqrt{2}\sin 2\beta} \end{aligned}\right\} \quad \ldots\ldots\ldots \quad (71)$$

Wegen

$$\mathfrak{Cof}\,\alpha = \frac{e^\alpha + e^{-\alpha}}{2}$$

$$\mathfrak{Sin}\,\alpha = \frac{e^\alpha - e^{-\alpha}}{2}$$

nähern sich mit wachsendem α die Werte von $\mathfrak{Cof}\,\alpha$ und $\mathfrak{Sin}\,\alpha$ und gehen für $\lim \alpha = \infty$ ineinander über. Infolgedessen nähern sich die Ellipsen nach Gl. (67a) bei sehr großen Werten von α Kreisen um den Nullpunkt mit dem Radius $\frac{1}{2}e^{\alpha}$. Andererseits entspricht dem Wert $\alpha = 0$ der Schlitz auf der x-Achse zwischen den Stellen $x = -1$ und $x = +1$.

§ 29. Die auf krummlinigen Koordinaten bezogenen Spannungen

Wir setzen wieder einen ebenen Spannungszustand voraus und nehmen an, daß die Spannungen auf das rechtwinklige Achsenkreuz x, y bezogen durch die Gl. (30) von § 27 dargestellt sein sollen. Um sie auf ein orthogonales isothermes Koordinatensystem, wie es im vorigen § betrachtet worden ist, zu beziehen, machen wir von den Umrechnungsformeln von § 4a Gebrauch. Zwar handelte es sich dort um die Umrechnung von einem rechtwinkligen x-y-Koordinatensystem auf ein Polarkoordinatensystem. Die dortigen Formeln können aber auch ohne weiteres für die Umrechnung auf ein allgemeines orthogonales isothermes Koordinatensystem verwendet werden. Es ist nur an Stelle von σ_r, σ_t und τ_{rt} in § 4a zu setzen σ_α, σ_β, $\tau_{\alpha\beta}$, wobei σ_α und σ_β die Normalspannungen senkrecht zu den Koordinatenkurven $\alpha = \text{const}$ bzw. $\beta = \text{const}$ bedeuten und $\tau_{\alpha\beta}$ die diesem Kurvennetz zugeordneten Schubspannungen. An Stelle des Winkels α in § 4a ist hier gemäß Bild 52 γ zu schreiben. Die Umrechnungsformeln lauten demnach hier

$$\left.\begin{aligned} \sigma_\alpha &= \sigma_x \cos^2\gamma + \sigma_y \sin^2\gamma + \tau_{xy} \sin 2\gamma \\ \sigma_\beta &= \sigma_x \sin^2\gamma + \sigma_y \cos^2\gamma - \tau_{xy} \sin 2\gamma \\ \tau_{\alpha\beta} &= \frac{\sigma_y - \sigma_x}{2} \sin 2\gamma + \tau_{xy} \cos 2\gamma \end{aligned}\right\} \quad \ldots\ldots \quad (72)$$

In diese Gleichungen sind im Falle des ebenen Spannungszustandes für σ_x, σ_y und τ_{xy} die Gl. (30) und im Falle des ebenen Formänderungszustandes die Gl. (37) von § 27 einzusetzen. Um beide Fälle zusammenzufassen, führen wir den Faktor ein:

$$\nu = \left\{\begin{array}{ll} G \cdot \dfrac{m+1}{m-1} & \text{beim ebenen Spannungszustand} \\[2ex] G \cdot \dfrac{m}{m-2} & \text{beim ebenen Formänderungszustand} \end{array}\right\} \ldots \quad (73)$$

Nach einigen einfachen Umrechnungen, bei denen die Gl. (49), (54) bis (56) von § 28 herangezogen werden müssen, erhält man schließlich für die auf das orthogonale isotherme Koordinatensystem α, β bezogenen Spannungen die Ausdrücke

$$\left.\begin{aligned}
\sigma_\alpha &= \nu\left[e' - \frac{h^2}{4}\left(\frac{\partial e'}{\partial \alpha}\frac{\partial r^2}{\partial \alpha} - \frac{\partial e'}{\partial \beta}\frac{\partial r^2}{\partial \beta}\right)\right] \\
&\qquad + 2G\left[h^2\frac{\partial^2 f}{\partial \alpha^2} + \frac{1}{2}\left(\frac{\partial f}{\partial \alpha}\frac{\partial h^2}{\partial \alpha} - \frac{\partial f}{\partial \beta}\frac{\partial h^2}{\partial \beta}\right)\right], \\
\sigma_\beta &= \nu\left[e' + \frac{h^2}{4}\left(\frac{\partial e'}{\partial \alpha}\frac{\partial r^2}{\partial \alpha} - \frac{\partial e'}{\partial \beta}\frac{\partial r^2}{\partial \beta}\right)\right] \\
&\qquad + 2G\left[h^2\frac{\partial^2 f}{\partial \beta^2} - \frac{1}{2}\left(\frac{\partial f}{\partial \alpha}\frac{\partial h^2}{\partial \alpha} - \frac{\partial f}{\partial \beta}\frac{\partial h^2}{\partial \beta}\right)\right], \\
\tau_{\alpha\beta} &= -\nu\frac{h^2}{4}\left(\frac{\partial e'}{\partial \alpha}\frac{\partial r^2}{\partial \beta} + \frac{\partial e'}{\partial \beta}\frac{\partial r^2}{\partial \alpha}\right) \\
&\qquad + 2G\left[h^2\frac{\partial^2 f}{\partial \alpha\,\partial \beta} + \frac{1}{2}\left(\frac{\partial f}{\partial \alpha}\frac{\partial h^2}{\partial \beta} + \frac{\partial f}{\partial \beta}\frac{\partial h^2}{\partial \alpha}\right)\right]
\end{aligned}\right\} \quad (74)$$

worin

$$r^2 = x^2 + y^2 \quad \ldots\ldots\ldots\ldots \quad (75)$$

bedeutet. Wie aus der Entwicklung von § 27 hervorgeht, sind e' und f harmonische Funktionen, die also der Laplaceschen Gleichung nach Gl. (59)

$$\left.\begin{aligned}
\frac{\partial^2 e'}{\partial \alpha^2} + \frac{\partial^2 e'}{\partial \beta^2} &= 0 \\
\frac{\partial^2 f}{\partial \alpha^2} + \frac{\partial^2 f}{\partial \beta^2} &= 0
\end{aligned}\right\} \quad \ldots\ldots\ldots\ldots \quad (76)$$

genügen.

§ 30. Die kreisgelochte unendliche Scheibe unter Zug

Als erstes Beispiel der allgemeinen Gl. (74) wählen wir ein Polarkoordinatensystem r, φ nach Gl. (62), für das wir die Gl. (74) umschreiben. Für das Polarkoordinatensystem gilt wegen Gl. (63)

$$\left.\begin{aligned}
&r^2 = e^{2\alpha}; \\
&\frac{\partial r^2}{\partial \alpha} = 2r^2; \quad \frac{\partial r^2}{\partial \beta} = 0; \quad \frac{\partial h}{\partial \alpha} = -\frac{1}{r}; \quad \frac{\partial h}{\partial \beta} = 0
\end{aligned}\right\} \quad \ldots \quad (77)$$

Ferner ist

$$\left.\begin{aligned}
&\frac{\partial e'}{\partial \alpha} = \frac{\partial e'}{\partial r}\frac{\partial r}{\partial \alpha} = r\frac{\partial e'}{\partial r}; \quad \frac{\partial f}{\partial \alpha} = r\frac{\partial f}{\partial r}; \\
&\frac{\partial^2 f}{\partial \alpha^2} = r\left(r\frac{\partial^2 f}{\partial r^2} + \frac{\partial f}{\partial r}\right); \quad \frac{\partial f}{\partial \beta} = \frac{\partial f}{\partial \varphi}; \quad \frac{\partial^2 f}{\partial r^2} = \frac{\partial^2 f}{\partial \varphi^2}
\end{aligned}\right\} \quad \ldots \quad (78)$$

Setzt man diese Werte in die Gl. (74) ein, so gehen sie über in

$$\left.\begin{aligned}\sigma_\alpha &= \sigma_r = \nu\left(e' - \frac{r}{2}\frac{\partial e'}{\partial \sigma}\right) + 2G\frac{\partial^2 f}{\partial r^2}\\ \sigma_\beta &= \sigma_t = \nu\left(e' + \frac{r}{2}\frac{\partial e'}{\partial r}\right) + 2G\left(\frac{1}{r^2}\frac{\partial^2 f}{\partial \varphi^2} + \frac{1}{r}\frac{\partial f}{\partial r}\right)\\ \tau_{\alpha\beta} &= \tau_{rt} = -\nu\cdot\frac{r}{2}\frac{\partial e'}{\partial \varphi} + 2G\left(\frac{1}{r}\frac{\partial^2 f}{\partial r\,\partial \varphi} - \frac{1}{r^2}\cdot\frac{\partial f}{\partial \varphi}\right)\end{aligned}\right\} \quad (79)$$

Für die harmonischen Funktionen $\nu e'$ und $2Gf$ wählen wir die folgenden Werte:

$$\left.\begin{aligned}\nu e' &= \frac{p}{2}\left(1 - 2\frac{a^2}{r^2}\cos 2\varphi\right)\\ 2Gf &= \frac{p}{2}\left[a^2 \ln\frac{r}{a} + \frac{1}{2}\left(r^2 + \frac{a^4}{r^2}\right)\cos 2\varphi\right],\end{aligned}\right\} \quad . \; . \; . \; (80)$$

worin p eine konstante Spannung und a einen konstanten Radius bedeutet. Bekanntlich sind die beiden Ausdrücke der Gl. (80) harmonische Funktionen; d. h. Lösungen der Gleichung

$$\frac{\partial^2 f}{\partial \alpha^2} + \frac{\partial^2 f}{\partial \beta^2} = 0, \quad . \; . \; . \; . \; . \; . \; . \; . \; . \; . \; (81\text{a})$$

die wegen Gl. (78) beim Polarkoordinatensystem übergeht in

$$\frac{\partial^2 f}{\partial r^2} + \frac{1}{r}\frac{\partial f}{\partial r} + \frac{1}{r^2}\frac{\partial^2 f}{\partial \varphi^2} = 0 \quad . \; . \; . \; . \; . \; . \; (81\text{b})$$

Durch Einsetzen der Ausdrücke (80) in die Gl. (79) gehen letztere über in

$$\left.\begin{aligned}\sigma_r &= \frac{p}{2}\left[1 - \frac{a^2}{r^2} + \left(1 - 4\frac{a^2}{r^2} + 3\frac{a^4}{r^4}\right)\cos 2\varphi\right]\\ \sigma_t &= \frac{p}{2}\left[1 + \frac{a^2}{r^2} - \left(1 + 3\frac{a^4}{r^4}\right)\cos 2\varphi\right]\\ \tau_{rt} &= \frac{p}{2}\left[-1 - 2\frac{a^2}{r^2} + 3\frac{a^4}{r^4}\right]\sin 2\varphi\end{aligned}\right\} \quad . \; . \; . \; (82)$$

Diese Gleichungen geben aber die Spannungsverteilung in einem unendlich ausgedehnten Blech wieder, das ein Loch vom Radius a besitzt und in Richtung der x-Achse, d. h. in Richtung $\varphi = 0$ durch einen gleichmäßigen Zug p beansprucht wird. In der Tat sind die Grenzbedingungen am Lochrand für $r = a$ erfüllt, da

$$(\sigma_r)_{r=a} = 0 \quad \text{und} \quad (\tau_{rt})_{r=a} = 0 \quad . \; . \; . \; . \; . \; . \; (83\text{a})$$

wird. Im Unendlichen, d. h. für $r = \infty$ folgt aus den Gl. (82)

$$\left.\begin{aligned}(\sigma_r)_{r=\infty} &= p\cos^2\varphi\\ (\sigma_t)_{r=\infty} &= p\sin^2\varphi\\ (\tau_{rt})_{r=\infty} &= -p\sin\varphi\cos\varphi\end{aligned}\right\} \quad . \; . \; . \; . \; . \; . \; (83\text{b})$$

Diese Gl. (83b) geben aber die Spannungsverteilung in einem mit p auf Zug in Richtung der Achse $\varphi = 0$ beanspruchten Blech wieder; d. h. aber, daß die vorausgesetzte Bedingung des in dieser Richtung durch p beanspruchten Bleches im Unendlichen erfüllt ist. Damit ist aber bewiesen, daß die Gl. (82) die richtige Spannungsverteilung im kreisgelochten, auf Zug beanspruchten unendlich ausgedehnten Blech darstellt.

Besonders bemerkenswert ist die Spannungsverteilung der σ_t-Spannungen am Lochrand. Hier gilt

$$(\sigma_t)_{r=a} = p\,(1 - 2\cos 2\varphi) \quad \ldots \ldots \quad (84)$$

Darnach wird

$$\left.\begin{aligned} (\sigma_t)_{\substack{r=a\\ \varphi=0}} &= -p \\ (\sigma_t)_{\substack{r=a\\ \varphi=90^0}} &= +3p \end{aligned}\right\} \quad \ldots \ldots \quad (85)$$

d. h. es tritt durch das Loch eine Verdreifachung der ungestörten Zugspannung p auf, und zwar an den Stellen $\varphi = \pm 90^0$ des Loches.

Zum Schluß sei darauf hingewiesen, daß man die Gl. (82) auch mit Hilfe der zugehörigen Airyschen Spannungsfunktion F ableiten kann, die in diesem Fall

$$F = \frac{p}{4}\left(r^2 - 2a^2 \ln \frac{r}{a} - \frac{(r^2 - a^2)^2}{r^2} \cos 2\varphi\right) \quad \ldots \quad (86)$$

lautet. Setzt man sie in die Gl. (33) von § 4 ein, so erhält man durch

$$\left.\begin{aligned} \sigma_r &= \frac{1}{r^2}\frac{\partial^2 F}{\partial \varphi^2} + \frac{1}{r}\frac{\partial F}{\partial r} \\ \sigma_t &= \frac{\partial^2 F}{\partial r^2} \\ \tau_{rt} &= -\frac{\partial}{\partial r}\left(\frac{1}{r}\frac{\partial F}{\partial \varphi}\right) \end{aligned}\right\} \quad \ldots \ldots \quad (87)$$

dieselben Spannungen wie sie durch Gl. (82) gegeben sind.

§ 31. Die elliptisch gelochte unendliche Scheibe unter Zug

Bei einer unendlich ausgedehnten mit einer elliptischen Öffnung versehenen Scheibe, die auf Zug oder Druck beansprucht wird, bedient man sich zweckmäßigerweise elliptischer Koordinaten, wie sie als zweites Beispiel krummliniger Koordinaten in § 28 behandelt worden sind. Zunächst wollen wir den Fall untersuchen, daß das Blech sowohl in Richtung der x-Achse wie in Richtung der y-Achse, die beide zugleich mit den Hauptachsenrichtungen des elliptischen Loches zusammen-

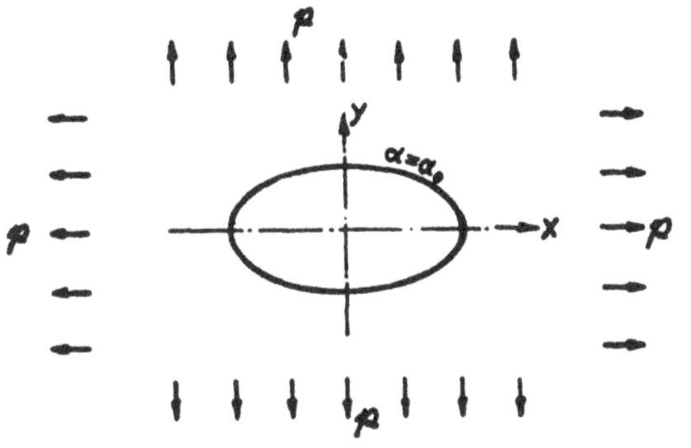

Bild 54

fallen, durch gleichmäßigen Zug p beansprucht wird (s. Bild 54). Die Kontur des elliptischen Loches sei durch die Koordinate

$$\alpha = \alpha_0$$

charakterisiert, die nach Gl. (67a) eine der Ellipsen, die zur Koordinatenschar $\alpha = \text{const}$ gehören, darstellt. Da diese Ellipse lastfrei sein soll, gelten hier die Grenzbedingungen

$$(\sigma_\alpha)_{\alpha=\alpha_0} = 0; \quad (\tau_{\alpha\beta})_{\alpha=\alpha_0} = 0 \quad \ldots \ldots \quad (88)$$

Die Grenzbedingungen im Unendlichen lauten in unserem Fall

$$(\sigma_\alpha)_{\alpha=\infty} = p; \quad (\sigma_\beta)_{\alpha=\infty} = p; \quad (\tau_{\alpha\beta})_{\alpha=\infty} = 0 \quad \ldots \quad (89)$$

Um die Lösung der Gl. (74), die den Grenzbedingungen (88) und (89) entspricht, zu finden, schreiben wir die allgemeinen Gl. (74) zunächst auf elliptische Koordinaten um. Aus Gl. (66) folgt

$$r^2 = x^2 + y^2 = \cos^2\beta\,\mathfrak{Cof}^2\alpha + \sin^2\beta\,\mathfrak{Sin}^2\alpha = \frac{1}{2}(\mathfrak{Cof}\,2\alpha + \cos 2\beta); \quad (90)$$

ferner ist nach Gl. (68)

$$h^2 = \frac{2}{\mathfrak{Cof}\,2\alpha - \cos 2\beta};$$

Demnach ist

$$\left.\begin{aligned} &\frac{\partial r^2}{\partial\alpha} = \mathfrak{Sin}\,2\alpha; \quad \frac{\partial r^2}{\partial\beta} = -\sin 2\beta; \\ &\frac{\partial h^2}{\partial\alpha} = -\frac{4\,\mathfrak{Sin}\,2\alpha}{(\mathfrak{Cof}\,2\alpha - \cos 2\beta)^2}; \quad \frac{\partial h^2}{\partial\beta} = -\frac{4\sin 2\beta}{(\mathfrak{Cof}\,2\alpha - \cos 2\beta)^2} \end{aligned}\right\} \quad (91)$$

Mit diesen Werten lassen sich die Gl. (74) folgendermaßen auf elliptische Koordinaten umschreiben:

$$\begin{aligned} \sigma_\alpha = \nu &\left[e' - \frac{\mathfrak{Sin}\,2\alpha}{2(\mathfrak{Cof}\,2\alpha - \cos 2\beta)}\cdot\frac{\partial e'}{\partial\alpha} - \frac{\sin 2\beta}{2(\mathfrak{Cof}\,2\alpha - \cos 2\beta)}\cdot\frac{\partial e'}{\partial\beta}\right] \\ &+ 4G\left[\frac{1}{\mathfrak{Cof}\,2\alpha - \cos 2\beta}\cdot\frac{\partial^2 f}{\partial\alpha^2} - \frac{\mathfrak{Sin}\,2\alpha}{(\mathfrak{Cof}\,2\alpha - \cos 2\beta)^2}\cdot\frac{\partial f}{\partial\alpha}\right. \\ &\left.+ \frac{\sin 2\beta}{(\mathfrak{Cof}\,2\alpha - \cos 2\beta)^2}\cdot\frac{\partial f}{\partial\beta}\right]; \end{aligned}$$

$$\left.\begin{aligned}\sigma_\beta &= \nu\left[e' + \frac{\mathfrak{Sin}\,2\alpha}{2(\mathfrak{Cof}\,2\alpha - \cos 2\beta)}\cdot\frac{\partial e'}{\partial\alpha} + \frac{\sin 2\beta}{2(\mathfrak{Cof}\,2\alpha - \cos 2\beta)}\cdot\frac{\partial e'}{\partial\beta}\right]\\ &\quad + 4G\left[\frac{1}{\mathfrak{Cof}\,2\alpha - \cos 2\beta}\cdot\frac{\partial^2 f}{\partial\beta^2} + \frac{\mathfrak{Sin}\,2\alpha}{(\mathfrak{Cof}\,2\alpha - \cos 2\beta)^2}\cdot\frac{\partial f}{\partial\alpha}\right.\\ &\quad\left. - \frac{\sin 2\beta}{(\mathfrak{Cof}\,2\alpha - \cos 2\beta)^2}\cdot\frac{\partial f}{\partial\beta}\right];\\ \tau_{\alpha\beta} &= \nu\left[\frac{\sin 2\beta}{2(\mathfrak{Cof}\,2\alpha - \cos 2\beta)}\cdot\frac{\partial e'}{\partial\alpha} - \frac{\mathfrak{Sin}\,2\alpha}{2(\mathfrak{Cof}\,2\alpha - \cos 2\beta)}\cdot\frac{\partial e'}{\partial\beta}\right]\\ &\quad + 4G\left[\frac{1}{\mathfrak{Cof}\,2\alpha - \cos 2\beta}\cdot\frac{\partial^2 f}{\partial\alpha\,\partial\beta} - \frac{\sin 2\beta}{(\mathfrak{Cof}\,2\alpha - \cos 2\beta)^2}\cdot\frac{\partial f}{\partial\alpha}\right.\\ &\quad\left. - \frac{\mathfrak{Sin}\,2\alpha}{(\mathfrak{Cof}\,2\alpha - \cos 2\beta)^2}\cdot\frac{\partial f}{\partial\beta}\right]\end{aligned}\right\}\quad(92)$$

Wir verwenden in diesen Ausdrücken für die Spannungen zunächst die jeweils ersten Klammerausdrücke, die von e' abhängen, und setzen

$$\nu\cdot e' = \frac{\mathfrak{Sin}\,2\alpha}{\mathfrak{Cof}\,2\alpha - \cos 2\beta}\quad\ldots\ldots\ldots\quad(93)$$

Diese Funktion von α und β ist tatsächlich eine harmonische Funktion, die also Gl. (76) genügt, wie man durch Einsetzen in diese Gleichung nachweisen kann. Die Spannungen, die sich durch Einsetzen des Wertes von $\nu\cdot e'$ nach Gl. (93) aus den Gl. (92) ergeben, sind

$$\left.\begin{aligned}\sigma_{\alpha_1} &= \frac{\mathfrak{Sin}\,2\alpha}{\mathfrak{Cof}\,2\alpha - \cos 2\beta} + \frac{\mathfrak{Sin}\,2\alpha\cdot\cos 2\beta}{(\mathfrak{Cof}\,2\alpha - \cos 2\beta)^2} = \frac{\mathfrak{Sin}\,2\alpha\cdot\mathfrak{Cof}\,2\alpha}{(\mathfrak{Cof}\,2\alpha - \cos 2\beta)^2}\\ \sigma_{\beta_1} &= \frac{\mathfrak{Sin}\,2\alpha}{\mathfrak{Cof}\,2\alpha - \cos 2\beta} - \frac{\mathfrak{Sin}\,2\alpha\cos 2\beta}{(\mathfrak{Cof}\,2\alpha - \cos 2\beta)^2}\\ \tau_{\alpha\beta_1} &= \frac{\mathfrak{Cof}\,2\alpha\sin 2\beta}{(\mathfrak{Cof}\,2\alpha - \cos 2\beta)^2}\end{aligned}\right\}\quad(94)$$

Für die zweiten Klammerausdrücke in den Gl. (92), die nur von f abhängen, nehmen wir als harmonische Funktion

$$2G\cdot f = \frac{\alpha}{2}\quad\ldots\ldots\ldots\ldots\quad(95)$$

und erhalten damit aus den Gl. (92) die folgenden Spannungen, die im Gegensatz zu den durch den Index 1 gekennzeichneten Spannungen nach Gl. (94) durch den Index 2 charakterisiert werden sollen:

$$\left.\begin{aligned}\sigma_{\alpha_2} &= \frac{\mathfrak{Sin}\,2\alpha}{(\mathfrak{Cof}\,2\alpha - \cos 2\beta)^2}\\ \sigma_{\beta_2} &= -\frac{\mathfrak{Sin}\,2\alpha}{(\mathfrak{Cof}\,2\alpha - \cos 2\beta)^2} = -\sigma_{\alpha_2}\\ \tau_{\alpha\beta_2} &= \frac{\sin 2\beta}{(\mathfrak{Cof}\,2\alpha - \cos 2\beta)^2}\end{aligned}\right\}\quad\ldots\ldots\quad(96)$$

Die gesuchte Lösung für das nach allen Seiten durch p beanspruchte elliptisch gelochte Blech wird aus den Gl. (94) und (96) durch folgende Überlagerung gewonnen:

$$\left.\begin{aligned}\sigma_\alpha &= p\cdot(\sigma_{\alpha_1} - \mathfrak{Cof}\,2\,\alpha_0\cdot\sigma_{\alpha_2})\\ \sigma_\beta &= p\cdot(\sigma_{\beta_1} - \mathfrak{Cof}\,2\,\alpha_0\cdot\sigma_{\beta_2})\\ \tau_{\alpha\beta} &= p\cdot(\tau_{\alpha\beta_1} - \mathfrak{Cof}\,2\,\alpha_0\cdot\tau_{\alpha\beta_2})\end{aligned}\right\}\quad\ldots\ldots\ldots\ (97)$$

Wie man sofort sieht, werden die Grenzbedingungen (88) am Umfang der Ellipse befriedigt. Aber auch die Grenzbedingungen (89) im Unendlichen werden erfüllt, wovon man sich überzeugen kann, wenn man beachtet, daß für $\alpha = \infty$

$$\mathfrak{Cof}\,\alpha = \mathfrak{Sin}\,\alpha = \infty$$

wird und damit die zweiten Anteile der Gl. (97) verschwinden, während für die ersten gilt:

$$(\sigma_{\alpha_1})_{\alpha=\infty} = (\sigma_{\beta_1})_{\alpha=\infty} = 1;\quad \tau_{\alpha\beta_1} = 0.$$

Damit ist aber der Beweis für die Richtigkeit der gefundenen Lösung erbracht.

Besonderes Interesse beanspruchen die Randspannungen längs der Ellipse, also σ_β für $\alpha = \alpha_0$. Sie berechnen sich zu

$$(\sigma_\beta)_{\alpha=\alpha_0} = 2\,p\,\frac{\mathfrak{Sin}\,2\,\alpha_0}{\mathfrak{Cof}\,2\,\alpha - \cos 2\,\beta}\quad\ldots\ldots\ldots\ (98)$$

Insbesondere sind hierin für die Schnittpunkte der Ellipse mit der x-Achse $\beta = 0$, d. h. $\cos 2\,\beta = 1$, und für die mit der y-Achse $\beta = \frac{\pi}{2}$, d. h. $\cos 2\,\beta = -1$, zu setzen.

Für den Fall, daß statt des elliptischen Loches ein Schlitz tritt, der dem Wert $\alpha_0 = 0$ entspricht, erhält man aus den Gl. (94) bis (97) wegen $\mathfrak{Cof}\,2\,\alpha_0 = 1$ die folgende Spannungsverteilung:

$$\left.\begin{aligned}\sigma_\alpha &= p\cdot\frac{\mathfrak{Sin}\,2\,\alpha\cdot(\mathfrak{Cof}\,2\,\alpha - 1)}{(\mathfrak{Cof}\,2\,\alpha - \cos 2\,\beta)^2}\\ \sigma_\beta &= p\cdot\frac{\mathfrak{Sin}\,2\,\alpha}{\mathfrak{Cof}\,2\,\alpha - \cos 2\,\beta}\left(1 + \frac{1-\cos 2\,\beta)}{\mathfrak{Cof}\,2\,\alpha - \cos 2\,\beta}\right)\\ \tau_{\alpha\beta} &= p\cdot\frac{\sin 2\,\beta\,(\mathfrak{Cof}\,2\,\alpha - 1)}{(\mathfrak{Cof}\,2\,\alpha - \cos 2\,\beta)^2}\end{aligned}\right\}\quad\ldots\ (99)$$

Für die Enden des Schlitzes ist $\alpha = 0$ und $\beta = 0$. Beachtet man die Beziehungen

$$\mathfrak{Sin}\,2\,\alpha = \sqrt{\mathfrak{Cof}\,2\,\alpha - 1}\cdot\sqrt{\mathfrak{Cof}\,2\,\alpha + 1}$$

$$\sin 2\,\beta = \sqrt{1-\cos 2\,\beta}\cdot\sqrt{1+\cos 2\,\beta}$$

so erkennt man aus den Gl. (99), daß an den Schlitzenden alle 3 Spannungen unendlich große Werte annehmen. Es ist dies ja auch nicht anders zu erwarten, da die Krümmung an den Schlitzenden unendlich groß ist.

Von größerer praktischer Bedeutung als der bisher behandelte Fall eines elliptisch gelochten, nach allen Seiten gleichmäßig beanspruchten Bleches ist der Fall, daß das Blech nur nach einer Richtung beansprucht wird, entsprechend Bild 55. Die Grenzbedingungen sind in diesem Falle die folgenden:

Am Lastrand für $\alpha = \alpha_0$ ist

$$(\sigma_\alpha)_{\alpha=\alpha_0} = 0; \quad (\tau_{\alpha\beta})_{\alpha=\alpha_0} = 0 \quad (100)$$

und im Unendlichen, d. h. für $\alpha = \infty$ gilt

$$(\sigma_\alpha)_{\alpha=\infty} = p\sin^2\beta; \quad (\sigma_\beta)_{\alpha=\infty} = p\cos^2\beta;$$
$$(\tau_{\alpha\beta})_{\alpha=\infty} = -p\sin\beta\cos\beta \quad (101)$$

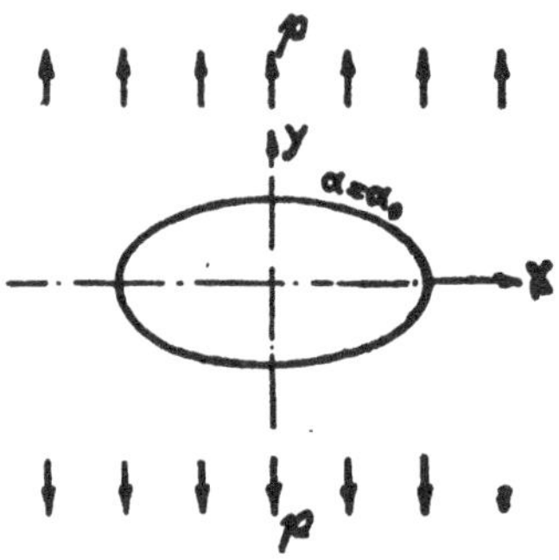

Bild 55

Um die Lösung der Gl. (92) aufzustellen, die diesen beiden Grenzbedingungen genügt, sind außer den beiden durch die Gl. (94) und (96) mit dem Indizes 1 und 2 gekennzeichneten Lösungen noch zwei weitere Lösungen der Gl. (92) notwendig, die den folgenden Werten von f entsprechen:

$$2Gf_3 = \frac{1}{4}\mathfrak{Cof}\,2\alpha\cos 2\beta \quad \ldots\ldots\ldots \quad (102\text{a})$$

$$2Gf_4 = -\frac{\alpha}{2} + \frac{1}{4}\mathfrak{Sin}\,2\alpha\cos 2\beta \quad \ldots\ldots \quad (102\text{b})$$

Zunächst kann leicht gezeigt werden, daß die beiden Funktionen f_3 und f_4 harmonische Funktionen sind, da sie, wie man durch Ausdifferenzieren nachweist, der Laplaceschen Differentialgleichung (81a) genügen. Durch Einsetzen von f_3 nach Gl. (102a) an Stelle von f in die Gl. (92) erhält man

$$\left.\begin{aligned} \sigma_{\alpha_3} &= \frac{\mathfrak{Cof}\,2\alpha\cos 2\beta - 1}{\mathfrak{Cof}\,2\alpha - \cos 2\beta} \\ \sigma_{\beta_3} &= -\sigma_{\alpha_3} = -\frac{\mathfrak{Cof}\,2\alpha\cos 2\beta - 1}{\mathfrak{Cof}\,2\alpha - \cos 2\beta} \\ \tau_{\alpha\beta_3} &= \frac{\mathfrak{Sin}\,2\alpha\sin 2\beta}{\mathfrak{Cof}\,2\alpha - \cos 2\beta} \end{aligned}\right\} \quad \ldots\ldots \quad (103)$$

und entsprechend erhält man durch Einsetzen von f_4 nach Gl. (102b) an Stelle von f in die Gl. (92) den folgenden Satz von Spannungen

$$\left.\begin{aligned} \sigma_{\alpha_4} &= \frac{\mathfrak{Sin}\,2\alpha\cos 2\beta}{\mathfrak{Cof}\,2\alpha - \cos 2\beta} \\ \sigma_{\beta_4} &= -\sigma_{\alpha_4} = -\frac{\mathfrak{Sin}\,2\alpha\cos 2\beta}{\mathfrak{Cof}\,2\alpha - \cos 2\beta} \\ \tau_{\alpha\beta_4} &= \frac{\mathfrak{Cof}\,2\alpha\sin 2\beta}{\mathfrak{Cof}\,2\alpha - \cos 2\beta} \end{aligned}\right\} \quad \ldots\ldots \quad (104)$$

Durch Zusammensetzung der durch die 4 Indizes 1 bis 4 gekennzeichneten Lösungen der Gl. (94), (96), (103) und (104) erhält man als Lösung der gesuchten Spannungsaufgabe:

$$\left.\begin{aligned}
\sigma_\alpha &= \frac{p}{2(\mathrm{Cof}\,2\,\alpha_0 - \mathrm{Sin}\,2\,\alpha_0)}[(1+\mathrm{Cof}\,2\,\alpha_0 - \mathrm{Sin}\,2\,\alpha_0)(\sigma_{\alpha_1} - \mathrm{Cof}\,2\,\alpha_0 \cdot \sigma_{\alpha_2}) \\
&\qquad - (1 + \mathrm{Cof}\,2\,\alpha_0 \cdot \sigma_{\alpha_3} - \mathrm{Sin}\,2\,\alpha_0 \cdot \sigma_{\alpha_4})] \\
\sigma_\beta &= \frac{p}{2(\mathrm{Cof}\,2\,\alpha_0 - \mathrm{Sin}\,2\,\alpha_0)}[(1+\mathrm{Cof}\,2\,\alpha_0 - \mathrm{Sin}\,2\,\alpha_0)(\sigma_{\beta_1} - \mathrm{Cof}\,2\,\alpha_0 \cdot \sigma_{\beta_2}) \\
&\qquad - (1 + \mathrm{Cof}\,2\,\alpha_0 \cdot \sigma_{\beta_3} - \mathrm{Sin}\,2\,\alpha_0 \cdot \sigma_{\beta_4})] \\
\tau_{\alpha\beta} &= \frac{p}{2(\mathrm{Cof}\,2\,\alpha_0 - \mathrm{Sin}\,2\,\alpha_0)}[(1+\mathrm{Cof}\,2\,\alpha_0 - \mathrm{Sin}\,2\,\alpha_0)(\tau_{\alpha\beta_1} - \mathrm{Cof}\,2\,\alpha_0 \cdot \tau_{\alpha\beta_2}) \\
&\qquad - (\mathrm{Cof}\,2\,\alpha_0 \cdot \tau_{\alpha\beta_3} - \mathrm{Sin}\,2\,\alpha_0 \cdot \tau_{\alpha\beta_4})]
\end{aligned}\right\} \quad (105)$$

Wie man leicht nachweisen kann, geben diese Gleichungen die richtige Lösung wieder; denn für $\alpha = \alpha_0$ werden die Grenzbedingungen (100) am Ellipsenrand und für $\alpha = \infty$ werden die Grenzbedingungen (101) im Unendlichen befriedigt, wie man aus den Gl. (105) entnimmt, wobei zu beachten ist:

$$\left.\begin{aligned}
&(\sigma_{\alpha_1})_{\alpha=\infty} = (\sigma_{\beta_1})_{\alpha=\infty} = 1; \quad (\tau_{\alpha\beta_1})_{\alpha=\infty} = 0; \\
&(\sigma_{\alpha_2})_{\alpha=\infty} = (\sigma_{\beta_2})_{\alpha=\infty} = (\tau_{\alpha\beta_2})_{\alpha=\infty} = 0; \\
&(\sigma_{\alpha_3})_{\alpha=\infty} = \cos 2\,\beta; \quad (\sigma_{\beta_3})_{\alpha=\infty} = -\cos 2\,\beta; \quad (\tau_{\alpha\beta_3})_{\alpha=\infty} = \sin 2\,\beta; \\
&(\sigma_{\alpha_4})_{\alpha=\infty} = \cos 2\,\beta; \quad (\sigma_{\beta_4})_{\alpha=\infty} = -\cos 2\,\beta; \quad (\tau_{\alpha\beta_4})_{\alpha=\infty} = \sin 2\,\beta
\end{aligned}\right\} \quad (106)$$

Besonders wichtig ist wieder die Spannungsverteilung längs des Ellipsenrandes. Aus der zweiten Gl. (105) folgt hierfür

$$(\sigma_\beta)_{\alpha=\alpha_0} = \frac{p}{\mathrm{Cof}\,2\,\alpha_0 - \mathrm{Sin}\,2\,\alpha_0}\left[\frac{\mathrm{Sin}\,2\,\alpha_0}{\mathrm{Cof}\,2\,\alpha_0 - \cos 2\,\beta}(1 + \mathrm{Cof}\,2\,\alpha_0 - \mathrm{Sin}\,2\,\alpha_0) - 1\right] \quad . \; . \; . \; . \; (107)$$

An den Endpunkten der großen Achse der Ellipse ist $\beta = 0$ bzw. π und damit wird $\cos 2\,\beta = 1$. Beachtet man die Beziehungen

$$\left.\begin{aligned}
\frac{\mathrm{Sin}\,2\,\alpha_0}{\mathrm{Cof}\,2\,\alpha_0 - 1} &= \frac{1}{\mathrm{Tg}\,\alpha_0} \\
1 + \mathrm{Cof}\,2\,\alpha_0 - \mathrm{Sin}\,2\,\alpha_0 &= \frac{2}{1 + \mathrm{Tg}\,\alpha_0} \\
\mathrm{Cof}\,2\,\alpha_0 - \mathrm{Sin}\,2\,\alpha_0 &= \frac{1 - \mathrm{Tg}\,\alpha_0}{1 + \mathrm{Tg}\,\alpha_a}
\end{aligned}\right\} \quad . \; . \; . \; . \; . \; (108)$$

so folgt aus Gl. (107)

$$(\sigma_\beta)_{\substack{\alpha=\alpha_0 \\ \beta=\left\{\substack{0\\ \pi}\right.}} = p\left(1+\frac{2}{\mathfrak{Tg}\,\alpha_0}\right) = p\left(1+2\frac{a}{b}\right), \quad \ldots \quad (109)$$

wenn man mit a und b die beiden Halbachsen der Ellipse bezeichnet. Es ist nämlich wegen Gl. (67a)

$$\mathfrak{Cof}\,\alpha_0 = a,$$

$$\mathfrak{Sin}\,\alpha_0 = b$$

und damit

$$\mathfrak{Tg}\,\alpha_0 = \frac{b}{a}.$$

Bei einer sehr flachen Ellipse mit großem Verhältnis $\frac{a}{b}$ nimmt die Spannung an den Enden der großen Achse nach Gl. (109) große Werte an, die im Falle des Schlitzes, d. h. für $\frac{a}{b} = \infty$ unendlich groß werden. Im Sonderfall des Kreises, d. h. für $b = a$, folgt aus Gl. (109) die bekannte Verdreifachung der Spannung, die wir im vorigen § in Gl. (85) nachgewiesen haben.

Die Spannungen an den Enden der kleinen Ellipsenachse, die in Richtung der Belastung p fällt, wird aus Gl. (107) erhalten, indem man darin $\beta = \pm\frac{\pi}{2}$ setzt; damit wird $\cos 2\beta = -1$. Beachtet man die Beziehung

$$\frac{\mathfrak{Sin}\,2\alpha_0}{\mathfrak{Cof}\,2\alpha_0 + 1} = \mathfrak{Tg}\,\alpha_0$$

zusammen mit den Gl. (108), so folgt aus Gl. (107)

$$(\sigma_\beta)_{\substack{\alpha=\alpha_0 \\ \beta=\pm\frac{\pi}{2}}} = -p, \quad \ldots \ldots \quad (110)$$

also unabhängig von den Achsen der Ellipse.

Schließlich folgt aus Gl. (107) für $\beta = \pm\frac{\pi}{4}$ bzw. $\beta = \pm\frac{3\pi}{4}$

$$(\sigma_\beta)_{\substack{\alpha=\alpha_0 \\ \beta=\left\{\substack{\pm\frac{\pi}{4}\\ \pm\frac{3}{4}\pi}\right.}} = p\cdot\frac{\mathfrak{Sin}\,2\alpha_0 - 1}{\mathfrak{Cof}\,2\alpha_0} \quad \ldots \ldots \quad (111)$$

Bisher war angenommen worden, daß die Zugbelastung p im Blech parallel zur kleinen Ellipsenachse, also parallel zur y-Achse erfolgte (s. Bild 55). Für den Fall des einachsigen Zuges p parallel zur x-Achse, also der großen Ellipsenachse, braucht man nur von den dem allseitigen Zug p entsprechenden Spannungen nach Gl. (97) die dem Zug parallel der y-Achse entsprechenden Spannungen nach Gl. (105) abzuziehen. Das Ergebnis dieser einfachen Rechnung sind die folgenden Spannungsgleichungen

$$\left.\begin{aligned}
\sigma_\alpha &= \frac{p}{2(\mathfrak{Cof}\,2\alpha_0 - \mathfrak{Sin}\,2\alpha_0)}\big[(-1+\mathfrak{Cof}\,2\alpha_0 - \mathfrak{Sin}\,2\alpha_0)(\sigma_{\alpha_1} - \mathfrak{Cof}\,2\alpha_0\,\sigma_{\alpha_2}) \\
&\qquad + (1+\mathfrak{Cof}\,2\alpha_0\,\sigma_{\alpha_3} - \mathfrak{Sin}\,2\alpha_0\,\sigma_{\alpha_4})\big] \\
\sigma_\beta &= \frac{p}{2(\mathfrak{Cof}\,2\alpha_0 - \mathfrak{Sin}\,2\alpha_0)}\big[(-1+\mathfrak{Cof}\,2\alpha_0 - \mathfrak{Sin}\,2\alpha_0)(\sigma_{\beta_1} - \mathfrak{Cof}\,2\alpha_0\,\sigma_{\beta_2}) \\
&\qquad + (1+\mathfrak{Cof}\,2\alpha_0\,\sigma_{\beta_3} - \mathfrak{Sin}\,2\alpha_0\,\sigma_{\beta_4})\big] \\
\tau_{\alpha\beta} &= \frac{p}{2(\mathfrak{Cof}\,2\alpha_0 - \mathfrak{Sin}\,2\alpha_0)}\big[(-1+\mathfrak{Cof}\,2\alpha_0 - \mathfrak{Sin}\,2\alpha_0)(\tau_{\alpha\beta_1} - \mathfrak{Cof}\,2\alpha_0\,\tau_{\alpha\beta_2}) \\
&\qquad + \mathfrak{Cof}\,2\alpha_0\,\tau_{\alpha\beta_3} - \mathfrak{Sin}\,2\alpha_0\,\tau_{\alpha\beta_4}\big]
\end{aligned}\right\} \quad (112)$$

Aus der Entstehung dieser Gleichung als Differenz der Gl. (97) und (105) folgt, daß alle Grenzbedingungen richtig wiedergegeben werden. Aus der zweiten Gl. (112) folgt für $\alpha = \alpha_0$ die folgende Spannungsverteilung längs der elliptischen Kontur:

$$\begin{aligned}
(\sigma_\beta)_{\alpha=\alpha_0} &= \frac{p}{\mathfrak{Cof}\,2\alpha_0 - \mathfrak{Sin}\,2\alpha_0} \\
&\quad \times \left[\frac{\mathfrak{Sin}\,2\alpha_0}{\mathfrak{Cof}\,2\alpha_0 - \cos 2\beta}(-1+\mathfrak{Cof}\,2\alpha_0 - \mathfrak{Sin}\,2\alpha_0) + 1\right], \qquad (113)
\end{aligned}$$

die ähnlich gebaut ist wie Gl. (107). Durch einfache Umrechnung findet man daraus

$$(\sigma_\beta)_{\substack{\alpha=\alpha_0 \\ \beta=\left\{{0 \atop \pi}\right.}} = -p \quad . \; . \; . \; . \; . \; . \; . \; . \; . \; . \; . \quad (114)$$

d. h. am Ende der großen Achse der Ellipse, die jetzt in Richtung des Zuges p gelegen ist, ist die Kantenspannung $-p$, unabhängig von den Abmessungen der Ellipse, ähnlich wie wir dies schon beim ersten Belastungsfall parallel zur kleinen Ellipsenachse für die Endpunkte dieser Achse durch Gl. (110) nachgewiesen haben.

Zum Schluß dieses § wollen wir noch die Spannungsverteilung im unendlich ausgedehnten Blech angeben, das ein elliptisches Loch besitzt, in dem gleichmäßiger Druck p herrscht. Sie wird aus der durch Gl. (97) gegebenen Spannungsverteilung durch Hinzufügen eines in der ganzen Ebene gleichmäßigen allseitigen Druckes $-p$ gewonnen, wodurch sowohl die Grenzbedingungen im Unendlichen als auch die am Ellipsenrand erfüllt werden. Der Spannungszustand ist demnach gegeben durch:

$$\left.\begin{aligned}
\sigma_\alpha &= p\,(\sigma_{\alpha_1} - \mathfrak{Cof}\,2\,\alpha_0 \cdot \sigma_{\alpha_2} - 1) \\
&= p\left(\frac{\mathfrak{Sin}\,2\,\alpha\,\mathfrak{Cof}\,2\,\alpha}{(\mathfrak{Cof}\,2\,\alpha - \cos 2\,\beta)^2} - \frac{\mathfrak{Cof}\,2\,\alpha_0 \cdot \mathfrak{Sin}\,2\,\alpha}{(\mathfrak{Cof}\,2\,\alpha - \cos 2\,\beta)^2} - 1\right) \\
\sigma_\beta &= p\,(\sigma_{\beta_1} - \mathfrak{Cof}\,2\,\alpha_0 \cdot \sigma_{\beta_2} - 1) \\
&= p\left(\frac{\mathfrak{Sin}\,2\,\alpha}{\mathfrak{Cof}\,2\,\alpha - \cos 2\,\beta} - \frac{\mathfrak{Sin}\,2\,\alpha \cos 2\,\beta}{(\mathfrak{Cof}\,2\,\alpha - \cos 2\,\beta)^2} + \frac{\mathfrak{Cof}\,2\,\alpha_0 \cdot \mathfrak{Sin}\,2\,\alpha}{(\mathfrak{Cof}\,2\,\alpha - \cos 2\,\beta)^2} - 1\right) \\
\tau_{\alpha\beta} &= p\,(\tau_{\alpha\beta_1} - \mathfrak{Cof}\,2\,\alpha_0 \cdot \tau_{\alpha\beta_2}) \\
&= p\left(\frac{\mathfrak{Cof}\,2\,\alpha \sin 2\,\beta}{(\mathfrak{Cof}\,2\,\alpha - \cos 2\,\beta)^2} - \frac{\mathfrak{Cof}\,2\,\alpha_0 \cdot \sin 2\,\beta}{(\mathfrak{Cof}\,2\,\alpha - \cos 2\,\beta)^2}\right)
\end{aligned}\right\} \quad (115)$$

Man erkennt aus dieser Lösung, daß am Ellipsenrand

$$(\sigma_\alpha)_{\alpha = \alpha_0} = -p\,; \quad (\tau_{\alpha\beta})_{\alpha = \alpha_0} = 0 \quad \ldots\ldots \quad (116)$$

Die zweite Gl. (115) lautet für den Rand der Ellipse

$$(\sigma_\beta)_{\alpha = \alpha_0} = p\left(\frac{2\,\mathfrak{Sin}\,2\,\alpha_0 \cdot \mathfrak{Cof}\,2\,\alpha_0}{(\mathfrak{Cof}\,2\,\alpha_0 - \cos 2\,\beta)^2} - 1\right) \quad \ldots\ldots \quad (117)$$

Für die Endpunkte der großen Achse der Ellipse geht dieser Ausdruck mit $\cos 2\,\beta = 1$ nach kleiner Umrechnung über in

$$(\sigma_\beta)_{\substack{\alpha = \alpha_0 \\ \beta = \left\{ {0 \atop \pi} \right.}} = p\left(\frac{1}{\mathfrak{Tg}^3\,\alpha_0} + \frac{1}{\mathfrak{Tg}\,\alpha_0} - 1\right) = p\left(\frac{a^3}{b^3} + \frac{a}{b} - 1\right), \quad (118)$$

wenn wieder mit a und b große und kleine Halbachse der Ellipse bezeichnet werden.

§ 32. Die Airysche Spannungsfunktion in krummlinigen Koordinaten

Wir haben in § 27 den Spannungs- und Formänderungszustand durch harmonische Funktionen im rechtwinkligen Koordinatensystem x, y ausgedrückt und in § 29 auf orthogonale isotherme krummlinige Koordinaten α, β übertragen. Wie wir in den beiden letzten §§ gezeigt haben, kann man auf diesem Wege die Lösung praktisch wichtiger Spannungszustände erhalten. So wertvoll dieser Weg auch ist, so hat er doch den Nachteil, daß die Spannungsgleichungen (74) recht umständlich mit den harmonischen Funktionen e' und f zusammenhängen. In diesem Punkt ist das Verfahren, die Spannungen durch die auf das krummlinige Koordinatensystem bezogene Airysche Spannungsfunktion auszudrücken, übersichtlicher und einfacher. Wir wollen diesen Weg hier beschreiten.

Wird wieder, wie früher die Airysche Spannungsfunktion mit F bezeichnet und beachtet, daß der zweite Differentialquotient von F in irgendeiner Richtung des ebenen Spannungszustandes die in senkrechter Richtung hierzu fallende Normalspannung angibt, während der gemischte zweite Differentialquotient in zwei zueinander senkrechten Richtungen die diesen Richtungen entsprechende Schubspannung bis aufs Vorzeichen wiedergibt, so brauchen wir nur die zweiten Differentialquotienten von F nach x und y ausdrücken, wie dies schon durch die Gl. (58a) bis (58c) in § 28 geschehen ist. $\frac{\partial^2 F}{\partial x^2}$ nach Gl. (58a) wird zweckmäßig für unsere Anwendung noch umgeformt durch Einführung des Winkels γ, den die Kurvenschar $\beta = \text{const}$ nach Bild 52 mit der x-Achse einschließt. Unter Anwendung der Gl. (49) und (54) kann man Gl. (58a) umschreiben in

$$\frac{\partial^2 F}{\partial x^2} = h^2 \cos^2\gamma \frac{\partial^2 F}{\partial \alpha^2} - h^2 \sin 2\gamma \frac{\partial^2 F}{\partial\alpha\,\partial\beta} + h^2 \sin^2\gamma \frac{\partial^2 F}{\partial \beta^2} + $$
$$+ h\left(\frac{\partial h}{\partial \alpha}\cos 2\gamma - \frac{\partial h}{\partial \beta}\sin 2\gamma\right)\frac{\partial F}{\partial \alpha} - h\left(\frac{\partial h}{\partial \alpha}\sin 2\gamma + \frac{\partial h}{\partial \beta}\cos 2\gamma\right)\frac{\partial F}{\partial \beta}$$

und entsprechend folgt aus Gl. (58c)

$$\frac{\partial^2 F}{\partial x\,\partial y} = h^2 \cos\gamma \sin\gamma \frac{\partial^2 F}{\partial \alpha^2} + h^2 \cos 2\gamma \frac{\partial^2 F}{\partial\alpha\,\partial\beta} - h^2 \cos\gamma\sin\gamma \frac{\partial^2 F}{\partial \beta^2}$$
$$+ h\left(\frac{\partial h}{\partial \alpha}\sin 2\gamma + \frac{\partial h}{\partial \beta}\cos 2\gamma\right)\frac{\partial F}{\partial \alpha} + h\left(\frac{\partial h}{\partial \alpha}\cos 2\gamma - \frac{\partial h}{\partial \beta}\sin 2\gamma\right)\frac{\partial F}{\partial \beta}.$$

Legt man nun das x-y-Koordinatensystem in Richtung der Linien $\alpha = \text{const}$ und $\beta = \text{const}$ der Netzkurven im betrachteten Punkt, so ergeben sich die auf die krummlinigen Koordinaten α, β bezogenen Spannungen aus den vorstehenden Ausdrücken zu

$$\left.\begin{aligned}
\sigma_\alpha &= \left(\frac{\partial^2 F}{\partial x^2}\right)_{\gamma=\frac{\pi}{2}} = h^2\frac{\partial^2 F}{\partial \beta^2} + h\frac{\partial h}{\partial \beta}\frac{\partial F}{\partial \beta} - h\frac{\partial h}{\partial \alpha}\frac{\partial F}{\partial \alpha} = \\
&= h\frac{\partial}{\partial \beta}\left(h\frac{\partial F}{\partial \beta}\right) - h\frac{\partial h}{\partial \alpha}\frac{\partial F}{\partial \alpha} \\
\sigma_\beta &= \left(\frac{\partial^2 F}{\partial x^2}\right)_{\gamma=0} = h^2\frac{\partial^2 F}{\partial \alpha^2} + h\frac{\partial h}{\partial \alpha}\frac{\partial F}{\partial \alpha} - h\frac{\partial h}{\partial \beta}\frac{\partial F}{\partial \beta} = \\
&= h\frac{\partial}{\partial \alpha}\left(h\frac{\partial F}{\partial \alpha}\right) - h\frac{\partial h}{\partial \beta}\frac{\partial F}{\partial \beta} \\
\tau_{\alpha\beta} &= -\left(\frac{\partial^2 F}{\partial x\,\partial y}\right)_{\gamma=0} = -h^2\frac{\partial^2 F}{\partial\alpha\,\partial\beta} - h\left(\frac{\partial h}{\partial \alpha}\frac{\partial F}{\partial \beta} + \frac{\partial h}{\partial \beta}\frac{\partial F}{\partial \alpha}\right) = \\
&= -h\frac{\partial}{\partial \alpha}\left(h\frac{\partial F}{\partial \beta}\right) - h\frac{\partial h}{\partial \beta}\frac{\partial F}{\partial \alpha}
\end{aligned}\right\} \quad (119)$$

Der Vorteil dieser Darstellung des ebenen Spannungszustandes gegenüber den Gl. (74) liegt darin, daß die Kenntnis einer einzigen Funktion F (α, β) der Airyschen Spannungsfunktion genügt, um den Spannungszustand eindeutig zu bestimmen. Die Schwierigkeit der Lösung einer Aufgabe besteht selbstverständlich im Auffinden der den Grenzbedingungen angepaßten Airyschen Spannungsfunktion. Wir wollen in den folgenden §§ von diesem Lösungsweg Gebrauch machen.

§ 33. Spannungszustand in einem Stab mit beiderseitiger Außenkerbe

Gegeben sei ein Stab mit beiderseitiger, zur Symmetrieachse symmetrisch gelegener Außenkerbe (s. Bild 56). Die Kerbe soll so tief in den als breit angenommenen Stab einschneiden, daß es für die Rechnung erlaubt sein soll, die Stabbreite in großen Abständen von der x-Achse gegenüber dem Steg A B als unendlich groß vorauszusetzen. Dies ist um so mehr zulässig, als es ja nur auf die Spannungsverteilung in der Nähe des Kerbgrundes bei A bzw. B ankommt. Für diese Spannungsverteilung ist der Krümmungsradius ϱ im Kerbgrund in erster Linie maßgebend. Es ist daher ohne weiteres erlaubt, als Begrenzung der Kerbe eine für die Rechnung geeignete Kurve anzunehmen, wenn sie nur im Kerbgrund die vorausgesetzte Krümmung besitzt. Wir setzen als Form der Kerbe eine Hyperbel voraus, deren Asymptoten mit der x-Achse die Winkel β_0 einschließen. Für große Abstände von der x-Achse denken wir uns als Spannungszustand den in einem Keil, der auf Zug oder Druck von der Stärke P beansprucht wird, und dessen Begrenzungslinien mit den Asymtoten in Bild 56 zusammenfallen. Es muß demnach für große Abstände von der x-Achse der in § 7 behandelte strahlenförmige Spannungszustand im Keil mit Einzellast P an der Spitze herauskommen.

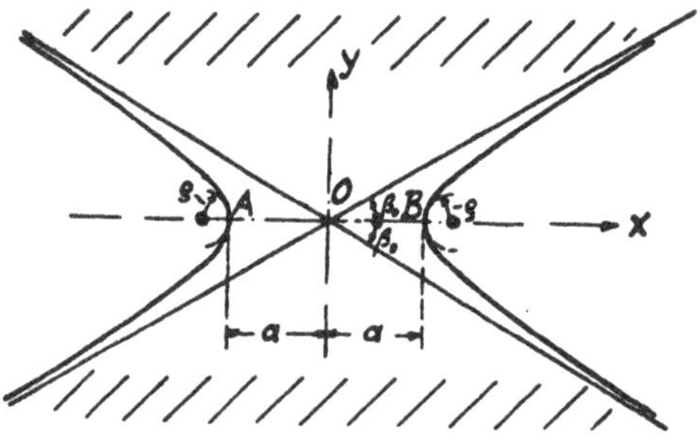

Bild 56

Zur Darstellung des Spannungszustandes in dem so beanspruchten Kerbstab bedienen wir uns elliptischer Koordinaten, wie sie in § 28 als ein Beispiel krummliniger Koordinaten behandelt worden sind. Die eine Kurvenschar des orthogonalen isothermen Netzes sind die Hyperbeln nach Gl. (67b) von § 28. In dortiger Schreibweise war der Abstand der Brennpunkte der Hyperbeln vom Mittelpunkt 0 gleich 1 angenommen worden. Unter den Hyperbeln der Gl. (67b), die alle gemeinsamen Brennpunkt besitzen, ist auch unsere Begrenzungskurve der Kerbe nach

Bild 56. Für sie ist $\beta = \beta_0$ zu setzen. Führt man gemäß Bild 56 den Abstand $A\,B = 2a$ ein, so gilt für die Begrenzungskurve die folgende Gleichung

$$\frac{x^2}{a^2} - \frac{y^2}{b^2} = 1 \quad . \; . \; . \; . \; . \; . \; . \; . \; . \; . \; . \; . \quad (120)$$

mit

$$\frac{a}{\sqrt{a^2 + b^2}} = \cos\beta_0 \quad . \; . \; . \; . \; . \; . \; . \; . \; . \quad (121\,a)$$

$$\frac{b}{\sqrt{a^2 + b^2}} = \sin\beta_0 \quad . \; . \; . \; . \; . \; . \; . \; . \; . \quad (121\,b)$$

Wir werden nun nachweisen, daß für den nach Bild 56 gekerbten Zugstrahl die Spannungsfunktion lautet

$$F = \frac{P}{\sin 2\beta_0 + \pi - 2\beta_0} \cdot (-\operatorname{Cof}\alpha \cdot \cos\beta \cdot \beta + \cos^2\beta_0\, e^{-\alpha} \sin\beta) \quad (122)$$

Zunächst sieht man leicht ein, daß dieses F der Differentialgleichung $\Delta\,\Delta\,F = 0$ genügt; denn vor den Klammern steht eine Konstante und die Klammer setzt sich aus zwei Gliedern zusammen, von denen das erste wegen Gl. (66) von § 28 geschrieben werden kann $-x\,\beta$ und damit bis auf eine unwesentliche Konstante mit der Airyschen Spannungsfunktion Gl. (1) von § 5 übereinstimmt, während das zweite, mit dem konstanten Faktor $\cos^2\beta_0$ behaftete Glied $e^{-\alpha}\sin\beta$ sogar harmonisch ist, d. h. die Gleichung

$$\left(\frac{\partial^2}{\partial\alpha^2} + \frac{\partial^2}{\partial\beta^2}\right) e^{-\alpha} \sin\beta = 0$$

befriedigt. Ferner läßt sich leicht zeigen, daß F nach Gl. (122) im Unendlichen, d. h. für $\alpha = \infty$ den richtigen Wert liefert, der dem an der Asymptotenspitze 0 durch P belasteten Keil vom Öffnungswinkel $\pi - 2\beta_0$ entspricht. In der Tat geht Gl. (122) für $\alpha = \infty$ über in

$$F_{\alpha=0} = -\frac{P}{\sin 2\beta_0 + \pi - 2\beta_0}\, x\,\beta \quad . \; . \; . \; . \; . \; . \quad (123)$$

wie es nach Gl. (1) und (13) von § 5 und § 6 sein muß. Um nachzuweisen, daß die Grenzbedingungen längs der Hyperbelkerbe $\beta = \beta_0$:

$$(\sigma_\beta)_{\beta=\beta_0} = 0 \quad . \; . \; . \; . \; . \; . \; . \; . \; . \; . \; . \quad (124\,a)$$

$$(\tau_{\alpha\beta})_{\beta=\beta_0} = 0 \quad . \; . \; . \; . \; . \; . \; . \; . \; . \; . \; . \quad (124\,b)$$

durch die Spannungsfunktion F von Gl. (122) richtig wiedergegeben werden, müssen wir F in die Gl. (119) einsetzen. Darin ist für h der Wert von Gl. (68) § 28 zu benützen:

$$h^2 = \frac{2}{\operatorname{Cof} 2\alpha - \cos 2\beta} = \frac{1}{\operatorname{Sin}^2\alpha + \sin^2\beta} \quad . \; . \; . \; . \quad (125)$$

Durch einfaches Ausdifferenzieren läßt sich zeigen, daß die beiden Grenzbedingungen Gl. (124) tatsächlich erfüllt sind, und damit ist bewiesen, daß Gl. (122) die richtige Spannungsfunktion für unsere Aufgabe darstellt.

Besonders wichtig ist der Spannungsverlauf von $(\sigma_\alpha)_{\beta=\beta_0}$ in der Umgebung des Kerbgrundes bei A und B. Durch Einsetzen von F und h nach Gl. (122) und (125) in die erste der Gl. (119) erhält man

$$(\sigma_\alpha)_{\beta=\beta_0} = \frac{2P}{\sin 2\beta_0 + \pi - 2\beta_0} \cdot \frac{\operatorname{Cof} \alpha \cdot \sin \beta_0}{\operatorname{Sin}^2 \alpha + \sin^2 \beta_0} \quad . \; . \; . \quad (126)$$

Hieraus folgt als maximale Spannung im Kerbgrund

$$\sigma_{\max} = (\sigma_\alpha)_{\substack{\beta=\beta_0 \\ \alpha=0}} = \frac{2P}{(\sin 2\beta_0 + \pi - 2\beta_0) \sin \beta_0} \quad . \; . \; . \quad (127)$$

worin sich P auf die Streckeneinheit $\sqrt{a^2+b^2}$ bezieht. Setzt man in diesen Ausdruck statt β_0 die Werte a und b nach Gl. (121) ein und beachtet ferner, daß der Krümmungsradius ϱ im Kerbgrund durch

$$\varrho = \frac{b^2}{a} \quad . \; . \; . \; . \; . \; . \; . \; . \; . \; . \; . \; . \; . \quad (128)$$

gegeben ist, und führt schließlich den mittleren Zug $p = \frac{P}{2a}$ im Steg AB ein, so läßt sich $\sigma_{\max}$ mit Hilfe des Verhältnisses $\frac{a}{\varrho}$ folgendermaßen ausdrücken:

$$\sigma_{\max} = p \cdot \frac{2\left(\frac{a}{\varrho} + 1\right)\sqrt{\frac{a}{\varrho}}}{\sqrt{\frac{a}{\varrho}} + \left(\frac{a}{\varrho} + 1\right) \operatorname{arc\,tg} \sqrt{\frac{a}{\varrho}}} \quad . \; . \; . \; . \; . \quad (129)$$

Wir wollen diesen Wert von $\sigma_{\max}$ im Kerbgrund noch in zwei Grenzfällen untersuchen; nämlich zunächst unter der Annahme, daß $\frac{a}{\varrho}$ klein sei, d. h. daß es sich um eine sehr flache Hyperbel handelt, im Grenzfall für $\lim \frac{a}{\varrho} = 0$ um einen Zugstab. Man sieht sofort aus Gl. (129), daß in diesem Fall $\sigma_{\max} = p$ herauskommt, entsprechend einer über die Stabbreite gleichmäßig verteilten Zugspannung. Der zweite Grenzfall entspricht $\frac{\varrho}{a} \ll 1$.

In diesem Falle liefert Gl. (129)

$$(\sigma_{\max})_{\frac{a}{\varrho} \ll 1} = \frac{4}{\pi} p \sqrt{\frac{a}{\varrho}} \quad . \; . \; . \; . \; . \; . \; . \; . \; . \quad (130)$$

d. h. eine mit zunehmender Krümmung $\frac{1}{\varrho}$ stark wachsende Spannung, die schließlich im Falle des Schlitzes für $\varrho = 0$ den Wert ∞ annimmt.

Der Darstellung dieses § liegt das Buch von H. Neuber, »Kerbspannungslehre«, Berlin (1937) zugrunde, wo man weitere Ausführungen, insbesondere auch über Kerbwirkung bei Biegungs- und Schubbeanspruchung mit einfacher und doppelter Kerbe finden kann.

In diesem Zusammenhang sei auf die folgenden neueren Arbeiten über Spannungen in Kerben hingewiesen: C. Weber, »Halbebene mit Kreisbogenkerbe«, ZAMM Bd. 20 (1940), S. 262 und Bd. 21 (1941), S. 230. Hier wird der Spannungszustand in einer unendlichen, auf Zug beanspruchten Halbebene untersucht, die am Rand eine Kreisbogenkerbe besitzt. Die Lösung wird mit Hilfe von mehreren konformen Abbildungen auf Grund der »Singularitätsmethode« gewonnen. Im Gegensatz hierzu verwendet E. Weinel in der Arbeit »Die Spannungserhöhung durch Kreisbogenkerben« ZAMM Bd. 21 (1941), S. 288 die »Reihenmethode« zur Lösung.

§ 34. Die Gleichgewichtsbedingungen in krummlinigen Koordinaten

Wir haben bisher zwei Verfahren besprochen, um den ebenen Spannungszustand auf krummlinige Koordinaten zu beziehen. In § 29 hatten wir in den Gl. (74) die Spannungen mit Hilfe der harmonischen Funktionen e' und f auf das orthogonale, isotherme Netz der Koordinatenkurven $\alpha = \text{const}$ und $\beta = \text{const}$ bezogen. Diese Darstellung hatte den Nachteil, daß die Spannungsgleichungen recht umständlich wurden. Einfacher schien das in § 32 entwickelte zweite Verfahren, wonach die Spannungen durch die auf krummlinige Koordinaten bezogene Airysche Spannungsfunktion F ausgedrückt wurden. Das Auffinden der zu einem Spannungszustand gehörigen Airyschen Spannungsfunktion macht natürlich gewöhnlich große Schwierigkeiten.

Es ist unter diesen Umständen wichtig, sich nach einem dritten Verfahren umzusehen, das womöglich einfacher als die beiden vorgenannten ist. Der Gedankengang dieses dritten Verfahrens ist einfach und naheliegend. Man drückt nämlich die beiden Gleichgewichtsbedingungen des ebenen Spannungszustandes, die auf das rechtwinklige Koordinatensystem bezogen

$$\left.\begin{aligned} \frac{\partial \sigma_x}{\partial x} + \frac{\partial \tau_{xy}}{\partial y} &= 0 \\ \frac{\partial \sigma_y}{\partial y} + \frac{\partial \tau_{xy}}{\partial x} &= 0 \end{aligned}\right\} \quad \ldots\ldots\ldots\ldots (131)$$

lauten, in den krummlinigen Koordinaten α und β und den auf diese Koordinaten bezogenen Spannungen σ_α, σ_β und $\tau_{\alpha\beta}$ aus. Man sucht dann Lösungen dieser Gleichgewichtsgleichungen, die den geforderten Grenzbedingungen der vorliegenden Aufgabe genügen. Damit diese Lösungen elastisch möglich sind, muß noch die Verträglichkeitsgleichung

$$\Delta(\sigma_\alpha + \sigma_\beta) = 0 \quad \ldots\ldots\ldots\ldots \quad (132)$$

erfüllt sein. Dieses Verfahren ist besonders wertvoll, wenn es sich darum handelt, nachzuweisen, ob eine Spannungsverteilung σ_α, σ_β, $\tau_{\alpha\beta}$, die man etwa durch Probieren gefunden hat, tatsächlich die richtige ist. Man braucht die Spannungen nur in die in krummlinige Koordinaten umgeschriebenen Gleichgewichtsgleichungen (131) und in die Gl. (132) einzusetzen, die identisch befriedigt werden müssen, wenn die Lösung richtig ist.

Um die Gleichgewichtsgleichungen (131) auf krummlinige Koordinaten α, β umzuschreiben, gehen wir von den Umrechnungsformeln (72) von § 27 aus, die wir nur nach σ_x, σ_y, τ_{xy} auflösen. Dies ergibt den folgenden Satz von Umrechnungsformeln:

$$\left.\begin{aligned} \sigma_x &= \sigma_\alpha \cos^2\gamma + \sigma_\beta \sin^2\gamma - \tau_{\alpha\beta} \sin 2\gamma \\ \sigma_y &= \sigma_\alpha \sin^2\gamma + \sigma_\beta \cos^2\gamma + \tau_{\alpha\beta} \sin 2\gamma \\ \tau_{xy} &= \frac{\sigma_\alpha - \sigma_\beta}{2} \sin 2\gamma + \tau_{\alpha\beta} \cos 2\gamma \end{aligned}\right\} \quad \ldots\ldots \quad (133)$$

Hierin bedeutet γ den Winkel, den die Netzkurve $\beta = \text{const}$ im betrachteten Punkt der Ebene mit der x-Achse einschließt, wie aus Bild 52 von § 28 hervorgeht.

Aus den Gl. (133) folgt durch partielle Differentiation nach x und y:

$$\left.\begin{aligned} \frac{\partial \sigma_x}{\partial x} &= \frac{\partial \sigma_\alpha}{\partial x} \cos^2\gamma + \frac{\partial \sigma_\beta}{\partial x} \sin^2\gamma - \frac{\partial \tau_{\alpha\beta}}{\partial x} \sin 2\gamma - \\ &\qquad - [(\sigma_\alpha - \sigma_\beta) \sin 2\gamma + 2\tau_{\alpha\beta} \cos 2\gamma] \frac{\partial \gamma}{\partial x} \\ \frac{\partial \sigma_y}{\partial y} &= \frac{\partial \sigma_\alpha}{\partial y} \sin^2\gamma + \frac{\partial \sigma_\beta}{\partial y} \cos^2\gamma + \frac{\partial \tau_{\alpha\beta}}{\partial y} \sin 2\gamma + \\ &\qquad + [(\sigma_\alpha - \sigma_\beta) \sin 2\gamma + 2\tau_{\alpha\beta} \cos 2\gamma] \frac{\partial \gamma}{\partial y} \\ \frac{\partial \tau_{xy}}{\partial x} &= \left(\frac{\partial \sigma_\alpha}{\partial x} - \frac{\partial \sigma_\beta}{\partial x}\right) \frac{\sin 2\gamma}{2} + \frac{\partial \tau_{\alpha\beta}}{\partial x} \cos 2\gamma + \\ &\qquad + [(\sigma_\alpha - \sigma_\beta) \cos 2\gamma - 2\tau_{\alpha\beta} \sin 2\gamma] \frac{\partial \gamma}{\partial x} \\ \frac{\partial \tau_{xy}}{\partial y} &= \left(\frac{\partial \sigma_\alpha}{\partial y} - \frac{\partial \sigma_\beta}{\partial y}\right) \frac{\sin 2\gamma}{2} + \frac{\partial \tau_{\alpha\beta}}{\partial y} \cos 2\gamma + \\ &\qquad + [(\sigma_\alpha - \sigma_\beta) \cos 2\gamma - 2\tau_{\alpha\beta} \sin 2\gamma] \frac{\partial \gamma}{\partial y} \end{aligned}\right\} \quad (134)$$

Wir denken uns nun das Koordinatensystem x, y, das ja in ganz beliebiger Richtung angenommen werden kann, so gelegt, daß es mit den Tangenten an die Netzkurven $\alpha = \text{const}$ und $\beta = \text{const}$ im betrachteten Punkt der Ebene zusammenfällt. Es wird dann $\gamma = 0$ und an Stelle von dx bzw. dy sind die Linienelemente auf den Netzkurven; d. h. $ds_\alpha = \frac{d\alpha}{h}$ bzw. $ds_\beta = \frac{d\beta}{h}$ zu setzen.

Damit gehen die Gl. (134) über in

$$\left.\begin{aligned}
\left(\frac{\partial \sigma_x}{\partial x}\right)_{\gamma=0} &= h\frac{\partial \sigma_\alpha}{\partial \alpha} - 2\,\tau_{\alpha\beta}\frac{\partial h}{\partial \beta} \\
\left(\frac{\partial \sigma_y}{\partial y}\right)_{\gamma=0} &= h\frac{\partial \sigma_\beta}{\partial \beta} - 2\,\tau_{\alpha\beta}\frac{\partial h}{\partial \alpha} \\
\left(\frac{\partial \tau_{xy}}{\partial x}\right)_{\gamma=0} &= h\frac{\partial \tau_{\alpha\beta}}{\partial \alpha} + (\sigma_\alpha - \sigma_\beta)\frac{\partial h}{\partial \beta} \\
\left(\frac{\partial \tau_{xy}}{\partial y}\right)_{\gamma=0} &= h\frac{\partial \tau_{\alpha\beta}}{\partial \beta} - (\sigma_\alpha - \sigma_\beta)\frac{\partial h}{\partial \alpha}
\end{aligned}\right\} \quad \ldots\ldots (135)$$

Durch Einsetzen dieser Werte in die Gleichgewichtsgleichungen (131) erhält man die auf das krummlinige Koordinatensystem α, β bezogenen Gleichgewichtsgleichungen in folgender Form:

$$\left.\begin{aligned}
\frac{\partial \sigma_\alpha}{\partial \alpha} - (\sigma_\alpha - \sigma_\beta)\frac{1}{h}\frac{\partial h}{\partial \alpha} &= 2\,\tau_{\alpha\beta}\frac{1}{h}\frac{\partial h}{\partial \beta} - \frac{\partial \tau_{\alpha\beta}}{\partial \beta} \\
\frac{\partial \sigma_\beta}{\partial \beta} - (\sigma_\alpha - \sigma_\beta)\frac{1}{h}\frac{\partial h}{\partial \beta} &= 2\,\tau_{\alpha\beta}\frac{1}{h}\frac{\partial h}{\partial \alpha} - \frac{\partial \tau_{\alpha\beta}}{\partial \alpha}
\end{aligned}\right\} \quad \ldots (136)$$

Als Beispiel für diese allgemein gültigen, auf ein krummliniges orthogonales, isothermes Koordinatensystem bezogenen Gleichgewichtsgleichungen wollen wir die Gleichgewichtsgleichungen des Polarkoordinatensystems mit den Koordinaten r und φ daraus ableiten. Nach Gl. (62) von § 28 gilt für das Polarkoordinatensystem

$$\alpha = \ln r$$
$$\beta = \varphi$$

und hieraus folgt nach Gl. (63)

$$h = \frac{1}{r} = e^{-\alpha} \quad \text{bzw.} \quad d\alpha = \frac{dr}{r}$$

und nach Gl. (64)

$$\frac{\partial h}{\partial \alpha} = -\frac{1}{r}$$

$$\frac{\partial h}{\partial \beta} = 0.$$

Damit gehen mit $\sigma_\alpha = \sigma_r$ und $\sigma_\beta = \sigma_t$ sowie $\tau_{\alpha\beta} = \tau_{rt}$ die Gl. (136) über in

$$\left.\begin{aligned} r\frac{\partial \sigma_r}{\partial r} + (\sigma_r - \sigma_t) + \frac{\partial \tau_{rt}}{\partial \varphi} &= 0 \\ \frac{\partial \sigma_t}{\partial \varphi} + 2\,\tau_{rt} + r\frac{\partial \tau_{rt}}{\partial \sigma} &= 0 \end{aligned}\right\} \quad \ldots \ldots \quad (137)$$

Diese Gleichungen stimmen aber mit den Gleichgewichtsgleichungen (32a) und (32b) von § 4 überein, wenn man den dort mit α bezeichneten Winkel durch die hier gewählte Bezeichnung φ ersetzt.

Zu den Gleichgewichtsgleichungen (136) tritt noch Gl. (132) als Verträglichkeitsgleichung. Wir werden diese Gleichungen im übernächsten Paragraphen bei der Lösung der Spannungsaufgabe für den exzentrischen Ring unter Außen- oder Innendruck anwenden.

Hier soll noch ein Sonderfall der Gl. (136) behandelt werden. Angenommen, das Koordinatennetz $\alpha = \text{const}$ und $\beta = \text{const}$ sei zugleich das Netz der Hauptspannungslinien. Dann ist überall $\tau_{\alpha\beta} = 0$ und die Normalspannungen σ_α und σ_β werden Hauptspannungen. Die rechten Seiten der Gl. (136) nehmen in diesem Fall den Wert Null an. Führt man die auf den Hauptspannungslinien gemessenen Linienelemente $ds_\alpha = \frac{d\alpha}{h}$ und $ds_\beta = \frac{d\beta}{h}$ ein, so gehen die Gl. (136) unter Berücksichtigung der Krümmungen der Netzkurven $\frac{1}{R_\alpha} = -\frac{dh}{\partial \alpha}$ und $\frac{1}{R_\beta} = -\frac{\partial h}{\partial \beta}$ nach Gl. (52) in unserem Sonderfall über in:

$$\left.\begin{aligned} \frac{\partial \sigma_\alpha}{\partial s_\alpha} &= -\frac{\sigma_\alpha - \sigma_\beta}{R_\alpha} \\ \frac{\partial \sigma_\beta}{\partial s_\beta} &= \frac{\sigma_\alpha - \sigma_\beta}{R_\beta} \end{aligned}\right\} \quad \ldots \ldots \quad (138)$$

Dies sind die seit langem bekannten, auf das Netz der Hauptspannungslinien bezogenen Gleichgewichtsgleichungen. Da hierin nur die Krümmungsradien R_α und R_β der Hauptspannungslinien vorkommen, gelten die Gl. (138) für jedes Netz der Hauptspannungslinien, unabhängig davon, ob es isotherm ist oder nicht; d. h. ob gilt

$$\frac{1}{R_\alpha} = -\frac{\partial h}{\partial \alpha}; \quad \frac{1}{R_\beta} = -\frac{\partial h}{\partial \beta} \quad \ldots \ldots \quad (139)$$

oder nicht. Das Netz der Hauptspannungslinien braucht nämlich im allgemeinen kein isothermes orthogonales Netz zu sein. Jedenfalls gelten aber immer die auf dieses Netz bezogenen Gleichgewichtsgleichungen in Form der Gl. (138). Schließlich soll noch der Sonderfall der Gl.(136) besprochen werden, bei denen das orthogonale Netz der Kurven $\alpha =$ const und $\beta = \text{const}$ die Hauptschubspannungslinien darstellen. Für diese ist $\sigma_\alpha = \sigma_\beta = \sigma$ und $\tau_{\alpha\beta} = \tau_{\max}$, wofür wir τ_m schreiben wollen; σ bedeutet den Abstand des Mittelpunktes des Mohrschen Spannungskreises vom Nullpunkt und τ_m seinen Radius. Die Gl. (136) gehen damit über in

$$\left.\begin{aligned} \frac{\partial \sigma}{\partial \alpha} &= 2\tau_m \frac{1}{h}\frac{\partial h}{\partial \beta} - \frac{\partial \tau_m}{\partial \beta} \\ \frac{\partial \sigma}{\partial \beta} &= 2\tau_m \frac{1}{h}\frac{\partial h}{\partial \alpha} - \frac{\partial \tau_m}{\partial \alpha} \end{aligned}\right\} \quad \ldots\ldots\ldots \quad (140)$$

oder, wenn man wieder die Linienelemente auf den Hauptschubspannungslinien $ds_\alpha = \frac{d\alpha}{h}$ und $ds_\beta = \frac{d\beta}{h}$ sowie die Krümmungen der Hauptschubspannungslinien $\frac{1}{R_\alpha} = -\frac{\partial h}{\partial \alpha}$; $\frac{1}{R_\beta} = -\frac{\partial h}{\partial \beta}$ einführt,

$$\left.\begin{aligned} \frac{\partial \sigma}{\partial s_\alpha} &= -\frac{2\tau_m}{R_\beta} - \frac{\partial \tau_m}{\partial s_\beta} \\ \frac{\partial \sigma}{\partial s_\beta} &= -\frac{2\tau_m}{R_\alpha} - \frac{\partial \tau_m}{\partial s_\alpha} \end{aligned}\right\} \quad \ldots\ldots\ldots \quad (141)$$

Da in diesen letzten Gleichungen h nicht mehr vorkommt, sondern statt dessen die Krümmungsradien R_α und R_β der Hauptschubspannungslinien, gelten die Gl. (141) für jedes orthogonale Netz der Hauptschubspannungen, auch wenn es kein isothermes ist.

§ 35. Das Bipolar-Koordinatensystem

Als Vorbereitung für die im nächsten § zu behandelnde Aufgabe der Spannungsuntersuchung in einem exzentrischen Rohr unter konstantem Innen- oder Außendruck wollen wir hier zunächst das Bipolar-Koordinatensystem behandeln. Zu diesem Zweck gehen wir ähnlich vor wie in § 28, wo wir schon als Beispiele krummliniger Koordinatensysteme das einfache Polarkoordinatensystem sowie das System der elliptischen Koordinaten besprochen haben. Ebenso wie dort, gehen wir von einer komplexen analytischen Funktion aus, die wir in Real- und Imaginärteil spalten. In unserem Fall lautet dieses Funktion folgendermaßen:

$$z = x + iy = \mathfrak{Tg}\,\frac{\alpha + i\beta}{2} \quad \ldots\ldots\ldots \quad (142)$$

worin i wieder die imaginäre Einheit bedeutet.

Unter Verwendung der folgenden bekannten Beziehungen:

$$\mathfrak{Cos}\, i\frac{\beta}{2} = \cos\frac{\beta}{2};\quad \mathfrak{Sin}\, i\frac{\beta}{2} = i\sin\frac{\beta}{2};\quad \mathfrak{Tg}\, i\frac{\beta}{2} = i\,\mathrm{tg}\frac{\beta}{2}$$

$$\mathfrak{Tg}\,\frac{\alpha+i\beta}{2}=\frac{\mathfrak{Tg}\,\frac{\alpha}{2}+\mathfrak{Tg}\,i\frac{\beta}{2}}{1+\mathfrak{Tg}\,\frac{\alpha}{2}\,\mathfrak{Tg}\,i\frac{\beta}{2}}=\frac{\mathfrak{Tg}\,\frac{\alpha}{2}+i\,\mathrm{tg}\,\frac{\beta}{2}}{1+i\,\mathfrak{Tg}\,\frac{\alpha}{2}\,\mathrm{tg}\,\frac{\beta}{2}}$$

erhält man aus Gl. (142)

$$x+i\,y=\frac{\left(\mathfrak{Tg}\,\frac{\alpha}{2}+i\,\mathrm{tg}\,\frac{\beta}{2}\right)\left(\mathfrak{Tg}\,\frac{\alpha}{2}-i\,\mathrm{tg}\,\frac{\beta}{2}\right)}{1+\mathfrak{Tg}^2\,\frac{\alpha}{2}\,\mathrm{tg}^2\,\frac{\beta}{2}}$$

und durch Aufspalten in Real- und Imaginärteil

$$\left.\begin{aligned}x&=\frac{\mathfrak{Tg}\,\frac{\alpha}{2}\left(1+\mathrm{tg}^2\,\frac{\beta}{2}\right)}{1+\mathfrak{Tg}^2\,\frac{\alpha}{2}\,\mathrm{tg}^2\,\frac{\beta}{2}}=\frac{\mathfrak{Sin}\,\frac{\alpha}{2}\,\mathfrak{Cof}\,\frac{\alpha}{2}}{\mathfrak{Cof}^2\,\frac{\alpha}{2}\cos^2\frac{\beta}{2}+\mathfrak{Sin}^2\,\frac{\alpha}{2}\sin^2\frac{\beta}{2}}\\&=\frac{\mathfrak{Sin}\,\alpha}{\mathfrak{Cof}\,\alpha+\cos\beta}\\y&=\frac{\mathrm{tg}\,\frac{\beta}{2}\left(1-\mathfrak{Tg}^2\,\frac{\alpha}{2}\right)}{1+\mathfrak{Tg}^2\,\frac{\alpha}{2}\,\mathrm{tg}^2\,\frac{\beta}{2}}=\frac{\sin\frac{\beta}{2}\cos\frac{\beta}{2}}{\mathfrak{Cof}^2\,\frac{\alpha}{2}\cos^2\frac{\beta}{2}+\mathfrak{Sin}^2\,\frac{\alpha}{2}\sin^2\frac{\beta}{2}}\\&=\frac{\sin\beta}{\mathfrak{Cof}\,\alpha+\cos\beta}\end{aligned}\right\}\quad(143)$$

Fügt man noch den konstanten Faktor c hinzu, so lauten die Transformationsformeln für den Übergang von x-y-Koordinatensystem auf das α-β-System der Bipolarkoordinaten:

$$\left.\begin{aligned}x&=c\cdot\frac{\mathfrak{Sin}\,\alpha}{\mathfrak{Cof}\,\alpha+\cos\beta}\\y&=c\cdot\frac{\sin\beta}{\mathfrak{Cof}\,\alpha+\cos\beta}\end{aligned}\right\}\quad\ldots\ldots\ldots\quad(144)$$

Um die Kurvenschar $\alpha=\mathrm{const}$ zu ermitteln, bilden wir mit Hilfe der vorstehenden Beziehungen den Ausdruck

$$x^2+y^2+c^2=c^2\cdot\frac{\mathfrak{Sin}^2\,\alpha+\sin^2\beta+(\mathfrak{Cof}\,\alpha+\cos\beta)^2}{(\mathfrak{Cof}\,\alpha+\cos\beta)^2}=$$

$$=c^2\cdot\frac{\mathfrak{Cof}^2\,\alpha-\cos^2\beta+(\mathfrak{Cof}\,\alpha+\cos\beta)^2}{(\mathfrak{Cof}\,\alpha+\cos\beta)^2}=c^2\,\frac{2\,\mathfrak{Cof}\,\alpha}{\mathfrak{Cof}\,\alpha+\cos\beta}=\frac{2\,c\,x}{\mathfrak{Tg}\,\alpha}\quad\ldots\quad(145)$$

Die Kurven $\alpha = \text{const}$ sind demnach Kreise, deren Mittelpunkte auf der x-Achse liegen (s. Bild 57). Führt man die beiden Pole O_1 und O_2 des Bipolarkoordinatensystems ein, die im Abstand $+c$ und $-c$ vom Koordinatenanfangspunkt O entfernt auf der x-Achse liegen, und bezeichnet mit r_1 bzw. r_2 den Abstand eines Punktes einer der Kreise, die zur Schar $\alpha = \text{const}$ gehören, von den Polen O_1 und O_2 (s. Bild 57), so gilt

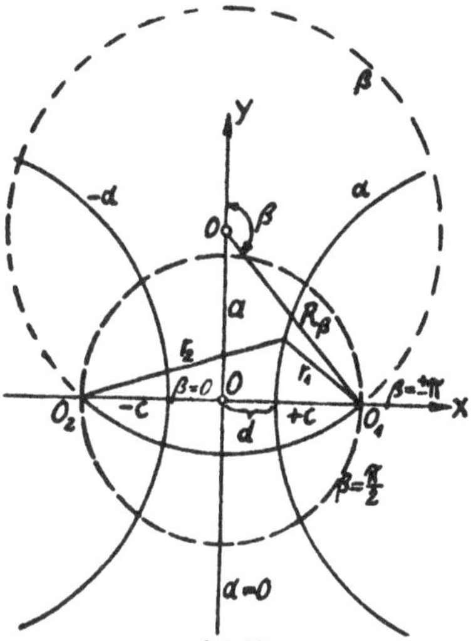

Bild 57

$$r_1^2 = (x - c)^2 + y^2 = x^2 + y^2 + c^2 - 2cx = 2cx\left(\frac{1}{\mathfrak{Tg}\,\alpha} - 1\right)$$

$$r_2^2 = (x + c)^2 + y^2 = x^2 + y^2 + c^2 + 2cx = 2cx\left(\frac{1}{\mathfrak{Tg}\,\alpha} + 1\right)$$

und hieraus folgt

$$\frac{r_1^2}{r_2^2} = \frac{1 - \mathfrak{Tg}\,\alpha}{1 + \mathfrak{Tg}\,\alpha} = \frac{\mathfrak{Cos}\,\alpha - \mathfrak{Sin}\,\alpha}{\mathfrak{Cos}\,\alpha + \mathfrak{Sin}\,\alpha} = e^{-2\alpha}$$

oder

$$\frac{r_1}{r_2} = e^{-\alpha} \quad \ldots\ldots\ldots\ldots \quad (146)$$

d. h. das Verhältnis $\frac{r_1}{r_2}$ der Abstände des Punktes eines Kreises der Schar $\alpha = \text{const}$ von den Polen O_1 und O_2 ist für alle Punkte dieses Kreises dasselbe. Man nennt die Kreise dieses Kreisbüschels $\alpha = \text{const}$ die Kreise des Apollonius. Entsprechend gehen wir vor, um die Kurvenschar $\beta = \text{const}$ zu ermitteln. Wir bilden zu diesem Zweck den Ausdruck

$$x^2 + y^2 - c^2 = -c^2 \frac{(\mathfrak{Cos}\,\alpha + \cos\beta)^2 - \mathfrak{Sin}^2\,\alpha - \sin^2\beta}{(\mathfrak{Cos}\,\alpha + \cos\beta)^2} =$$

$$= -c^2 \cdot \frac{(\mathfrak{Cos}\,\alpha + \cos\beta)^2 - (\mathfrak{Cos}^2\,\alpha - \cos^2\beta)}{(\mathfrak{Cos}\,\alpha + \cos\beta)^2} =$$

$$-c^2 \frac{2\cos\beta}{\mathfrak{Cos}\,\alpha + \cos\beta} = -\frac{2cy}{\operatorname{tg}\beta} \quad \ldots\ldots\ldots\ldots \quad (147)$$

Die Kurven $\beta = \text{const}$ sind demnach Kreise, deren Mittelpunkte auf der y-Achse gelegen sind. Alle Kreise dieses Kreisbüschels $\beta = \text{const}$ gehen durch die Pole O_1 und O_2 und stehen auf den Kreisen $\alpha = \text{const}$ senkrecht (s. Bild 57). Der einem Kreis der Schar $\beta = \text{const}$ zugeordnete Winkel β kann aus Bild 57 abgelesen werden.

Den Verzerrungsfaktor h bestimmen wir nach Gl. (48a) von § 28:

$$\frac{1}{h^2} = \left(\frac{\partial x}{\partial \alpha}\right)^2 + \left(\frac{\partial y}{\partial \alpha}\right)^2 = c^2 \cdot \frac{(1 + \mathfrak{Cof}\,\alpha \cos\beta)^2 + \mathfrak{Sin}^2\alpha \sin^2\beta}{(\mathfrak{Cof}\,\alpha + \cos\beta)^4} =$$

$$= c^2 \cdot \frac{(1 + \mathfrak{Cof}\,\alpha \cos\beta)^2 + (\mathfrak{Cof}^2\alpha - 1)(1 - \cos^2\beta)}{(\mathfrak{Cof}\,\alpha + \cos\beta)^4} = \frac{c^2}{(\mathfrak{Cof}\,\alpha + \cos\beta)^2}$$

oder

$$\frac{1}{h} = \frac{c}{\mathfrak{Cof}\,\alpha + \cos\beta} \quad \ldots\ldots\ldots\ldots \quad (148)$$

Ferner brauchen wir für die Anwendung der Bipolarkoordinaten im nächsten § noch einige einfache geometrische Beziehungen, die wir aus den angegebenen Formeln und Bild 57 leicht ableiten können. Zu diesem Zweck wenden wir Gl. (146) auf die beiden Punkte des Kreises $\alpha = \text{const}$ an, in denen er die x-Achse schneidet. Mit den Bezeichnungen in Bild 57 gilt

$$e^{-\alpha} = \frac{c-d}{c+d} = \frac{2R_\alpha - (c-d)}{2R_\alpha + (c+d)},$$

wenn mit R_α der Radius des betreffenden Kreises α bezeichnet wird. Aus dieser letzten Beziehung folgt einerseits

$$\alpha = c \cdot \frac{1 - e^{-\alpha}}{1 + e^{-\alpha}} = c \cdot \mathfrak{Tg}\,\frac{\alpha}{2} \quad \ldots\ldots \quad (148\text{a})$$

andererseits

$$R_\alpha = \frac{c^2 - d^2}{2d} = \frac{c}{\mathfrak{Sin}\,\alpha} \quad \ldots\ldots\ldots \quad (148\text{b})$$

Bezeichnet man ferner den Abstand, den der Mittelpunkt des Kreises $\alpha = \text{const}$ vom Nullpunkt O unseres x-y-Koordinatensystems besitzt, mit m, so ist

$$m = d + R_\alpha = \frac{c}{\mathfrak{Tg}\,\alpha} \quad \ldots\ldots\ldots \quad (148\text{c})$$

und der Mittelpunktsabstand zweier Kreise $\alpha_1 = \text{const}$ und $\alpha_2 = \text{const}$ beträgt dann

$$e = m_1 - m_2 = c\left(\frac{1}{\mathfrak{Tg}\,\alpha_1} - \frac{1}{\mathfrak{Tg}\,\alpha_2}\right) \quad \ldots\ldots \quad (148\text{d})$$

oder, indem man die Radien R_{α_1} und R_{α_2} der beiden Kreise α_1 und α_2 nach Gl. (148b) einführt,

$$e = R_{\alpha_1} \cdot \mathfrak{Cof}\,\alpha_1 - R_{\alpha_2} \cdot \mathfrak{Cof}\,\alpha_2 = \sqrt{R_{\alpha_1}^2 + c^2} - \sqrt{R_{\alpha_2}^2 + c^2} \quad (148\text{e})$$

Sind demnach die beiden Radien R_{α_1} und R_{α_2} eines exzentrischen Ringes sowie der Abstand e der beiden Kreismittelpunkte bekannt, so kann man aus der letzten Gleichung c berechnen und damit aus Gl. (148b) die den beiden Kreisen zugeordneten Werte α_1 und α_2.

§ 36. Der exzentrische Ring unter Außen- und Innendruck

Als Beispiel zu dem in § 34 behandelten Verfahren der Lösung einer ebenen Spannungsaufgabe wollen wir den Fall eines exzentrischen Ringes unter konstantem Außen- oder Innendruck durchrechnen. Unter Zugrundelegung eines Bipolarkoordinatensystems nach § 35 sollen die beiden Kreise, die den exzentrischen Ring begrenzen, durch die Werte α_1 und α_2 der Kurvenschar $\alpha = \text{const}$ gekennzeichnet sein. Wir zeigen zunächst, daß die Gl. (136) von § 34 durch den folgenden Ansatz identisch befriedigt werden:

$$\left.\begin{aligned} \sigma_\alpha &= a - b\,\mathfrak{Sin}^2\alpha \\ \sigma_\beta &= a + b\,\mathfrak{Sin}^2\alpha + 2b\,(1 + \mathfrak{Cof}\,\alpha\cos\beta) \\ \tau_{\alpha\beta} &= 0 \end{aligned}\right\} \quad . \; . \; . \; . \quad (149)$$

Darin bedeuten a und b Konstante, die später den vorgeschriebenen Randbedingungen angepaßt werden. Aus Gl. (148) folgt für den Verzerrungsfaktor

$$h = \frac{1}{c}\,(\mathfrak{Cof}\,\alpha + \cos\beta)$$

und hieraus

$$\frac{\partial h}{\partial\alpha} = \frac{1}{c}\,\mathfrak{Sin}\,\alpha$$

$$\frac{\partial h}{\partial\beta} = -\frac{1}{c}\sin\beta.$$

Ferner folgt aus den ersten beiden Gl. (149)

$$\left.\begin{aligned} \frac{\partial\sigma_\alpha}{\partial\alpha} &= -2b\,\mathfrak{Sin}\,\alpha\,\mathfrak{Cof}\,\alpha \\ \frac{\partial\sigma_\beta}{\partial\beta} &= -2b\,\mathfrak{Cof}\,\alpha\sin\beta \\ \sigma_\alpha - \sigma_\beta &= -2b\,(\mathfrak{Sin}^2\alpha + 1 + \mathfrak{Cof}\,\alpha\cos\beta) = -2b\,\mathfrak{Cof}\,\alpha\,(\mathfrak{Cof}\,\alpha + \cos\beta) \end{aligned}\right\} \quad (150)$$

Durch Einsetzen dieser Werte in die Gl. (136) sieht man, daß diese tatsächlich durch den Ansatz der Gl. (149) identisch befriedigt werden.

Da überall $\tau_{\alpha\beta} = 0$ ist, stellen die Kurvenscharen $\alpha = \text{const}$ und $\beta = \text{const}$, d. h. die beiden Kreisbüschel in Bild 57 das Netz der Hauptspannungslinien dar.

Es ist noch notwendig, nachzuweisen, daß auch die Verträglichkeitsgleichung (132) von § 34 durch unseren Ansatz (149) erfüllt wird. Diese Bedingung verlangt, daß

$$\sigma_\alpha + \sigma_\beta = 2a + 2b + 2b\,\mathfrak{Cof}\,\alpha\cos\beta$$

der Differentialgleichung

$$\frac{\partial^2}{\partial\alpha^2}(\sigma_\alpha + \sigma_\beta) + \frac{\partial^2}{\partial\beta^2}(\sigma_\alpha + \sigma_\beta) = 0$$

genügt. Durch Einsetzen findet man leicht, daß auch diese Forderung durch den Ansatz (149) erfüllt wird. Damit ist aber der Nachweis erbracht, daß die Spannungsverteilung nach Ansatz (149) bei beliebigen Konstanten a und b möglich ist.

Wir werden nunmehr die Konstanten a und b den Grenzbedingungen der Aufgabe anpassen. Angenommen, auf dem Kreis $\alpha = \alpha_1$, dem die eine Begrenzung des exzentrischen Ringes entspricht, herrsche der konstante Druck $-p_1$, auf dem anderen Begrenzungskreis $\alpha = \alpha_2$ der konstante Druck $-p_2$; dann folgt aus der ersten der Gl. (149)

$$-p_1 = a - b \,\mathfrak{Sin}^2 \alpha_1$$

$$-p_2 = a - b \,\mathfrak{Sin}^2 \alpha_2$$

und hieraus

$$\left.\begin{aligned} a &= \frac{p_2 \,\mathfrak{Sin}^2 \alpha_1 - p_1 \,\mathfrak{Sin}^2 \alpha_2}{\mathfrak{Sin}^2 \alpha_2 - \mathfrak{Sin}^2 \alpha_1} \\ b &= \frac{p_2 - p_1}{\mathfrak{Sin}^2 \alpha_2 - \mathfrak{Sin}^2 \alpha_1} \end{aligned}\right\} \quad \ldots\ldots\ldots (151)$$

Bezeichnet man die Radien der Kreise α_1 und α_2 mit R_1 bzw. R_2, so kann man die Ausdrücke für a und b wegen der Gl. (148b) von § 35 folgendermaßen umschreiben:

$$\left.\begin{aligned} a &= \frac{p_2 R_2^2 - p_1 R_1^2}{R_1^2 - R_2^2} \\ b &= \frac{p_2 - p_1}{c^2} \cdot \frac{R_1^2 R_2^2}{R_1^2 - R_2^2} \end{aligned}\right\} \quad \ldots\ldots\ldots (152)$$

Die Konstante c des Bipolarkoordinatensystems läßt sich ferner aus dem Abstande e der Mittelpunkte der beiden Kreise des exzentrischen Ringes nach Gl. (148e) des vorigen §, d. h.

$$e = \sqrt{R_1^2 + c^2} - \sqrt{R_2^2 + c^2} \quad \ldots\ldots\ldots (153)$$

berechnen.

Durch einfaches Ausquadrieren kann man die letzte Gleichung nach c auflösen und findet

$$(2\,c)^2 = \left(\frac{R_1^2 - R_2^2}{e}\right)^2 + e^2 - 2\,(R_1^2 + R_2^2) \quad \ldots (153\text{a})$$

Aus dieser Gleichung läßt sich bei gegebenen Werten von R_1, R_2 und e die Konstante c des Bipolarkoordinatensystems leicht berechnen.

Für die Spannungen nach Gl. (149) ist noch Gl. (148b) zu beachten, aus der sich der Radius R_α eines Kreises der Schar $\alpha = \text{const}$ berechnet zu

$$R_\alpha = \frac{c}{\mathfrak{Sin}\,\alpha}.$$

Als Beispiel setzen wir einen exzentrischen Ring nach Bild 58 voraus mit den Abmessungen:

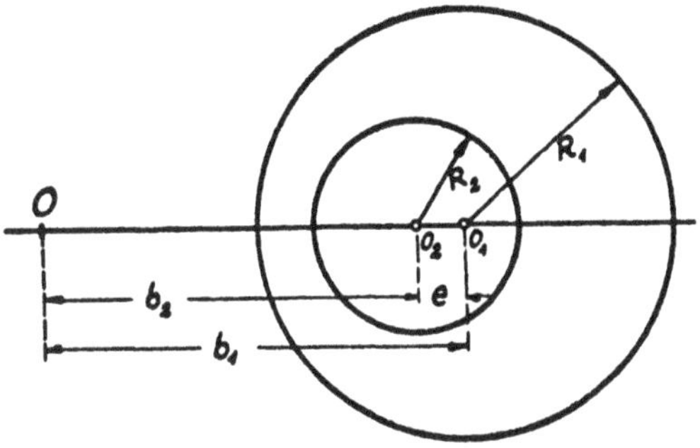

Bild 58

$$R_1 = 10\,\text{cm}; \quad R_2 = 5\,\text{cm};$$
$$e = 2\,\text{cm}.$$

Er soll nur unter Außendruck $-p_1$ stehen, so daß $p_2 = 0$ ist. Mit diesen Zahlenwerten erhält man aus den Gl. (152) und (153a)

$$a = -1{,}33\,p_1;$$
$$b = -0{,}15\,p_1;$$

und die Konstante des Bipolarkoordinatensystems

$$c = 17{,}1\,\text{cm}.$$

Besonderes Interesse beansprucht die Spannung σ_β am Innenrand α_2 des exzentrischen Ringes. Wegen

$$\mathfrak{Sin}^2\alpha_2 = \frac{c^2}{R_2^2} = 11{,}7 \quad \text{und} \quad \mathfrak{Cos}\,\alpha_2 = \sqrt{1 + \mathfrak{Sin}^2\alpha_2} = 3{,}56$$

erhält man diese Spannungsverteilung aus der zweiten der Gl. (149) zu

$$(\sigma_\beta)_{\alpha=\alpha_2} = -1{,}75\,p_1 - 0{,}3\,p_1(1 + 3{,}56\cos\beta) \quad . \; . \; . \quad (154)$$

Da die x-Achse nach Bild 57 dem Wert $\beta = \pm\pi$ bzw. $\beta = 0$ entspricht, werden die Spannungen σ_β an den Stellen der Schnittpunkte des Innenrandes $\alpha = \alpha_2$ mit der x-Achse aus Gl. (154) erhalten, indem man $\cos\beta = -1$ bzw. $\cos\beta = +1$ setzt, zu

$$(\sigma_\beta)_{\substack{\alpha=\alpha_2\\ \beta=\pm\pi}} = -0{,}98\,p_1 \quad \text{und} \quad (\sigma_\beta)_{\substack{\alpha=\alpha_2\\ \beta=0}} = -3{,}12\,p_1.$$

Der absolut größte Wert von $(\sigma_\beta)_{\alpha=\alpha_2}$ wird demnach an dem Punkt des Innenrandes $\alpha = \alpha_2$ erreicht, der dem Außenrand am nächsten liegt.

Für $(\sigma_\beta)_{\substack{\alpha=\alpha_2\\ \beta=\frac{\pi}{2}}}$ erhält man aus Gl. (154) den Wert $-2{,}05\,p_1$.

§ 37. Die gelochte Halbscheibe unter gleichmäßiger Druckbelastung

Ein Sonderfall der Untersuchungen des vorigen § ist der durch Bild 59 wiedergegebene Belastungsfall der unendlichen kreisgelochten Halbscheibe unter gleichmäßigem Druck p. Wie aus Bild 57 hervorgeht, entspricht die geradlinige Begrenzung der Scheibe dem Wert $\alpha_1 = 0$ der Kreisschar $\alpha = \text{const}$, während das kreisförmige Loch einem bestimmten Wert α_2 dieser Kreisschar zugeordnet ist. Aus dem Abstand

m des Mittelpunktes des Lochkreises vom Anfangspunkt 0 unseres x-y-Koordinatensystems und seinem Radius r erhält man den zugehörigen Wert von $\mathfrak{Cof}\,\alpha_2$ aus Gl. (148b)

$$r = \frac{c}{\mathfrak{Sin}\,\alpha_2} \quad . \; . \; (155\text{a})$$

und aus Gl. (148c)

$$m = \frac{c}{\mathfrak{Tg}\,\alpha_2} \quad . \; . \; (155\text{b})$$

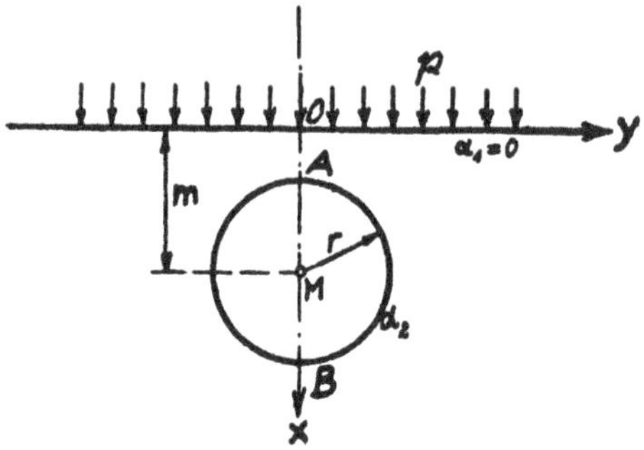

Bild 59

zu

$$\mathfrak{Cof}\,\alpha_2 = \frac{m}{r} \quad \ldots\ldots\ldots\ldots \quad (155\text{c})$$

Aus den Gl. (151) folgt für unseren Sonderfall wegen $\mathfrak{Sin}\,\alpha_1 = 0$ und $p_1 = +p$; $p_2 = 0$:

$$\left.\begin{aligned} a &= -p \\ b &= -\frac{p}{\mathfrak{Sin}^2\,\alpha_2} = -p\,\frac{r^2}{m^2 - r^2} \end{aligned}\right\} \quad \ldots\ldots \quad (156)$$

und damit nach Gl. (149) die Spannungsverteilung

$$\left.\begin{aligned} \sigma_\alpha &= -p\left[1 - \frac{r^2}{m^2 - r^2}\,\mathfrak{Sin}^2\,\alpha\right] \\ \sigma_\beta &= -p\left[1 + \frac{r^2}{m^2 - r^2}\,(\mathfrak{Sin}^2\,\alpha + 2 + 2\,\mathfrak{Cof}\,\alpha\cos\beta)\right] \\ \tau_{\alpha\beta} &= 0 \end{aligned}\right\} \quad (157)$$

Am Lochrand betragen daher die Spannungen wegen $\mathfrak{Sin}^2\,\alpha_2 = \dfrac{m^2 - r^2}{r^2}$:

$$(\sigma_\beta)_{\alpha=\alpha_2} = -2\,p\,\frac{\mathfrak{Sin}^2\,\alpha_2 + 1 + \mathfrak{Cof}\,\alpha_2\cos\beta}{\mathfrak{Sin}^2\,\alpha_2} = -2\,p\,\mathfrak{Cof}\,\alpha_2 \cdot \frac{\mathfrak{Cof}\,\alpha_2 + \cos\beta}{\mathfrak{Sin}^2\,\alpha_2} \quad \ldots\ldots \quad (158)$$

Da an der Stelle A des Lochrandes (s. Bild 59) $\beta = 0$ und an der Stelle B $\beta = +\pi$ ist, erhält man aus der letzten Gleichung

$$\sigma_A = -2\,p\,\mathfrak{Cof}\,\alpha_2\,\frac{\mathfrak{Cof}\,\alpha_2 + 1}{\mathfrak{Cof}^2\,\alpha_2 - 1} = -2\,p\,\frac{\mathfrak{Cof}\,\alpha_2}{\mathfrak{Cof}\,\alpha_2 - 1} = -2\,p\,\frac{m}{m - r} \quad (159\text{a})$$

$$\sigma_B = -2\,p\,\mathfrak{Cof}\,\alpha_2\,\frac{\mathfrak{Cof}\,\alpha_2 - 1}{\mathfrak{Cof}^2\,\alpha_2 - 1} = -2\,p\,\frac{\mathfrak{Cof}\,\alpha_2}{\mathfrak{Cof}\,\alpha_2 + 1} = -2\,p\,\frac{m}{m + r} \quad (159\text{b})$$

Je näher demnach der Punkt des Lochkreises an den Punkt O der geradlinigen Begrenzung heranrückt, um so größer wird die Spannung σ_A. Die Formel (159a) ist z. B. für Tunnelbauten oder Unterführungen von praktischer Bedeutung.

Ist der Lochradius r klein gegenüber dem Abstand m des Lochmittelpunktes von der geradlinigen Begrenzung, so erhält man einen Kreis von sehr kleinem Radius um den einen Pol des Koordinatensystems. Der Abstand c des Poles vom Anfangspunkt O des x-y-Koordinatensystems beträgt, wie aus Gl. (148b) und (148c) hervorgeht,

$$c = \sqrt{m^2 + r^2},$$

so daß bei verschwindendem r der zugehörige Kreis von verschwindend kleinem Radius im Abstand $m = c$ vom Anfangspunkt, d. h. im Pol gelegen ist. In diesem Sonderfall ergeben die beiden Gleichungen (159a) und (159b) den Wert der Spannungen zu $2\,p$.

Während im Falle von Bild 59 die kreisgelochte Halbscheibe längs der geradlinigen Begrenzung gleichmäßig auf Druck beansprucht ist, dagegen der Lochrand lastfrei, trifft das Umgekehrte bei der durch Bild 60 charakterisierten Aufgabe zu. In diesem Fall folgen aus den Gl. (151) mit $p_1 = 0$ und $p_2 = p$ und wegen $\mathfrak{Sin}\,\alpha_1 = 0$

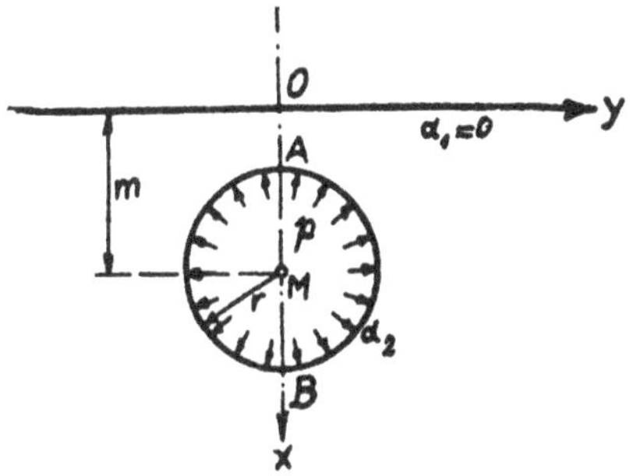

Bild 60

$$a = 0$$

$$b = \frac{p}{\mathfrak{Sin}^2\,\alpha_2}$$

und damit erhält man aus den Gl. (149) den folgenden Spannungszustand:

$$\left.\begin{aligned} \sigma_\alpha &= -p\,\frac{\mathfrak{Sin}^2\,\alpha}{\mathfrak{Sin}^2\,\alpha_2} \\ \sigma_\beta &= \frac{p}{\mathfrak{Sin}^2\,\alpha_2}\,(\mathfrak{Sin}^2\,\alpha + 2 + 2\,\mathfrak{Cos}\,\alpha\cos\beta) \\ \tau_{\alpha\beta} &= 0 \end{aligned}\right\} \quad \ldots\ldots \quad (160)$$

Beachten wir wieder, daß wegen der Gl. (148b) und (148c) die Beziehungen

$$r = \frac{c}{\mathfrak{Sin}\,\alpha_2}; \quad m = \frac{c}{\mathfrak{Tg}\,\alpha_2}$$

bestehen, aus denen

$$\frac{m}{r} = \mathfrak{Cos}\,\alpha_2 \quad \text{und} \quad \frac{1}{\mathfrak{Sin}^2\,\alpha_2} = \frac{r^2}{m^2 + r^2}$$

folgt, so erhält man aus den Gl. (160) die Werte der Spannungen in den Punkten O, A und B durch einfache Ausrechnung zu

$$\left.\begin{aligned}
\sigma_0 &= (\sigma_\beta)_{\substack{\alpha=\alpha_1=0\\ \beta=0}} = \frac{2p}{\mathfrak{Sin}^2\alpha_2}(1+\mathfrak{Cof}\,\alpha_1\cos\beta) = 4p\cdot\frac{r^2}{m^2+r^2}\\
\sigma_A &= (\sigma_\beta)_{\substack{\alpha=\alpha_2\\ \beta=0}} = p\\
&\qquad + \frac{2p}{\mathfrak{Sin}^2\alpha_2}(1+\mathfrak{Cof}\,\alpha_2\cos\beta) = p+2p\cdot\frac{r(m+r)}{m^2+r^2}\\
\sigma_B &= (\sigma_\beta)_{\substack{\alpha=\alpha_2\\ \beta=\pm\pi}} = p+\frac{2p}{\mathfrak{Sin}^2\alpha_2}(1-\mathfrak{Cof}\,\alpha_2) = p-2p\cdot\frac{r(m-r)}{m^2+r^2}
\end{aligned}\right\} \qquad (161)$$

In Zusammenhang mit dem durch Bild 59 gekennzeichneten Belastungsfall steht der Belastungsfall nach Bild 61. Hier handelt es sich um ein unendlich ausgedehntes Blech mit zwei gleich großen Lochkreisen, das nach allen Seiten gleichem Zug p ausgesetzt ist. Auch bei diesem Spannungszustand kommt man mit dem einfachen Ansatz der Gl. (149) aus. Da hierin α nur in der Verbindung $\mathfrak{Sin}^2\,\alpha$ und $\mathfrak{Cof}\,\alpha$, also in geraden Funktionen vorkommt, ist der durch die Gl. (149) beschriebene Spannungszustand symmetrisch zur y-Achse. Die Konstanten a und b ergeben sich aus den Grenzbedingungen einerseits an den Kreisen $\alpha = \pm\,\alpha_0$, andererseits im Unendlichen. Wegen der Lastfreiheit an den Lochkreisen $\alpha = \pm\alpha_0$ ist

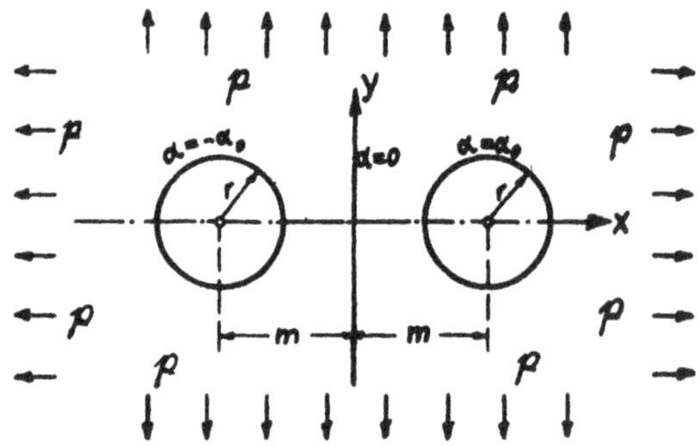

Bild 61

$$(\sigma_\alpha)_{\alpha=\alpha_0} = 0 = a - b\,\mathfrak{Sin}^2\,\alpha_0.$$

Ferner folgt aus der Bedingung, daß im Unendlichen überall der gleichmäßige Zug p herrschen soll,

$$(\sigma_\alpha)_{\alpha=0} = a = p$$

$$(\sigma_\beta)_{\substack{\alpha=0\\ \beta=\pm\pi}} = a = p$$

und damit wird

$$b = \frac{p}{\mathfrak{Sin}^2\,\alpha_0}\,.$$

Mit diesen Werten von a und b erhält man aus den Gl. (149) die Spannungen

$$\sigma_\alpha = p\left(1 - \frac{\mathfrak{Sin}^2 \alpha}{\mathfrak{Sin}^2 \alpha_0}\right)$$

$$\sigma_\beta = p\left(1 + \frac{\mathfrak{Sin}^2 \alpha}{\mathfrak{Sin}^2 \alpha_0}\right) + \frac{2p}{\mathfrak{Sin}^2 \alpha_0}(1 + \mathfrak{Cos}\, \alpha \cos \beta)$$

$$\tau_{\alpha\beta} = 0$$

oder wegen der Gl. (155a) bis (155c) mit den Bezeichnungen in Bild 61

$$\left.\begin{aligned} \sigma_\alpha &= p\left(1 - \frac{r^2}{m^2 - r^2}\,\mathfrak{Sin}^2 \alpha\right) \\ \sigma_\beta &= p\left(1 + \frac{r^2}{m^2 - r^2}\,\mathfrak{Sin}^2 \alpha\right) + 2p\frac{r^2}{m^2 - r^2}(1 + \mathfrak{Cos}\, \alpha \cos \beta) \\ \tau_{\alpha\beta} &= 0 \end{aligned}\right\} \quad (162)$$

Der Spannungszustand ist bis aufs Vorzeichen der Spannungen derselbe wie er durch die Gl. (157) beschrieben ist, die zu Bild 59 gehören. Die im Anschluß an die Gl. (157) berechneten Spannungen am Lastrand behalten daher auch hier Geltung.

Der Fall der Scheibe mit zwei kreisförmigen Löchern unter einseitigem Zug wird in der Arbeit von E. Weinel, »Über einige ebene Randwertprobleme der Elastizitätstheorie«, ZAMM Bd. 17 (1937), S. 276, behandelt. In dieser Arbeit findet man auch noch andere Beispiele für die Anwendung der Bipolarkoordinaten zur Lösung ebener Spannungsaufgaben.

VII. Abschnitt

Geschlossene und offene Ringe

§ 38. Geschlossener Ring unter gleichmäßigem Innen- oder Außendruck

Von großer praktischer Bedeutung ist der ebene Spannungszustand, der sich in einem dickwandigen Ring bei gleichmäßigem Innen- oder Außendruck ausbildet. Wir wollen zunächst Innendruck p_1 voraussetzen (s. Bild 62). Da der zu erwartende Spannungszustand symmetrisch um O sein muß, also nur von r abhängen kann, so gilt das gleiche auch von der zugehörigen Spannungsfunktion F, die sich demnach aus Gl. (51) von § 4 ergibt zu

$$F = c_0 + c_1 \ln \frac{r}{a} + c_2 r^2 + c_3 r^2 \ln \frac{r}{a} \qquad (1)$$

Hierin sind c_0 bis c_3 Konstante, die den Randbedingungen der Aufgabe anzupassen sind. Zu diesem Zweck bilden wir mit Hilfe der Spannungsfunktion in bekannter Weise die Spannungen:

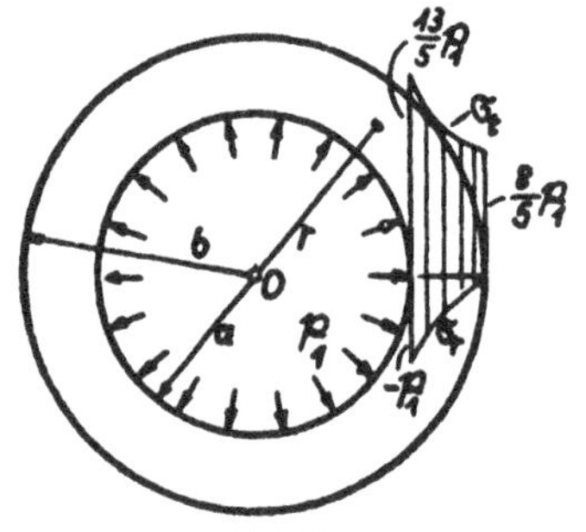

Bild 62

$$\left.\begin{aligned} \sigma_r &= \frac{1}{r}\frac{\partial F}{\partial r} = \frac{c_1}{r^2} + 2 c_2 + c_3\left(1 + 2 \ln \frac{r}{a}\right) \\ \sigma_t &= \frac{\partial^2 F}{\partial r^2} = -\frac{c_1}{r^2} + 2 c_2 + c_3\left(3 + 2 \ln \frac{r}{a}\right) \\ \tau_{rt} &= 0 \end{aligned}\right\} \quad . \; . \; . \; . \; (2)$$

Aus den Bedingungen für $r = a$ und $r = b$ folgt:

$$\left.\begin{aligned} (\sigma_r)_{r=a} &= -p_1 = \frac{c_1}{a^2} + 2 c_2 + c_3 \\ (\sigma_r)_{r=b} &= 0 = \frac{c_1}{b^2} + 2 c_2 + c_3\left(1 + 2 \ln \frac{b}{a}\right) \end{aligned}\right\} \quad . \; . \; . \; . \; (3)$$

Aus diesen beiden Gleichungen lassen sich die 3 Konstanten c_1, c_2 und c_3 nicht eindeutig entnehmen. Es ist daher noch nötig, auf die Formänderung einzugehen. Diese muß auch symmetrisch um O erfolgen und wird durch die Zunahme ϱ des Radius r eindeutig beschrieben. Mittels ϱ lassen sich die Dehnungen in radialer und tangentialer Richtung darstellen durch

$$\left.\begin{aligned} \varepsilon_r &= \frac{d\varrho}{dr} \\ \varepsilon_t &= \frac{\varrho}{r} \end{aligned}\right\} \quad \ldots \ldots \ldots \ldots (4)$$

Der Zusammenhang der Dehnungen mit den Spannungen folgt aus dem Hookeschen Gesetz zu

$$\left.\begin{aligned} \varepsilon_r &= \frac{1}{E}\left(\sigma_r - \frac{1}{m}\,\sigma_t\right) \\ \varepsilon_t &= \frac{1}{E}\left(\sigma_t - \frac{1}{m}\,\sigma_r\right) \end{aligned}\right\} \quad \ldots \ldots \ldots \ldots (4a)$$

oder nach Einsetzen der Werte aus den Gl. (2) und (4)

$$\left.\begin{aligned} \frac{d\varrho}{dr} &= \frac{1}{E}\left(\frac{m+1}{m}\,\frac{c_1}{r^2} + 2\,c_2\,\frac{m-1}{m} + c_3\,\frac{m-3}{m} + 2\,c_3\,\frac{m-1}{m}\,\ln\frac{r}{a}\right) \\ \frac{\varrho}{r} &= \frac{1}{E}\left(-\frac{m+1}{m}\,\frac{c_1}{r^2} + 2\,c_2\,\frac{m-1}{m} + c_3\,\frac{3m-1}{m} + 2\,c_3\,\frac{m-1}{m}\,\ln\frac{r}{a}\right) \end{aligned}\right\} (5)$$

Indem man mit der zweiten dieser Gleichungen $\frac{d\varrho}{dr}$ bildet und diesen Ausdruck mit dem Wert der ersten Gleichung vergleicht, findet man nur Übereinstimmung, wenn

$$c_3 = 0 \quad \ldots \ldots \ldots \ldots (6)$$

gesetzt wird. Damit folgen die beiden anderen Konstanten c_1 und c_2 aus den Gl. (3) zu

$$\left.\begin{aligned} c_1 &= -\,p_1 \cdot \frac{a^2 b^2}{b^2 - a^2} \\ c_2 &= \frac{p_1}{2} \cdot \frac{a^2}{b^2 - a^2} \end{aligned}\right\} \quad \ldots \ldots \ldots \ldots (7)$$

und die Spannungen berechnen sich nach den Gl. (2) zu

$$\left.\begin{aligned} \sigma_r &= -\,p_1\,\frac{a^2}{b^2 - a^2} \cdot \frac{b^2 - r^2}{r^2} \\ \sigma_t &= p_1\,\frac{a^2}{b^2 - a^2} \cdot \frac{b^2 + r^2}{r^2} \end{aligned}\right\} \quad \ldots \ldots \ldots \ldots (8)$$

Aus diesen Formeln ergibt sich, daß die Spannungssumme über den ganzen Querschnitt konstant ist:

$$\sigma_r + \sigma_t = 2\,p_1\,\frac{a^2}{b^2 - a^2} \quad \ldots \ldots \ldots \ldots (9)$$

Der Spannungsverlauf über den Ringquerschnitt in Bild 62, wobei $\frac{b}{a} = \frac{3}{2}$ beträgt, ist in Bild 62 eingetragen. Die größten auftretenden Spannungen sind die Zugspannungen σ_t am Innenrand.

Die Formänderungsgröße ϱ, die wir für den vorliegenden Belastungsfall des Ringes mit ϱ_1 bezeichnen wollen, folgt aus der zweiten Gl. (5) durch Einsetzen der Konstanten nach Gl. (6) und (7) zu

$$\varrho_1 = \frac{p_1}{m E} \frac{a^2}{b^2 - a^2} \left[(m-1)\, r + (m+1) \frac{b^2}{r} \right] \quad . \quad . \quad . \quad . \quad (10)$$

Ist der Ring durch einen **gleichmäßigen Außendruck** p_2 beansprucht (s. Bild 63), so lauten die Randbedingungen mit Hilfe der Gl. (2)

$$\left.\begin{aligned} (\sigma_r)_{r=b} &= -p_2 = \frac{c_1}{b^2} + 2c_2 + c_3 \left(1 + 2 \ln \frac{b}{a}\right) \\ (\sigma_r)_{r=a} &= 0 = \frac{c_1}{a^2} + 2c_2 + c_3 \end{aligned}\right\} \quad . \quad . \quad . \quad (11)$$

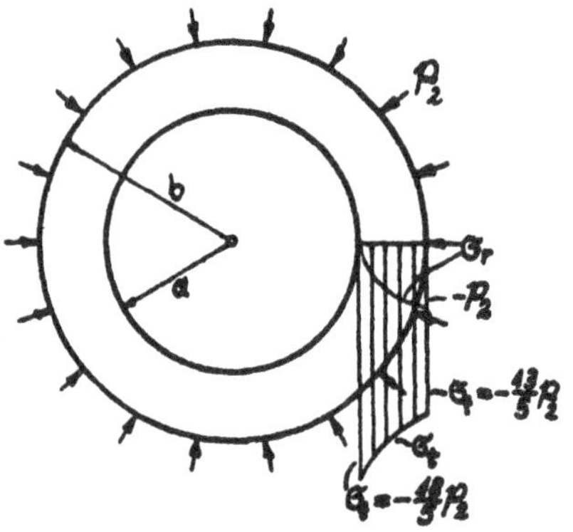

Bild 63

Da hier wieder Gl. (6) $c_3 = 0$ gilt, ergeben die Gl. (11) die Konstanten zu

$$\left.\begin{aligned} c_1 &= \quad p_2 \frac{a^2 b^2}{b^2 - a^2} \\ c_2 &= -\frac{p_2}{2} \frac{b^2}{b^2 - a^2} \end{aligned}\right\} \quad . \quad . \quad . \quad . \quad . \quad . \quad . \quad . \quad . \quad . \quad (12)$$

Gl. (12) folgen aus den Gl. (7) durch Vertauschung von a und b und von p_1 mit p_2. Mit diesen Werten der Konstanten errechnet man die Spannungen aus den Gl. (2) zu

$$\left.\begin{aligned} \sigma_r &= -p_2 \frac{b^2}{b^2 - a^2} \cdot \frac{r^2 - a^2}{r^2} \\ \sigma_t &= -p_2 \frac{b^2}{b^2 - a^2} \cdot \frac{r^2 + a^2}{r^2} \end{aligned}\right\} \quad . \quad . \quad . \quad . \quad . \quad . \quad . \quad . \quad (13)$$

Auch hier gilt wieder, daß die Spannungssumme konstant ist:

$$\sigma_r + \sigma_t = -2\, p_2 \frac{b^2}{b^2 - a^2} \quad . \quad . \quad . \quad . \quad . \quad . \quad . \quad . \quad . \quad (14)$$

Die Verteilung der Spannungen σ_r und σ_t für den Ringquerschnitt ist in Bild 63 eingetragen. Die größten Spannungen sind auch hier die inneren Ringspannungen σ_t, die aber diesmal im Gegensatz zum Beispiel in Bild 62 Druckspannungen sind.

Indem man die Spannungen nach Gl. (13) in die zweite der Gl. (4a) einsetzt oder, was auf dasselbe hinausläuft, indem man die hier gültigen Werte von c_1, c_2 und c_3 in die zweite der Gl. (5) einsetzt, erhält man für die Formänderungsgröße ϱ, die wir hier ϱ_2 nennen wollen, den Wert

$$\varrho_2 = -\frac{p_2}{m E} \cdot \frac{b^2}{b^2 - a^2} \left[(m-1) r + (m+1) \frac{a^2}{r} \right] \quad . \; . \; . \; (15)$$

Eine praktisch wichtige Anwendung der hier behandelten Spannungszustände des Ringes unter konstantem Innen- und Außendruck liegt beim Schrumpfring vor. Eine Schrumpfverbindung wird bekanntlich in der Weise gewonnen, daß ein Ring, der auf einer Welle fest aufsitzen soll, mit etwas zu kleinem Innendurchmesser hergestellt wird, so daß er erst nach dem Erwärmen über die Welle geschoben werden kann. Beim Abkühlen preßt er sich alsdann fest auf die Welle. Handelt es sich nicht um eine Welle, auf die der Ring aufgeschrumpft wird, sondern selbst um einen Ring von gleicher Höhe wie der Schrumpfring, so entsteht in beiden Ringen durch das Aufschrumpfen ein ebener Spannungszustand. Der äußere Ring *1* (s. Bild 64) steht unter Innendruck p, der innere Ring *2* unter Außendruck von gleicher Stärke. Je größer der Unterschied des äußeren Durchmessers D_2 des Innenringes *2* und des inneren Durchmessers D_1 des Außenringes *1* vor dem Aufschrumpfen und dem Erwärmen war, um so größer wird der Druck p zwischen Innen- und Außenring nach dem Aufschrumpfen sein. Deshalb ist für den schließlich eintretenden Schrumpfdruck p das Schrumpfmaß

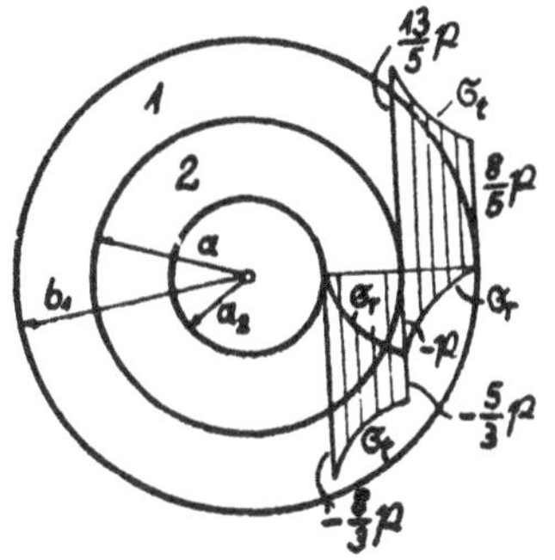

Bild 64

$$\varepsilon = \frac{D_2 - D_1}{2a} \quad . \; . \; . \; . \; . \; . \; . \; . \; . \; . \; . \; (16)$$

maßgebend. Das Schrumpfmaß ε hat in den praktischen Fällen die Größenordnung $\frac{1}{1000}$.

Da nach dem Abkühlen der Schrumpfverbindung sich unter dem Schrumpfdruck p ein elastischer Spannungszustand einstellt, wobei für den Außenring 1 sich die Formänderungsgröße ϱ_1 nach Gl. (10) und für den Innenring *2* sich ϱ_2 nach Gl. (15) berechnet, so gilt für D_1 und D_2:

$$a = \frac{D_1}{2} + (\varrho_1)_{r=a} = \frac{D_2}{2} + (\varrho_2)_{r=a} \quad . \; . \; . \; . \; . \; . \; (17)$$

und damit nimmt ε nach Gl. (16) die folgende Form an:

$$\varepsilon = \frac{(\varrho_1)_{r=a} - (\varrho_2)_{r=a}}{a} \quad \ldots \ldots \ldots \ldots (18)$$

Indem man für ϱ_1 und ϱ_2 die Gl. (10) bzw. (15) mit den aus Bild 64 zu entnehmenden Bezeichnungen einsetzt, erhält man

$$\varepsilon = \frac{p}{E}\left[\frac{b_1^2 + a^2}{b_1^2 - a^2} + \frac{a^2 + a_2^2}{a^2 - a_2^2}\right] \quad \ldots \ldots \ldots (19)$$

Dabei ist noch vorausgesetzt worden, daß Außen- und Innenring aus demselben Werkstoff bestehen, so daß die elastischen Konstanten E und m für beide die gleichen sind.

Aus Gl. (19 läßt sich das Schrumpfmaß ε berechnen, das auf einen bestimmten Schrumpfdruck p führen soll. Der durch den Schrumpfdruck p in den beiden Ringen hervorgerufene Spannungszustand geht dann aus den Formeln (8) bzw. (13) hervor. Die Spannungsverteilung ist für die Abmessung der Ringe nach Bild 64 dort eingetragen. Besonders bemerkenswert ist der Sprung der tangentialen Spannung σ_t beim Übergang vom inneren zum äußeren Ring von einer hohen Druckspannung zu einer hohen Zugspannung.

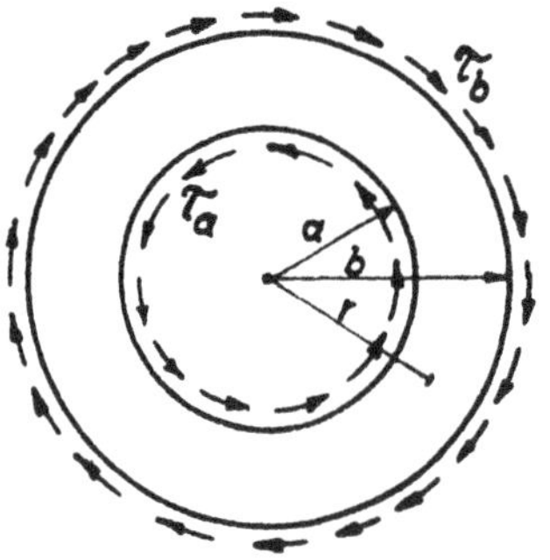

Bild 65

Noch einfacher wird der Spannungszustand in einem geschlossenen Ring, wenn an dem äußeren und inneren Begrenzungskreis des Ringes keine Normalbelastung, sondern eine gleichmäßig verteilte Tangential- oder Schubbelastung vorliegt, wie in Bild 65 angegeben. Es handelt sich hierbei um eine Beanspruchung auf reinen Schub; denn in allen radialen und kreisförmigen Schnitten treten nur Schubspannungen auf. Die relative Größe der Schubspannungen an den Rändern folgt aus dem Momentengleichgewicht für den Nullpunkt:

$$\frac{\tau_a}{\tau_b} = \frac{b^2}{a^2}$$

und für irgendeinen Schnitt im Abstand r ist

$$\frac{\tau_r}{\tau_a} = \frac{a^2}{r^2}.$$

§ 39. Kreisringsektor unter Biegung

Bei der Untersuchung des vorigen §, wobei es sich um geschlossene Kreisringe unter gleichmäßigem Innen- oder Außendruck handelte, sind wir von der Spannungsfunktion F nach Gl. (1) ausgegangen. Dabei ergab sich die Konstante c_3 zu Null, so daß das Glied $r^2 \ln \frac{r}{a}$ in Gl. (1) bei den vollkommen achsensymmetrischen Spannungszuständen des vorigen § ganz wegfiel. Dagegen spielt dieses Glied eine Rolle bei der Biegung eines offenen Kreisringes bzw. eines Kreissektors (s. Bild 66).

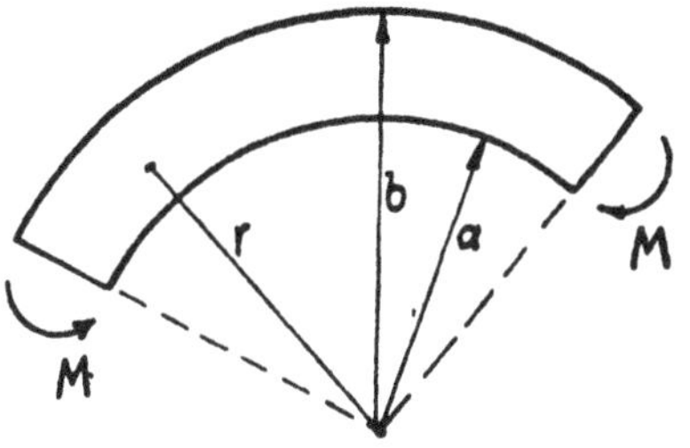

Bild 66

In jedem Querschnitt werde dasselbe Biegungsmoment übertragen, so daß der Spannungszustand vom Zentriwinkel unabhängig ist und nur vom Radius r abhängt.

Unter Zugrundelegung der Spannungsfunktion nach Gl. (1) erhält man als Bedingung dafür, daß die Kreisbegrenzungen $r = a$ und $r = b$ des Kreisringsektors lastfrei sind, nach Gl. (2) des vorigen §:

$$\left.\begin{aligned} (\sigma_r)_{r=a} &= \frac{c_1}{a^2} + 2\,c_2 + c_3 = 0 \\ (\sigma_r)_{r=b} &= \frac{c_1}{b^2} + 2\,c_2 + c_3\left(1 + 2\ln\frac{b}{a}\right) = 0 \end{aligned}\right\} \quad . \; . \; . \; . \; (20)$$

Zu diesen 2 Gleichungen für die 3 Konstanten c_1, c_2, c_3 tritt als dritte Gleichung die Bedingung, daß die Resultierende der Tangentialspannungen σ_t über einen Querschnitt des Kreisringes dem gegebenen Moment M statisch gleichwertig ist. In jedem Querschnitt tritt dieselbe Spannungsverteilung auf, und zwar sind auf der einen Seite einer im Querschnitt gelegenen Nullinie die Spannungen σ_t Zugspannungen, auf der anderen Seite Druckspannungen.

Wir bilden zunächst

$$\int\limits_{r=a}^{r=b} \sigma_t\, dr = \int\limits_a^b \frac{\partial^2 F}{\partial r^2}\, dr = \left(\frac{\partial F}{\partial r}\right)_b - \left(\frac{\partial F}{\partial r}\right)_a .$$

Nun ist aber wegen der beiden Gl. (20)

$$\left(\frac{\partial F}{\partial r}\right)_{r=a} = 0 \quad \text{und} \quad \left(\frac{\partial F}{\partial r}\right)_{r=b} = 0,$$

so daß

$$\int\limits_a^b \sigma_t\, dr = 0 \quad . \; . \; . \; . \; . \; . \; . \; . \; . \; . \; . \; . \; (21)$$

folgt, was ja zu erwarten war, da die Resultierende der Tangentialspannungen σ_t im Querschnitt keine Einzelkraft, sondern nur ein Moment ergeben muß. Da in jedem Querschnitt nur ein reines Biegungsmoment M übertragen wird, kann der Momentenpunkt zur Berechnung des Momentes beliebig gewählt werden. Wir legen ihn zweckmäßig in den Koordinatenanfangspunkt $r = 0$. Dann erhält man zunächst durch partielle Integration:

$$M = \int_{r=a}^{r=b} \sigma_t \, r \, d r = \int_a^b \frac{\partial^2 F}{\partial r^2} r \, d r = \int_a^b r \, d\left(\frac{\partial F}{\partial r}\right) = \left(r \frac{\partial F}{\partial r}\right)_a^b - (F)_a^b .$$

Hierin verschwinden wieder $\left(\frac{\partial F}{\partial r}\right)_a$ und $\left(\frac{\partial F}{\partial r}\right)_b$ und es bleibt

$$M = (F)_a - (F)_b = c_1 \ln \frac{a}{b} + c_2 (a^2 - b^2) - c_3 b^2 \ln \frac{b}{a} \quad . \quad . \quad (22)$$

Aus der letzten Gleichung zusammen mit den beiden Gl. (20) kann man die Konstanten c_1, c_2 und c_3 berechnen. Setzt man sie alsdann in die Gl. (2) ein, so erhält man die folgende Spannungsverteilung:

$$\left.\begin{aligned} \sigma_r &= \frac{4M}{N}\left(-a^2 \ln \frac{r}{a} - b^2 \ln \frac{b}{r} + \frac{a^2 b^2}{r^2} \ln \frac{b}{a}\right), \\ \sigma_t &= \frac{4M}{N}\left(b^2 - a^2 - a^2 \ln \frac{r}{a} - b^2 \ln \frac{b}{r} - \frac{a^2 b^2}{r^2} \ln \frac{b}{a}\right), \end{aligned}\right\} \quad (23)$$

worin N die Abkürzung für

$$N = (b^2 - a^2)^2 - 4 a^2 b^2 \left(\ln \frac{b}{a}\right)^2$$

bedeutet.

Maßgebend für die Größe der Beanspruchung sind die beiden Kantenspannungen

$$\left.\begin{aligned} (\sigma_t)_{r=a} &= \frac{4M}{N}\left(b^2 - a^2 - 2 b^2 \ln \frac{b}{a}\right) \\ (\sigma_t)_{r=b} &= \frac{4M}{N}\left(b^2 - a^2 - 2 a^2 \ln \frac{b}{a}\right) \end{aligned}\right\} \quad . \quad . \quad . \quad . \quad . \quad (24)$$

Schubspannungen werden im Querschnitt nicht übertragen, da nur ein reines Biegungsmoment M wirkt.

Um eine allgemeinere Biegungsbeanspruchung eines Kreisringsektors zu erhalten, gehen wir von dem Ansatz der Airyschen Spannungsfunktion nach Gl. (52) von § 4 aus:

$$F = \left(c_0 r + c_1 r^3 + \frac{c_2}{r} + c_3 r \ln \frac{r}{a}\right)(A \sin \alpha + \beta \cos \alpha) \quad . \quad . \quad (25)$$

Damit erhält man für die Spannungen:

$$\left.\begin{aligned}\sigma_r &= \frac{1}{r}\frac{\partial F}{\partial r} + \frac{1}{r^2}\frac{\partial^2 F}{\partial \alpha^2} = \left(2\,c_1 r - \frac{2\,c_2}{r^3} + \frac{c_3}{r}\right)(A \sin\alpha + B\cos\alpha)\\ \sigma_t &= \frac{\partial^2 F}{\partial r^2} = \left(6\,c_1 r + \frac{2\,c_2}{r^3} + \frac{c_3}{r}\right)(A\sin\alpha + B\cos\alpha)\\ \tau &= -\frac{\partial}{\partial r}\left(\frac{1}{r}\frac{\partial F}{\partial \alpha}\right) = -\left(2\,c_1 r - \frac{2\,c_2}{r^3} + \frac{c_3}{r}\right)(A\cos\alpha - B\sin\alpha)\end{aligned}\right\} \quad (26)$$

Zunächst wollen wir über die Konstanten c_1, c_2 und c_3 so verfügen, daß die kreisförmigen Begrenzungen $r = a$ und $r = b$ lastfrei werden, da wir voraussetzen wollen, daß äußere Kräfte nur in den Endquerschnitten des Kreisringsektors übertragen werden. Da in den Spannungsformeln Gl. (26) σ_r und τ den gleichen Faktor, nämlich $2\,c_1 r - \frac{2\,c_2}{r^3} + \frac{c_3}{r}$ besitzen, so läuft die Bedingung der Lastfreiheit der beiden Kreisbegrenzungen $r = a$ und $r = b$ auf die beiden Gleichungen hinaus:

$$\left.\begin{aligned}2\,c_1 a - \frac{2\,c_2}{a^3} + \frac{c_3}{a} &= 0\\ 2\,c_1 b - \frac{2\,c_2}{b^3} + \frac{c_3}{b} &= 0\end{aligned}\right\} \quad \ldots\ldots\ldots\ldots (27)$$

Hieraus berechnet man

$$\frac{c_2}{c_1} = -a^2 b^2 \quad \text{und} \quad \frac{c_3}{c_1} = -2\,(a^2 + b^2).$$

Da die Konstante c_1 in die Konstanten A und B mit hineingenommen werden kann, darf man sie gleich 1 setzen und erhält damit für die Spannungen nach Gl. (26)

$$\left.\begin{aligned}\sigma_r &= 2\left(r + \frac{a^2 b^2}{r^3} - \frac{a^2 + b^2}{r}\right)(A\sin\alpha + B\cos\alpha)\\ \sigma_t &= 2\left(3\,r - \frac{a^2 b^2}{r^3} - \frac{a^2 + b^2}{r}\right)(A\sin\alpha + B\cos\alpha)\\ \tau &= -2\left(r + \frac{a^2 b^2}{r^3} - \frac{a^2 + b^2}{r}\right)(A\cos\alpha - B\sin\alpha)\end{aligned}\right\} \quad \ldots (28)$$

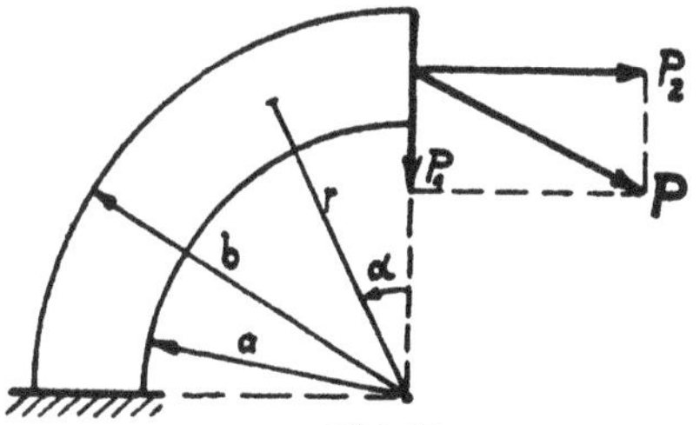

Bild 67

Die hierin noch auftretenden Konstanten A und B berechnen sich aus der gegebenen Belastung der Endquerschnitte. Nehmen wir entsprechend Bild 67 an, daß der Querschnitt $\alpha = 90^0$ eingespannt sein soll und daß im Querschnitt $\alpha = 0^0$ eine Einzellast P angreifen soll, deren vertikale und horizontale Komponenten mit P_1 bzw. P_2 bezeichnet werden, so errechnen sich die Konstanten A und B aus den folgenden Gleichungen:

$$P_1 = \int\limits_{r=a}^{b} \tau_{\alpha=0}\, dr = -2A\left[\frac{b^2-a^2}{2} - \frac{a^2 b^2}{2}\left(\frac{1}{b^2}-\frac{1}{a^2}\right) - (a^2+b^2)\ln\frac{b}{a}\right]$$

$$P_2 = \int\limits_{r=a}^{b} (\sigma_t)_{\alpha=0}\, dr = 2B\left[3\frac{b^2-a^2}{2} + \frac{a^2 b^2}{2}\left(\frac{1}{b^2}-\frac{1}{a^2}\right) - (a^2+b^2)\ln\frac{b}{a}\right]$$

woraus

$$\left.\begin{aligned} A &= -\frac{P_1}{2\left[b^2-a^2-(b^2+a^2)\ln\frac{b}{a}\right]} \\ B &= \frac{P_2}{2\left[b^2-a^2-(b^2+a^2)\ln\frac{b}{a}\right]} \end{aligned}\right\} \quad \ldots\ldots \quad (29)$$

folgt. Damit ist die Spannungsverteilung in dem Viertelkreisring von Bild 67 vollkommen bestimmt.

§ 40. Eigenspannungen im Kreisring

Wir setzen hier wieder einen geschlossenen Ring voraus wie in Bild 62 von § 38, der aber nicht durch äußere Lasten beansprucht sein soll. Wegen seines zweifachen Zusammenhanges kann er aber Eigenspannungen besitzen. Sie können mannigfaltiger Art sein. Wir wollen uns hier auf achsensymmetrische Eigenspannungen beschränken, für die sich die Spannungen σ_r, σ_t und τ_{rt} nach Gl. (2) von § 38 darstellen lassen. Die Konstanten c_1, c_2 und c_3 in den Gl. (2) müssen den Bedingungen

$$\left.\begin{aligned} (\sigma_r)_{r=a} &= 0 = \frac{c_1}{a^2} + 2c_2 + c_3 \\ (\sigma_r)_{r=b} &= 0 = \frac{c_1}{b^2} + 2c_2 + c_3\left(3 + 2\ln\frac{b}{a}\right) \end{aligned}\right\} \quad \ldots\ldots \quad (30)$$

genügen. Aus den Gl. (30) berechnen sich die Konstanten zu

$$\left.\begin{aligned} \frac{c_1}{c_3} &= 2a^2 b^2 \frac{1+\ln\frac{b}{a}}{b^2-a^2} \\ \frac{c_2}{c_3} &= -\frac{3b^2-a^2+2b^2\ln\frac{b}{a}}{2(b^2-a^2)} \end{aligned}\right\} \quad \ldots\ldots\ldots \quad (31)$$

und damit erhält man für die Eigenspannungen:

$$\left.\begin{aligned}\sigma_r &= 2c_3\left[\ln\frac{r}{a}+\frac{a^2b^2}{r^2}\cdot\frac{1+\ln\dfrac{b}{a}}{b^2-a^2}-\frac{b^2}{b^2-a^2}\left(1+\ln\frac{b}{a}\right)\right]\\ \sigma_t &= 2c_3\left[\ln\frac{r}{a}+1-\frac{a^2b^2}{r^2}\cdot\frac{1+\ln\dfrac{b}{a}}{b^2-a^2}-\frac{b^2}{b^2-a^2}\left(1+\ln\frac{b}{a}\right)\right]\\ \tau_{rt} &= 0\end{aligned}\right\}\quad(32)$$

In diesen Ausdrücken für die Spannungen tritt noch der Faktor c_3 auf. Er gibt ein Maß für die Größe der Störung, deren Folge die Eigenspannungen sind. Die Art dieser Störung, die auf achsensymmetrische Eigenspannungen führt, kann man aus Bild 68 entnehmen. Denkt man sich aus dem ursprünglich spannungsfreien Ring einen zum Zentriwinkel δ gehörigen Sektorkeil $s\ t\ s'\ t'$ herausgeschnitten und die gerade Strecke $s'\ t'$ auf $s\,t$ geschweißt, so daß wieder ein von äußeren Kräften unbelasteter Ring entsteht, so bildet sich ein Eigenspannungszustand im Ring aus, wie er durch die Gl. (32) beschrieben wird. Die Größe c_3 muß natürlich proportional dem Zentriwinkel δ sein, der selbst hinsichtlich seiner Größenordnung dadurch begrenzt ist, daß die Strecken ss' und tt' als Formänderungsgrößen im Sinne der Elastizitätstheorie von erster Ordnung unendlich klein gegenüber den endlichen Abmessungen a und b des Ringes sein müssen.

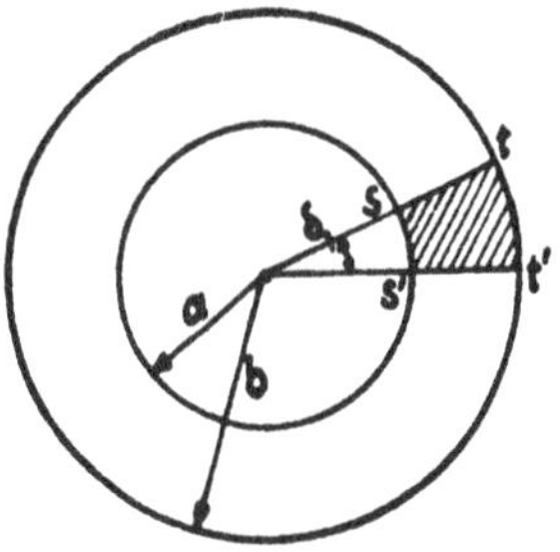

Bild 68

Um den Zusammenhang zwischen der Konstante c_3 und dem Winkel δ zu finden, betrachten wir nur die $\ln r$ enthaltenden Anteile von σ_r und σ_t, für die die Spannungssumme

$$\sigma_r+\sigma_t=4c_3\ln\frac{r}{a}\quad\ldots\ldots\ldots\ldots(33)$$

beträgt. Beachtet man, daß nach Gl. (3) und (4) von § 26 die Spannungssumme gleich ist

$$\sigma_r+\sigma_t=\sigma_x+\sigma_y=2G\,\frac{m+1}{m-1}\,e'=E\,\frac{m}{m-1}\,e'=E\,\frac{m}{m-1}\left(\frac{\partial\xi}{\partial x}+\frac{\partial\eta}{\partial y}\right)\quad\ldots(34)$$

und daß e' und

$$\omega'=\frac{m-1}{m}\,\omega=\frac{m-1}{2m}\left(\frac{\partial y}{\partial x}-\frac{\partial\xi}{\partial y}\right)$$

nach Gl. (14) von § 27 Real- und Imaginärteil der komplexen analytischen Funktion

$$e' + i\,\frac{m-1}{m}\,\omega$$

darstellen, so folgt aus dem Wert der Spannungssumme nach Gl. (33) bzw. dem nach Gl. (34) zugehörigen Wert von e', daß die Drehung ω unendlich vieldeutig ist; denn der zu e' konjugierte Wert $\frac{m-1}{m}\,\omega$ beträgt für

$$e' = \frac{m-1}{E\,m}(\sigma_r + \sigma_t) = \frac{m-1}{E\,m}\cdot 4\,c_3 \ln\frac{r}{a},$$

weil $\ln\frac{r}{a} + i\alpha$ eine komplexe analytische Funktion ist,

$$\frac{m-1}{E\,m}\cdot 4\,c_3\cdot\alpha,$$

wenn mit α der Winkel des Polarkoordinatensystems r, α bezeichnet wird. Dieser Winkel α vermehrt sich aber jedesmal nach einem Umkreisen des Nullpunktes um $2\,\pi$. Bei unserer oben besprochenen Störung des Ringes durch Ausschneiden des zum Zentriwinkel δ gehörigen Keilsektors und Wiederzusammenfügung der Schnitte st und $s't'$ beträgt die Winkeldrehung bei einem vollen Umlauf um den Nullpunkt $-\delta$. Setzt man demnach für $\alpha = 2\,\pi$ und für $\omega = -\delta$ ein und setzt beide Werte für die Winkeldrehung einander gleich, so folgt:

$$\delta = -\frac{4\,c_3}{E}\cdot 2\,\pi$$

oder:

$$2\,c_3 = -\frac{E}{4\,\pi}\,\delta \quad . \; . \; . \; . \; . \; . \; . \; . \; . \; . \; . \quad (34)$$

Damit ist die Konstante $2\,c_3$ in den Spannungsgleichungen (32) festgelegt. Wie von vornherein zu erwarten war, sind die Spannungen σ_r und σ_t sowohl proportional dem ausgeschnittenen Winkel δ als auch proportional mit dem Elastizitätsmodul E des Werkstoffes. Für den Fall, daß der ursprünglich spannungsfreie aufgeschnittene Ring aufgeweitet und ein dem Zentriwinkel δ entsprechender Keilsektor eingeschoben wird, so wechseln die Spannungen nach Gl. (32) gegenüber dem ersten Fall ihre Vorzeichen, was auf eine Vorzeichenänderung von δ, das in diesem Falle mit positivem Wert anzunehmen ist, hinausläuft.

Andere, nicht achsensymmetrische Eigenspannungszustände können dadurch hervorgerufen werden, daß man den ursprünglich spannungsfreien Ring längs eines Halbmessers aufschneidet und die beiden Schnittflächen radial gegeneinander versetzt wieder zusammenschweißt. Der dadurch hervorgerufene Eigenspannungszustand ist in dem Buch von M. Bricas, »La théorie de L'Élasticité Bidimensionnelle«, Athen 1937, zu finden.

VIII. Abschnitt

Spannungen durch Eigengewicht und durch Zentrifugalkräfte sowie Wärmespannungen

§ 41. Spannungen im Balken durch sein Eigengewicht

Bevor wir an die Aufgabe herantreten, die Spannungen in einem beiderseits aufgelagerten Balken von rechteckigem Querschnitt anzugeben, die durch sein Eigengewicht hervorgerufen werden, wollen wir untersuchen, wie sich die allgemeinen elastischen Grundgleichungen ändern, wenn das Eigengewicht eine Rolle spielt. Dabei wollen wir uns auf den durch das Eigengewicht allein hervorgerufenen Spannungszustand beschränken, dem sich der von äußeren Lasten herrührende Spannungszustand überlagert.

Bezeichnen wir mit μ die Massendichte des Werkstoffes und mit g die Erdbeschleunigung, so lauten die Gleichgewichtsbedingungen am Volumenelement, wenn man das Gewicht in Richtung der negativen y-Achse wirkend annimmt,

$$\left.\begin{aligned} \frac{\partial \sigma_x}{\partial x} + \frac{\partial \tau}{\partial y} &= 0 \\ \frac{\partial \sigma_y}{\partial y} + \frac{\partial \tau}{\partial x} &= g\mu \end{aligned}\right\} \quad \dots\dots\dots\dots \quad (1)$$

Diese beiden Gleichgewichtsgleichungen treten an Stelle der beiden Gl. (1) von § 1 und gehen in diese über, sobald der Einfluß des Eigengewichtes vernachlässigt wird. Verfolgen wir die Entwicklungen von § 1 weiter, so können sie unverändert übernommen werden. Insbesondere gelten auch hier die Gl. (2), die das Hookesche Gesetz zum Ausdruck bringen. Auch die aus der Verträglichkeitsgleichung (3) von § 1 sich ergebende Gl. (5) bzw. (5a) bleibt hier unverändert erhalten, so daß wir zu den obigen beiden Gl. (1) als dritte Gleichung

$$\left(\frac{\partial^2}{\partial x^2} + \frac{\partial^2}{\partial y^2}\right)(\sigma_x + \sigma_y) = 0 \quad \dots\dots\dots \quad (2)$$

hinzufügen müssen, um die erforderlichen drei Gleichungen für die drei Unbekannten σ_x, σ_y und τ zur Verfügung zu haben. Als erstes Beispiel dient der in Bild 69 gezeichnete Balken von den Abmessungen 2a und 2b und überall gleicher Dicke 1, der beiderseits aufliegt und nur unter der Wirkung seines Eigengewichtes stehen soll. Wir wollen nachweisen, daß der folgende Spannungszustand sowohl die Gl. (1) und (4) befriedigt sowie alle Grenzbedingungen der Aufgabe erfüllt.

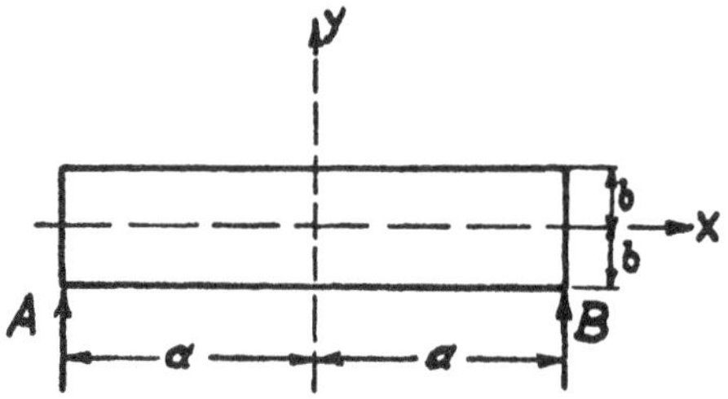

Bild 69

$$\left.\begin{aligned}\sigma_x &= \frac{\mu g}{2b^2}\left[3y(x^2-a^2)+\frac{6}{5}b^2y-2y^3\right]\\ \sigma_y &= \frac{\mu g}{2b^2}y\cdot(y^2-b^2)\\ \tau &= -\frac{3\mu g}{2b^2}x\cdot(y^2-b^2)\end{aligned}\right\} \quad \ldots \ldots (3)$$

Durch Einsetzen dieser Spannungswerte in die Gl. (2) und (3) sieht man, daß sowohl die Gleichgewichtsbedingungen (2) als auch die Verträglichkeitsgleichung (3) identisch befriedigt werden. Aber auch die Grenzbedingungen für $x = \pm a$ und $y = \pm b$ werden durch den Ansatz der Gl. (3) befriedigt. Daß σ_y und τ für $x = \pm a$ verschwinden, sieht man ohne weiteres. An den Begrenzungen für $x = \pm a$ ergibt die Resultierende der Schubspannungen τ über die Endquerschnitte die richtigen Werte der Auflagerkräfte A und B, gleich dem halben Gewicht des Balkens, und die Resultierenden der Normalspannungen in diesen Endquerschnitten sind Null, wie es gefordert wird. Unter Anwendung des St. Venantschen Prinzips sind demnach alle Grenzbedingungen der Aufgabe befriedigt.

Die größten Spannungen dürften die im Symmetriequerschnitt $x = 0$ auftretenden Kantenspannungen σ_x sein. Sie betragen für $x = 0$ und $y = \pm b$

$$(\sigma_x)_{\substack{x=0\\ y=\pm b}} = \mp\left(\frac{2}{5}b+\frac{3}{2}\frac{a^2}{b}\right)\mu g = \mp\left(\frac{1}{10a}+\frac{3}{8}\frac{a}{b^2}\right)Q \quad \ldots (4)$$

wenn $Q = 4ab\mu g$ das Gewicht des Balkens bedeutet.

§ 42. Spannungen in der kreisgelochten Ebene infolge Eigengewicht

Als zweites Beispiel für einen vom Eigengewicht herrührenden ebenen Spannungszustand behandeln wir eine allseitig unendlich ausgedehnte Ebene, die ein kreisförmiges Loch vom Radius a enthält

(s. Bild 70). Es soll der von dieser kreisförmigen Störung herrührende Spannungszustand in der Umgebung des Loches ermittelt werden, wenn nur das Eigengewicht der Scheibe als Belastung, und zwar wieder in Richtung der negativen y-Achse, wirkt.

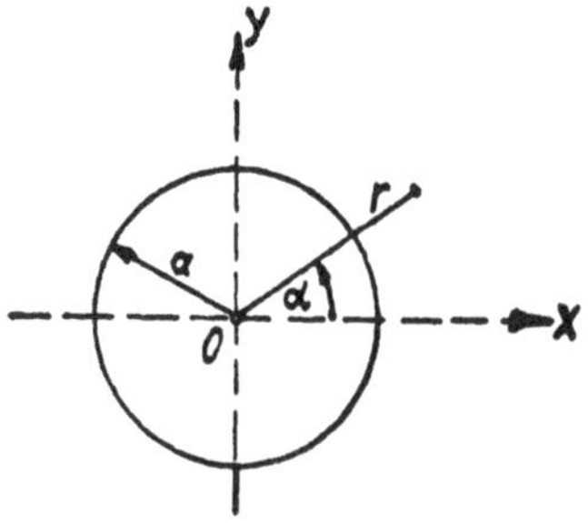

Bild 70

Es ist hier zweckmäßig, den Spannungszustand auf das Polarkoordinatensystem r, α zu beziehen. Was zunächst die Gleichgewichtsbedingungen in radialer und tangentialer Richtung betrifft, so treten an Stelle der Gl. (32a) und (32b) von § 4 hier bei Berücksichtigung der auf die Volumeneinheit bezogenen Belastung μg durch Eigengewicht in Richtung der negativen y-Achse die folgenden:

$$\left.\begin{aligned} \frac{\partial}{\partial r}(\sigma_r r) - \sigma_t + \frac{\partial \tau}{\partial \alpha} &= \mu g r \sin\alpha \\ \frac{\partial \sigma_t}{\partial \sigma} + \frac{\partial (\tau r)}{\partial r} + \tau &= \mu g r \cos\alpha \end{aligned}\right\} \quad \ldots\ldots (5)$$

Diese beiden Gleichgewichtsgleichungen entsprechen den Gl. (1) von § 41. Dazu tritt dann noch als Verträglichkeitsgleichung

$$\Delta(\sigma_r + \sigma_t) = 0 \quad \ldots\ldots\ldots\ldots (6)$$

an Stelle von Gl. (2) von § 41, wobei die Δ-Operation auf das Polarkoordinatensystem r, α bezogen ist, d. h.

$$\Delta \equiv \frac{\partial^2}{\partial r^2} + \frac{1}{r}\frac{\partial}{\partial r} + \frac{1}{r^2}\frac{\partial^2}{\partial \alpha^2}.$$

Die 3 Gleichungen (5) und (6) werden durch den folgenden Ansatz befriedigt, der zugleich die Randbedingungen der durch Bild 70 charakterisierten Aufgabe erfüllt:

$$\left.\begin{aligned} \sigma_r &= \mu g r\left(1 - \frac{a^2}{r^2}\right)\sin\alpha \\ \sigma_t &= \mu g r \sin\alpha \\ \tau &= 0 \end{aligned}\right\} \quad \ldots\ldots\ldots (7)$$

wie man sich durch Einsetzen dieser Werte in die Gl. (5) und (6) leicht überzeugen kann. Aber auch die Grenzbedingungen am Lochrand $r = a$ werden erfüllt, da hier sowohl σ_r als τ Null sind.

Es ist noch zu überlegen, wie die Abstützung der unendlichen Scheibe im Unendlichen erfolgt. Darauf geben die Gl. (7) gleichfalls eine Antwort. Entweder betrachtet man Punkte der Ebene im großen Abstand vom Nullpunkt, so daß das Glied $\frac{a^2}{r^2}$ in σ_r gegenüber 1 vernachlässigt werden kann, oder man denkt sich a verschwindend klein, so daß dies Glied auch weggelassen werden darf. Der Spannungszustand, der nach Streichen des Gliedes mit $\frac{a^2}{r^2}$ in der ersten der Gl. (7) übrigbleibt, entspricht einer gleichmäßigen Stützung der Ebene im Unendlichen, so daß die Teile der Ebene oberhalb der horizontalen Geraden durch den Nullpunkt von oben gehalten und die darunter gelegenen Teile von unten abgestützt werden. Auf der horizontalen Geraden durch den Nullpunkt sind daher die Spannungen σ_r und σ_t Null, während sie oberhalb dieser Geraden positiv und unterhalb negativ sind; die Größen dieser Spannungen sind proportional dem Abstand $y = r \sin a$ von dieser Geraden.

§ 43. Spannungen im rotierenden Ring infolge von Zentrifugalkräften

Dreht sich ein Ring mit der gleichbleibenden Winkelgeschwindigkeit ω um eine Achse, so treten Fliehkräfte C, bezogen auf die Flächeneinheit, von der Größe

$$C = \mu r \omega^2$$

auf, wobei wieder mit μ die Massendichte bezeichnet wird. Durch Anbringen der Fliehkräfte C wird die dynamische Aufgabe auf eine statische Aufgabe zurückgeführt, so daß sich die Gleichgewichtsbedingungen der Statik darauf anwenden lassen.

Aus Symmetriegründen können an den Begrenzungsflächen eines durch zwei benachbarte Radien vom Zentriwinkel $d\alpha$ und zwei benachbarte Kreise um O mit Abstand dr herausgeschnittenen Ringelementes (s. Bild 71) keine Schubspannungen, sondern nur Normalspannungen σ_r und σ_t übertragen werden. Das Gleichgewicht dieser Spannungen untereinander und mit der Fliehkraft des abgegrenzten Elementes liefert die Gleichung

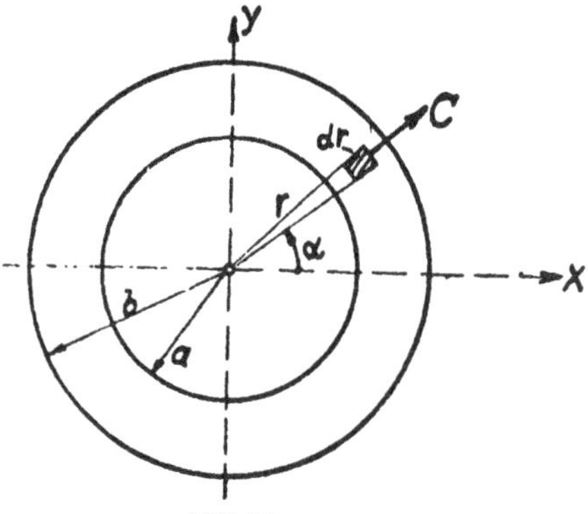

Bild 71

$$\frac{d\,(\sigma_r\,r)}{d\,r} - \sigma_t + \mu r^2 \omega^2 = 0$$

oder

$$\frac{d\,\sigma_r}{d\,r} = \frac{\sigma_t - \sigma_r}{r} - \mu \omega^2 r \quad \dots \dots \dots \quad (8)$$

Aus dem Gleichgewicht am Element folgt nur diese eine Gleichung zwischen den unbekannten Spannungen σ_r und σ_t. Eine zweite Gleichung ist noch erforderlich. Sie ergibt sich aus dem elastischen Formänderungszustand.

Bezeichnen wir ebenso wie in § 38 mit ϱ den elastischen Zuwachs des Halbmessers r, so folgt aus den Gl. (4) und (4a) von § 38

$$\left.\begin{aligned} \sigma_r &= E\frac{m^2}{m^2-1}\left(\frac{d\varrho}{dr}+\frac{1}{m}\frac{\varrho}{r}\right) \\ \sigma_t &= E\frac{m^2}{m^2-1}\left(\frac{\varrho}{r}+\frac{1}{m}\frac{d\varrho}{dr}\right) \end{aligned}\right\} \quad \ldots\ldots\ldots \quad (9)$$

Führt man diese Werte in Gl. (8) ein, so heben sich einige Glieder weg und es bleibt die folgende Differentialgleichung für ϱ:

$$\frac{d^2\varrho}{dr^2}+\frac{1}{r}\frac{d\varrho}{dr}-\frac{\varrho}{r^2}=-\frac{m^2-1}{E\,m^2}\mu\,\omega^2 r \quad \ldots\ldots \quad (10)$$

Das allgemeine Integral dieser Differentialgleichung mit den beiden Integrationskonstanten lautet

$$\varrho = B\,r+\frac{C}{r}-\frac{m^2-1}{8\,m^2 E}\mu\,\omega^2 r^3 \quad \ldots\ldots\ldots \quad (11)$$

Die beiden Integrationskonstanten B und C ergeben sich aus den Randbedingungen:

$$(\sigma_r)_{r=a}=0; \qquad (\sigma_r)_{r=b}=0.$$

Eine einfache Ausrechnung führt auf die Werte

$$\left.\begin{aligned} B &= \frac{m-1}{8\,m\,E}\left(3+\frac{1}{m}\right)\mu\,\omega^2(a^2+b^2) \\ C &= \frac{m+1}{8\,m\,E}\left(3+\frac{1}{m}\right)\mu\,\omega^2 a^2 b^2 \end{aligned}\right\} \quad \ldots\ldots\ldots \quad (12)$$

Durch Einsetzen dieser Werte der Integrationskonstanten in die Gl. (9) erhält die Spannungen

$$\left.\begin{aligned} \sigma_r &= \frac{3\,m+1}{8\,m}\mu\,\omega^2\left(a^2+b^2-r^2-\frac{a^2b^2}{r^2}\right) \\ \sigma_t &= \frac{3\,m+1}{8\,m}\mu\,\omega^2\left(a^2+b^2-\frac{3+m}{1+3\,m}r^2+\frac{a^2b^2}{r^2}\right) \end{aligned}\right\} \quad \ldots \quad (13)$$

Bezüglich weiterer Ausführungen sei auf »Drang und Zwang« Bd. I, 3. Aufl., S. 330 verwiesen. Dort ist auch der Fall einer achsensymmetrischen Scheibe von veränderlicher Dicke behandelt.

§ 44. Wärmespannungen im Hohlzylinder

Ist die Temperatur im Innern eines dickwandigen Hohlzylinders anders als außerhalb des Zylinders, so findet ein stationärer Wärmestrom durch den Zylinder statt, der Spannungen hervorruft, sog. Wärmespannungen. Unter der Voraussetzung, daß es sich um einen langen Zylinder handeln soll, auf dessen Enden es nicht weiter ankommt, kann man sich auf einen zur Höhe *1* gehörigen Querschnitt beschränken

(s. Bild 72). Wir wollen annehmen, die Außentemperatur t_b sei größer als die Innentemperatur t_a. Die Wärmemenge, die in der Zeiteinheit durch einen Schnittzylinder vom Radius r und der Höhe 1 hindurchströmt, muß bei stationärem Wärmefluß unabhängig von r sein. Bezeichnen wir diese Wärmemenge mit Q, so ist

$$Q = k \cdot 2 r \pi \cdot \frac{dt}{dr}, \quad \ldots \quad (14)$$

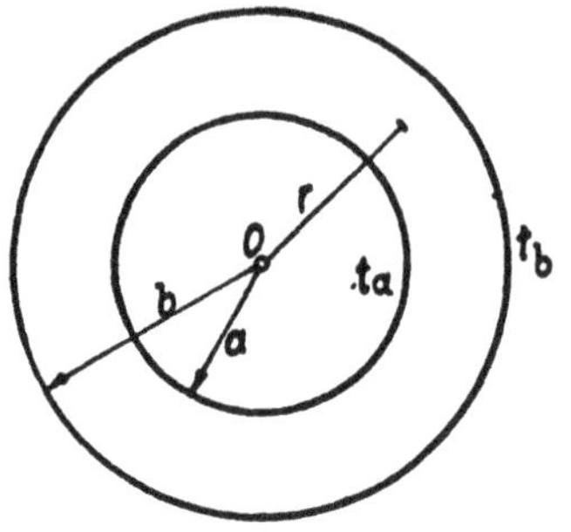

Bild 72

worin k den sog. Wärmeleitungskoeffizienten bedeutet. Das Temperaturgefälle $\frac{dt}{dr}$ ist demnach umgekehrt proportional mit r. Die Integration von Gl. (14) liefert die Temperaturverteilung:

$$t = \frac{Q}{2\pi k} \ln \frac{r}{a} + c \quad \ldots \ldots \ldots \quad (15)$$

Die Integrationskonstante c sowie der Faktor $\frac{Q}{2\pi k}$ folgt aus den Grenzbedingungen, daß für $r = a$ die Temperatur dauernd gleich t_a und für $r = b$ dauernd gleich t_b sein soll, zu

$$c = t_a \text{ und } \frac{Q}{2\pi k} = \frac{t_b - t_a}{\ln \frac{b}{a}}.$$

Damit folgt aus Gl. (15)

$$t = t_a + \frac{t_b - t_a}{\ln \frac{b}{a}} \cdot \ln \frac{r}{a} \quad \ldots \ldots \ldots \quad (16)$$

oder

$$t = t_a + C \ln \frac{r}{a}, \quad \ldots \ldots \quad (16a)$$

wenn zur Abkürzung

$$C = \frac{t_b - t_a}{\ln \frac{b}{a}} \quad \ldots \ldots \ldots \quad (17)$$

gesetzt wird.

Um die Spannungen im Ring zu ermitteln, die durch diesen stationären Wärmestrom hervorgerufen werden, ist zu beachten, daß zu den elastischen Dehnungen ε_r und ε_t die von der Richtung unabhängige Wärmedehnung $\alpha (t - t_0)$ hinzutritt, wenn mit α die lineare

Wärmeausdehnungszahl bezeichnet wird und t_0 eine gewisse zwischen t_a und t_b gelegene mittlere Temperatur bedeutet. An Stelle der Gl. (4) von § 38 treten daher die folgenden

$$\left.\begin{aligned} \varepsilon_r + \alpha(t - t_0) &= \frac{d\varrho}{dr} \\ \varepsilon_t + \alpha(t - t_0) &= \frac{\varrho}{r} \end{aligned}\right\} \quad \ldots\ldots\ldots \quad (18)$$

Ersetzt man hierin t nach Gl. (16a) und entsprechend t_0 durch

$$t_0 = t_a + C \ln \frac{r_0}{a} \quad \ldots\ldots\ldots \quad (19)$$

so daß die mittlere Vergleichstemperatur t_0 auf einem Kreis vom Radius r_0 herrscht, so erhält man aus den Gl. (18)

$$\left.\begin{aligned} \varepsilon_r &= \frac{d\varrho}{dr} - C\alpha \ln \frac{r}{r_0} \\ \varepsilon_t &= \frac{\varrho}{r} - C\alpha \ln \frac{r}{r_0} \end{aligned}\right\} \quad \ldots\ldots\ldots \quad (20)$$

Längs des Kreises $r = r_0$ sind also die Wärmedehnungen Null. Sie wechseln beim Durchgang durch diesen Kreis ihr Vorzeichen.

Der Zusammenhang zwischen den Dehnungen ε_r und ε_t und den Spannungen σ_r und σ_t ist durch die Gl. (4a) von § 38 gegeben. Löst man sie nach den Spannungen σ_r und σ_t auf und ersetzt die Dehnungen ε_r und ε_t nach den Gl. (20), so erhält man

$$\left.\begin{aligned} \sigma_r &= E\frac{m^2}{m^2-1}\left(\varepsilon_r + \frac{1}{m}\varepsilon_t\right) = E\frac{m^2}{m^2-1}\left(\frac{d\varrho}{dr} + \frac{1}{m}\frac{\varrho}{r} - \frac{m+1}{m}C\alpha\ln\frac{r}{r_0}\right) \\ \sigma_t &= E\frac{m^2}{m^2-1}\left(\varepsilon_t + \frac{1}{m}\varepsilon_r\right) = E\frac{m^2}{m^2-1}\left(\frac{\varrho}{r} + \frac{1}{m}\frac{d\varrho}{dr} - \frac{m+1}{m}C\alpha\ln\frac{r}{r_0}\right) \end{aligned}\right\} (21)$$

Die Verträglichkeitsgleichung zwischen den Spannungen σ_r und σ_t kann aus Gl. (8) von § 43 mit $\mu = 0$ erhalten werden zu

$$\frac{d\sigma_r}{dr} = \frac{\sigma_t - \sigma_r}{r} \quad \ldots\ldots\ldots \quad (22)$$

Durch Einsetzen der Werte von σ_r und σ_t aus den Gl. (21) in diese letzte Gleichung erhält man die folgende Differentialgleichung für ϱ

$$\frac{d^2\varrho}{dr^2} + \frac{1}{r}\frac{d\varrho}{dr} - \frac{\varrho}{r} = \frac{m+1}{m}C\alpha\frac{1}{r} \quad \ldots\ldots \quad (23)$$

mit der allgemeinen Lösung

$$\varrho = Ar + \frac{B}{r} + \frac{m+1}{2m}C\alpha r \ln\frac{r}{a} \quad \ldots\ldots \quad (24)$$

Hierin sind A und B die beiden Integrationskonstanten. Sie werden aus den beiden Grenzbedingungen bestimmt, daß

$$\left.\begin{array}{lll} \text{für} & r = a & \sigma_r = 0 \\ \text{für} & r = b & \sigma_r = 0 \end{array}\right\} \quad \ldots\ldots\ldots\ldots \quad (25)$$

sein muß. Wir bilden zu diesem Zweck

$$\frac{d\varrho}{dr} = A - \frac{B}{r^2} + \frac{m+1}{2m} C\alpha \left(\ln\frac{r}{a} + 1\right)$$

sowie

$$\frac{d\varrho}{dr} + \frac{1}{m}\frac{\varrho}{r} = \frac{m+1}{m}\left(A - \frac{m-1}{m+1}\frac{B}{r^2} + \frac{m+1}{2m} C\alpha \ln\frac{r}{a} + \frac{C}{2}\alpha\right)$$

$$\frac{\varrho}{r} + \frac{1}{m}\frac{d\varrho}{dr} = \frac{m+1}{m}\left(A - \frac{m-1}{m+1}\frac{B}{r^2} + \frac{m+1}{2m} C\alpha \ln\frac{r}{a} + \frac{C}{2m}\alpha\right).$$

Die beiden Grenzbedingungen (25) liefern unter Berücksichtigung des Wertes von C nach Gl. (17) die folgenden Werte für die Integrationskonstanten A und B

$$A = \frac{\alpha}{2}(t_b - t_a)\left[\frac{m-1}{m}\frac{b^2}{b^2 - a^2} - \frac{1 - 2\ln\frac{a}{r_0}}{\ln\frac{b}{a}}\right]$$

$$B = \frac{\alpha}{2}(t_b - t_a)\frac{m+1}{m}\frac{a^2 b^2}{b^2 - a^2}.$$

Setzt man diese Werte in Gl. (24) ein und berechnet mit diesem Wert von ϱ die Spannungen nach Gl. (21), so erhält man

$$\left.\begin{array}{l} \sigma_r = E\dfrac{\alpha}{2}(t_b - t_a)\left[\dfrac{b^2}{b^2 - a^2}\dfrac{r^2 - a^2}{r^2} - \dfrac{\ln\frac{r}{a}}{\ln\frac{b}{a}}\right] \\[2ex] \sigma_t = E\dfrac{\alpha}{2}(t_b - t_a)\left[\dfrac{b^2}{b^2 - a^2}\dfrac{r^2 + a^2}{r^2} - \dfrac{\ln\frac{r}{a}}{\ln\frac{b}{a}} - \dfrac{1}{\ln\frac{b}{a}}\right] \end{array}\right\} \quad \ldots \quad (26)$$

Zunächst ist in diesen Formeln bemerkenswert, daß r_0 gar nicht mehr vorkommt, so daß wegen Gl. (19) die Vergleichtemperatur t_0 ganz herausgefallen ist. Wie man leicht nachprüfen kann, verschwindet σ_r für $r = a$ und $r = b$, wie es sein muß. Die größten Spannungen sind die Spannungen σ_t für $r = a$ und $r = b$. Sie betragen:

$$\left.\begin{aligned}(\sigma_t)_{r=a} &= E\frac{\alpha}{2}(t_b - t_a)\left[\frac{2b^2}{b^2-a^2} - \frac{1}{\ln\frac{b}{a}}\right]\\ (\sigma_t)_{r=b} &= E\frac{\alpha}{2}(t_b - t_a)\left[\frac{2a^2}{b^2-a^2} - \frac{1}{\ln\frac{b}{a}}\right]\end{aligned}\right\} \quad \ldots\ldots \quad (27)$$

Diese maximalen Temperaturspannungen sind natürlich dem Temperaturunterschied $t_b - t_a$ zwischen äußerer und innerer Begrenzung des Rohres proportional, aber unabhängig von den absoluten Werten der Temperatur; ferner hängen sie nur vom Verhältnis $\frac{b}{a}$ zwischen äußerem und innerem Halbmesser des Rohres ab.

Aus den Gl. (27) folgt die einfache Beziehung:

$$(\sigma_t)_{r=a} - (\sigma_t)_{r=b} = E\,\alpha\,(t_b - t_a) \quad \ldots\ldots\ldots \quad (28)$$

Ist $t_b - t_a$ positiv, d. h. ist die äußere Temperatur t_b größer als die innere Temperatur t_a, so ist die Differenz der absolut größten Temperaturspannungen $(\sigma_t)_{r=a} - (\sigma_t)_{r=b}$ positiv.

Wie zu erwarten, sind die Spannungen $(\sigma_t)_{r=a}$ positiv und die Spannungen $(\sigma_t)_{r=b}$ negativ. Die Werte der Spannungen $(\sigma_t)_{r=a}$ und $(\sigma_t)_{r=b}$ für verschiedene Verhältnisse $\frac{b}{a}$ findet man in einer Tabelle in dem Werk von Lorenz, »Technische Elastizitätslehre«, erschienen 1913 bei R. Oldenbourg, S. 590. Es ist insofern ein Unterschied gegenüber unseren Betrachtungen vorhanden, als dort der Zusammenhang des ebenen Querschnittes mit dem ganzen Zylinder in axialer Richtung berücksichtigt ist, was sich in den allgemeinen Formeln für die Spannungen durch den Faktor $\frac{m}{m-1}$ bemerkbar macht, der in unseren Formeln hinzutreten müßte, um vollkommene Übereinstimmung zu erzielen.

IX. Abschnitt

Abweichungen von der Isotropie und vom Hookeschen Gesetz

§ 45. Veränderliche Elastizitätsmoduln in der Ebene

Bisher ist bei unseren ebenen Spannungszuständen stets vorausgesetzt worden, daß der Elastizitätsmodul E des Werkstoffes von der Richtung unabhängig ist. Es kann aber gelegentlich vorkommen, daß diese Voraussetzung nicht mehr zutrifft. Wenn es sich z. B. um ein ebenes Wellblech handelt, das in seiner Ebene beansprucht wird, so ist die Nachgiebigkeit des Bleches in Richtung von Berg und Tal der Welle viel größer als in der dazu senkrecht stehenden Richtung, also parallel zu den Erzeugenden der Welle. Die größere Nachgiebigkeit in Richtung von Wellenberg und -tal rührt natürlich von dem elastischen Ausgleich her, den die Wellen gestatten, wobei die einzelnen Wellenberge auf Biegung beansprucht werden. Man kann aber von dieser Biegungsbeanspruchung wenigstens bei flachen Wellen zunächst absehen und mit einem ebenen Blech von überall gleicher Wandstärke rechnen, das in den beiden Hauptrichtungen, die durch die ebenen Wellen festgelegt sind, ganz verschiedene Elastizitätsmoduln besitzt. Während der Elastizitätsmodul in Richtung parallel zu den Erzeugenden der Wellen der übliche Elastizitätsmodul des Werkstoffes bei elastischer Beanspruchung ist, wird der Elastizitätsmodul für die hierzu senkrecht stehende Richtung wesentlich kleiner sein und von der Form der Welle abhängen. Er kann durch einen einfachen Zugversuch oder auch angenähert rechnerisch bestimmt werden.

Ein anderes praktisches Beispiel, bei dem die Elastizitätsmoduln für zwei zueinander senkrechte Richtungen verschieden sein können, wird dann vorliegen, wenn in einem ebenen Blech durch Überbeanspruchung in einer Richtung die Proportionalitätsgrenze überschritten ist, so daß die Beanspruchung schon einem Punkt im Übergangsbogen der Lastdehnungskurve entspricht, wo der Elastizitätsmodul schon ganz wesentlich abgesunken sein kann. Dieser Fall spielt unter Umständen bei Knickvorgängen eine Rolle.

Wir wollen voraussetzen, daß der Elastizitätsmodul E_1 für die Richtung *1* wesentlich kleiner sein soll als der Elastizitätsmodul E_2 für die zu *1* senkrechte Richtung *2*. Ferner wollen wir der Einfachheit halber von der Querkontraktion ganz absehen, d. h. die Poissonsche Konstante $\frac{1}{m}$ wird gleich Null gesetzt. Wenn man die Querkontraktion berücksichtigen wollte, so müßte man für die beiden Richtungen *1* und *2* verschiedene Werte für $\frac{1}{m}$ einführen; denn die verhältnismäßig große Dehnung in der Richtung *1* kann nur eine geringfügige Querkontraktion in der Richtung *2* zur Folge haben, so daß die zugehörige Querdehnungszahl $\frac{1}{m}$ sehr viel kleiner sein müßte als der übliche Wert 0,3 für Stahl. Für die Querdehnung in der Richtung *1*, herrührend von einer Belastung in Richtung *2*, könnte man wohl den üblichen Wert $\frac{1}{m} = 0{,}3$ für Stahl einsetzen. Da aber die Dehnung in Richtung *1*, herrührend von der Belastung in Richtung *1*, groß ist, spielt die Querdehnung, die von der Belastung in Richtung *2* herrührt, keine wesentliche Rolle. Aus beiden genannten Gründen ist es angenähert zulässig, von der Querdehnung ganz abzusehen.

Es wird angenommen, daß sich unter der Wirkung irgendwelcher äußerer Lasten im ebenen Blech ein ebener Spannungszustand ausgebildet hat, der an irgendeiner Stelle durch die Spannungen σ_1, σ_2 und $\tau_{1,2}$ in Richtung der von uns mit *1* und *2* bezeichneten elastischen Hauptrichtungen charakterisiert sein soll. Der Zusammenhang zwischen den genannten Spannungen und denen für irgendeine Schrittrichtung durch den betrachteten Punkt ist derselbe, wie wir ihn unter gewöhnlichen Verhältnissen kennen, da dieser Zusammenhang vom elastischen Verhalten des Körpers unabhängig ist und nur aus Gleichgewichtsbedingungen folgt. Am anschaulichsten wird er durch den Mohrschen Spannungskreis wiedergegeben.

Der Zusammenhang zwischen den Dehnungen ε für alle möglichen Schnittrichtungen durch den betrachteten Punkt ist auch unabhängig von den Elastizitätsmoduln und daher ebenso wie unter den gewöhnlichen Verhältnissen gleicher Elastizitätsmoduln für alle Richtungen. Wir wollen den Zusammenhang zwischen den Dehnungen und Winkeländerungen hier besonders ableiten. Um die Dehnung ε_φ für eine Richtung unter dem Winkel φ gegen die Hauptrichtung *1* bei gegebenen Dehnungen ε_1 und ε_2 in den beiden Hauptrichtungen *1* und *2* und bei gegebener Winkeländerung γ des rechten Winkels zwischen den beiden Hauptrichtungen *1* und *2* zu bestimmen, zerlegen wir ε_φ in die beiden Anteile $\varepsilon_{\varphi\sigma}$ und $\varepsilon_{\varphi\tau}$:

$$\varepsilon_\varphi = \varepsilon_{\varphi\sigma} + \varepsilon_{\varphi\tau},$$

worin sich $\varepsilon_{\varphi\sigma}$ auf den durch die Normalspannungen σ_1 und σ_2 hervorgerufenen Anteil und $\varepsilon_{\varphi\tau}$ auf den durch die Schubspannungen τ

bewirkten Anteil beziehen soll. Was ersteren Anteil betrifft, so kann man ihn aus Bild 73 ableiten. Wir gehen dabei von einem in den beiden Hauptrichtungen orientierten Rechteck von den Seitenlängen a und b aus, dessen Diagonale vor der Formänderung mit der Richtung 1 den

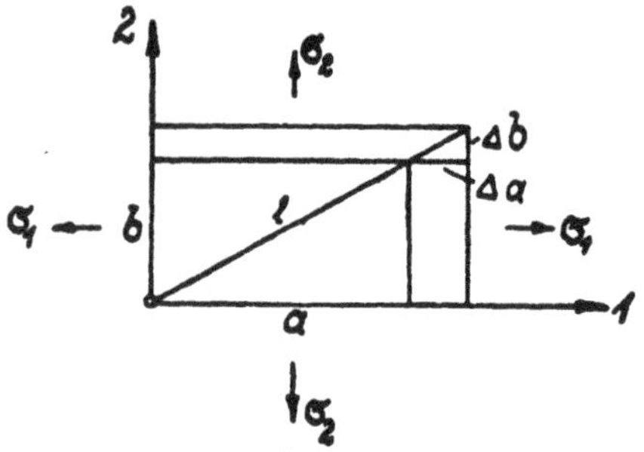

Bild 73

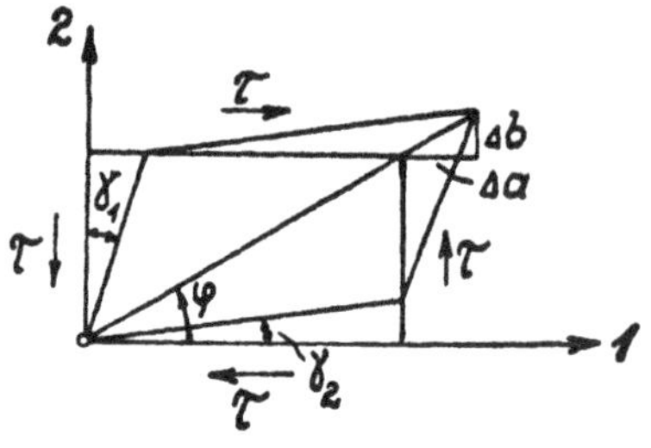

Bild 74

Winkel φ einschließt. Infolge der Belastung durch die Normalspannungen σ_1 und σ_2 allein findet eine Längenänderung Δl der Diagonale im Betrag

$$\Delta l = \Delta a \cos\varphi + \Delta b \sin\varphi$$

statt, woraus

$$\varepsilon_{\varphi\sigma} = \frac{\Delta l}{l} = \frac{\Delta a}{a}\cos^2\varphi + \frac{\Delta b}{b}\sin^2\varphi = \varepsilon_1\cos^2\varphi + \varepsilon_2\sin^2\varphi \quad . \; . \; (2)$$

folgt.

Den Anteil $\varepsilon_{\varphi\tau}$ kann man aus Bild 74 ablesen. Es ist

$$\Delta l = \gamma_1 b\cos\varphi + \gamma_2 a\sin\varphi$$

oder

$$\varepsilon_{\varphi\tau} = \frac{\Delta l}{l} = (\gamma_1 + \gamma_2)\sin\varphi\cos\varphi = \gamma\sin\varphi\cos\varphi, \quad . \; . \; . \; (3)$$

wobei mit $\gamma = \gamma_1 + \gamma_2$ die ganze Änderung des ursprünglich rechten Winkels des Rechtecks bezeichnet wird. Es handelt sich bei dieser Formänderung $\varepsilon_{\varphi\tau}$ um eine reine Gestaltänderung, während $\varepsilon_{\varphi\sigma}$ mit einer Volumenänderung verbunden ist. Durch Vereinigung beider Formänderungen, die man superponieren darf, da es sich ja um unendlich kleine Formänderungen handelt, erhält man

$$\varepsilon_\varphi = \varepsilon_1\cos^2\varphi + \varepsilon_2\sin^2\varphi + \gamma\sin\varphi\cos\varphi \quad . \; . \; . \; . \; . \; (4)$$

Der Unterschied zwischen dem isotropen elastischen Verhalten und dem anisotropen, wie wir es hier voraussetzen wollen, kommt erst jetzt zur Geltung, wenn wir nach dem Zusammenhang zwischen den Formänderungen und den Spannungen fragen. Wir setzen selbstverständlich auch hier im rein elastischen Gebiet Proportionalität zwischen den Dehnungen bzw. Winkeländerungen und den Spannungen voraus; d. h. also das Hookesche Gesetz. Da die Proportionalitätsfaktoren durch die Elastizitätsmoduln bestimmt sind, lauten die Hookeschen Gleichungen in unserem Fall verschiedener Elastizitätsmoduln E_1 und E_2:

$$\varepsilon_1 = \frac{\sigma_1}{E_1}; \quad \varepsilon_2 = \frac{\sigma_2}{E_2}; \quad \gamma = \frac{\tau}{G} \quad \ldots \ldots \quad (5)$$

Darin bedeutet G den auf die Hauptrichtungen *1* und *2* bezogenen Schubelastizitätsmodul.

Unsere nächste Aufgabe wird es sein, festzustellen, wie der Elastizitätsmodul E_φ für eine Richtung unter dem Winkel φ gegen die Richtung *1* mit Hilfe der gegebenen Elastizitätsmoduln E_1 und E_2 ausgedrückt werden kann. Zu diesem Zweck setzen wir die Formänderungsgrößen nach Gl. (5) in Gl. (4) ein:

$$\varepsilon_\varphi = \frac{\sigma_1}{E_1}\cos^2\varphi + \frac{\sigma_2}{E_2}\sin^2\varphi + \frac{\tau}{G}\sin\varphi\cos\varphi \quad \ldots \ldots \quad (6)$$

Um E_φ zu finden, denken wir uns einen Streifen von beliebiger Breite in der Richtung φ aus dem Blech geschnitten und gleichmäßig auf Zug durch die Spannung σ beansprucht; dann gilt offenbar die Hookesche Beziehung

$$\varepsilon_\varphi = \frac{\sigma}{E_\varphi} \quad \ldots \ldots \quad (7)$$

Andererseits läßt sich ε_φ auch aus Gl. (6) bestimmen, in die man einzusetzen hat:

$$\sigma_1 = \sigma\cos^2\varphi; \quad \sigma_2 = \sigma\sin^2\varphi; \quad \tau = \sigma\sin\varphi\cos\varphi.$$

Durch Gleichsetzen beider Werte für ε_φ und Streichen des gemeinsamen Faktors σ erhält man die folgende Abhängigkeit:

$$\frac{1}{E_\varphi} = \frac{\cos^4\varphi}{E_1} + \frac{\sin^4\varphi}{E_2} + \frac{\sin^2\varphi\cos^2\varphi}{G} \quad \ldots \ldots \quad (8)$$

Die Formeln für anisotropes Verhalten müssen die gewöhnlichen für isotropes Verhalten gültigen Formeln als Sonderfall enthalten. Setzen wir auf der rechten Seite der letzten Gleichung $E_1 = E_2 = E$ ein und beachten, daß im Falle der Isotropie zwischen E und G der bekannte Zusammenhang

$$G = E\frac{m}{2(m+1)} = E\frac{1}{2\left(1+\frac{1}{m}\right)}$$

besteht, der für $\frac{1}{m} = 0$ in

$$G = \frac{1}{2}E$$

übergeht, so folgt aus der letzten Gleichung sofort $E_\varphi = E_1 = E_2 = E$ entsprechend dem isotropen Verhalten.

Beim anisotropen Zustand ist durch Gl. (8) der Elastizitätsmodul E_φ für die Richtung φ durch die gegebenen Elastizitätsmoduln E_1, E_2 und den für die Hauptrichtungen gültigen Schubelastizitätsmodul G festgelegt. Es wird sich zeigen, daß G durch E_1 und E_2 auch schon bestimmt ist, so daß sich E_φ noch einfacher als durch Gl. (8) ausdrücken läßt. Zunächst nehmen wir an, daß ebenso wie E_φ auch der Schubelastizitätsmodul von φ abhängig ist. Wir schreiben dafür G_φ. Denken wir uns aus dem Blech ein Quadrat von der Seitenlänge *1* herausgeschnitten, dessen eine Seite gegen die Hauptrichtung *1* den Winkel φ bildet, und nehmen wir ferner an, daß an den Quadratseiten nur Schubspannungen τ übertragen werden, so wird dadurch in dem Quadrat eine elastische Formänderungsarbeit vom Betrag

$$A = \frac{1}{2}\tau\gamma = \frac{\tau^2}{2\,G_\varphi} \quad . \; . \; . \; . \; . \; . \; . \; . \; . \; . \; . \; . \quad (9)$$

aufgespeichert. Hierin bedeutet

$$\gamma_\varphi = \frac{\tau}{G_\varphi}$$

die Änderung des rechten Winkels des Quadrates infolge der Beanspruchung durch τ und G_φ den für die Richtung φ bzw. $\varphi + 90^0$ gültigen Schubelastizitätsmodul.

Der ins Auge gefaßte Spannungszustand der reinen Schubbeanspruchung hat aber bekanntlich unter 45^0 gegen die τ-Richtung die Hauptspannungen $\sigma = +\tau$ und senkrecht hierzu $\sigma = -\tau$. Mit diesen beiden Hauptspannungen läßt sich die auf die Flächeneinheit bezogene Formänderungsarbeit auch darstellen. Dies ergibt den Ausdruck

$$A = \frac{1}{2}\sigma^2\left(\frac{1}{E_{\varphi+45^0}} + \frac{1}{E_{\varphi-45^0}}\right) \quad . \; . \; . \; . \; . \; . \; . \quad (10)$$

Darin rührt ein Anteil

$$\frac{1}{2}\,\sigma\cdot\varepsilon_{\varphi+45^0} = \frac{\sigma^2}{2}\,\frac{1}{E_{\varphi+45^0}}$$

von der einen Hauptspannung $\sigma = \tau$, in Richtung $\varphi + 45^0$ und der andere Anteil

$$\frac{1}{2}\,\sigma\cdot\varepsilon_{\varphi-45^0} = \frac{\sigma^2}{2}\,\frac{1}{E_{\varphi-45^0}}$$

von der zweiten Hauptspannung $\sigma = -\tau$ in Richtung $\varphi - 45^0$. Durch Gleichsetzen der beiden Ausdrücke für die spezifische Formänderungsarbeit nach Gl. (9) und Gl. (10) und unter Beachtung, daß $\sigma^2 = \tau^2$ ist, erhält man die Beziehung

$$\frac{1}{G_\varphi} = \frac{1}{E_{\varphi-45^0}} + \frac{1}{E_{\varphi+45^0}} \quad . \; . \; . \; . \; . \; . \; . \; . \; . \quad (11)$$

Ersetzt man auf der rechten Seite dieser Gleichung die Werte von $\frac{1}{E_{\varphi-45^\circ}}$ und $\frac{1}{E_{\varphi+45^\circ}}$ durch die entsprechenden Ausdrücke nach Gl. (8), so erhält man nach einfacher Ausrechnung

$$\frac{1}{G_\varphi}=\frac{1}{2}\left(\frac{1}{E_1}+\frac{1}{E_2}\right)(1+\sin^2 2\varphi)+\frac{1}{2G}\cos^2 2\varphi \quad . \; . \; . \quad (12)$$

Für $\varphi=0$ geht diese Gleichung über in

$$\frac{1}{G}=\frac{1}{2}\left(\frac{1}{E_1}+\frac{1}{E_2}\right)+\frac{1}{2G},$$

woraus

$$\frac{1}{G}=\frac{1}{E_1}+\frac{1}{E_2} \quad . \; . \; . \; . \; . \; . \; . \; . \; . \; . \; . \quad (13)$$

folgt. Setzt man diesen Wert für $\frac{1}{G}$ in Gl. (12) ein, so erhält man allgemein

$$\frac{1}{G_\varphi}=\frac{1}{E_1}+\frac{1}{E_2}=\frac{1}{G} \quad . \; . \; . \; . \; . \; . \; . \; . \; . \; . \quad (14)$$

Wir ersehen hieraus, daß der Schubelastizitätsmodul für alle Richtungen φ gleich ist und daß er durch die Hauptelastizitätsmoduln E_1 und E_2 schon mitbestimmt ist, und zwar so, daß sein reziproker Wert gleich ist der Summe der reziproken Werte der Hauptelastizitätsmoduln E_1 und E_2. Setzen wir den gefundenen Wert von G in Gl. (8) ein, so erhält man die folgende einfache Beziehung für $\frac{1}{E_\varphi}$:

$$\frac{1}{E_\varphi}=\frac{\cos^2\varphi}{E_1}+\frac{\sin^2\varphi}{E_2} \quad . \; . \; . \; . \; . \; . \; . \; . \; . \; . \quad (15)$$

Mit dieser letzten Gleichung und der Gleichung (14) für $\frac{1}{G}$ ist das elastische Verhalten des hier vorausgesetzten anisotropen elastischen Zustandes in einfacher Weise zur Darstellung gebracht.

Wir wollen nun zeigen, wie sich der ebene Spannungszustand im Falle der Anisotropie des elastischen Verhaltens mathematisch fassen läßt. Dazu denken wir uns in die Hauptrichtung *1* die x-Achse und in die Hauptrichtung *2* die y-Achse eines rechtwinkligen Koordinatensystems gelegt. Die Gleichgewichtsbedingungen am Volumelement lauten hier ebenso wie im gewöhnlichen Fall der Isotropie:

$$\left.\begin{aligned}\frac{\partial\sigma_x}{\partial x}+\frac{\partial\tau}{\partial y}=0\\ \frac{\partial\sigma_y}{\partial y}+\frac{\partial\tau}{\partial x}=0\end{aligned}\right\} \quad . \; . \; . \; . \; . \; . \; . \; . \; . \; . \quad (16)$$

Sie lassen sich in bekannter Weise bei Einführung einer Airyschen Spannungsfunktion F identisch befriedigen durch den Ansatz

$$\sigma_x = \frac{\partial^2 F}{\partial y^2}; \quad \sigma_y = \frac{\partial^2 F}{\partial x^2}; \quad \tau = -\frac{\partial^2 F}{\partial x \partial y}.$$

Die Verträglichkeitsgleichung folgt aus den Hookeschen Gleichungen:

$$\varepsilon_x = \frac{\partial \xi}{\partial x} = \frac{\sigma_x}{E_1}; \quad \varepsilon_y = \frac{\partial \eta}{\partial y} = \frac{\sigma_y}{E_2}; \quad \gamma = \frac{\partial \xi}{\partial y} + \frac{\partial \eta}{\partial x} = \frac{\tau}{G}$$

zu

$$\frac{\partial^2 \varepsilon_x}{\partial y^2} + \frac{\partial^2 \varepsilon_y}{\partial x^2} = \frac{\partial^2 \gamma}{\partial x \partial y}$$

oder:

$$\frac{1}{E_1} \frac{\partial^2 \sigma_x}{\partial y^2} + \frac{1}{E_2} \frac{\partial^2 \sigma_y}{\partial x^2} = \frac{1}{G} \frac{\partial^2 \tau}{\partial x \partial y} \quad \ldots \ldots \ldots \quad (17)$$

Beachtet man, daß sich die rechte Seite dieser Gleichung wegen der Gleichgewichtsgleichungen auch umschreiben läßt in

$$\frac{1}{G} \frac{\partial^2 \tau}{\partial x \partial y} = -\frac{1}{2G} \left(\frac{\partial^2 \sigma_x}{\partial x^2} + \frac{\partial^2 \sigma_y}{\partial y^2} \right),$$

so erhält man nach einfacher Ausrechnung aus der Verträglichkeitsgleichung (17)

$$\left(\frac{1}{E_1} + \frac{1}{E_2} \right) \Delta (\sigma_x + \sigma_y) + \left(\frac{1}{E_1} - \frac{1}{E_2} \right) \left(\frac{\partial^2 \sigma_x}{\partial y^2} - \frac{\partial^2 \sigma_y}{\partial x^2} \right) = 0 \quad . \; . \quad (18)$$

Führt man noch die Airysche Spannungsfunktion F ein, so geht diese Gleichung über in

$$\left(\frac{1}{E_1} + \frac{1}{E_2} \right) \Delta \Delta F + \left(\frac{1}{E_1} - \frac{1}{E_2} \right) \left(\frac{\partial^4 F}{\partial y^4} - \frac{\partial^4 F}{\partial x^4} \right) = 0 \quad . \; . \; . \quad (19)$$

Für den isotropen Zustand ist $E_1 = E_2$, und damit fällt das zweite Glied auf der linken Seite der Gleichung weg und wir erhalten die bekannte Differentialgleichung $\Delta \Delta F = 0$, der die Airysche Spannungsfunktion in der isotropen elastischen Ebene genügen muß.

Gl. (18) und Gl. (19) lassen sich auch folgendermaßen umschreiben:

$$\Delta \left(\frac{1}{E_2} \frac{\partial^2 F}{\partial x^2} + \frac{1}{E_1} \frac{\partial^2 F}{\partial y^2} \right) \equiv \Delta \left(\frac{\sigma_x}{E_1} + \frac{\sigma_y}{E_2} \right) = 0 \quad . \; . \; . \; . \quad (20)$$

Auf Lösungen dieser Differentialgleichung soll hier nicht weiter eingegangen werden.

§ 46. Der Gültigkeitsbereich der Elastizitätstheorie

Es ist schon in § 93 von »Drang und Zwang« Bd. II, 3. Aufl., bei Besprechung der Hertzschen Härte darauf hingewiesen worden, daß das

Ähnlichkeitsgesetz der Elastizitätstheorie für kleine Abmessungen nicht mehr gilt. Es wurde auch dort schon der Grund hierfür angegeben. Bei den Stählen ist es der Aufbau aus Kristallen, die in den verschiedenen Richtungen verschiedene elastische Eigenschaften besitzen, so daß erst bei Mittelbildung über sehr viele Kristalle der übliche Wert von $E = 21\,000 \frac{\text{kg}}{\text{mm}^2}$ für den Elastizitätsmodul herauskommt. Für Stahl 37 wurde die neue elastische Konstante schon dort angegeben mit $f =$ 2,2 mm, und es wurde wegen einer ausführlichen Begründung für diesen Wert auf Bd. III von »Drang und Zwang« verwiesen. Diese Begründung soll hier gegeben werden, wobei wir uns an die Arbeit »Der Gültigkeitsbereich der Elastizitätstheorie« von L. Föppl und K. Huber, erschienen in der Forschung auf dem Gebiet des Ingenieurwesens Bd. 12 (1941), S. 261, halten.

Aus den erwähnten Betrachtungen in Bd. II, 3. Aufl., folgt schon allgemein, daß das Ähnlichkeitsgesetz der Elastizitätstheorie nur Gültigkeit besitzt, wenn die äußeren Abmessungen in dem kleineren zweier ähnlicher und ähnlich belasteter Körper nirgends unter ein gewisses, für den Werkstoff charakteristisches Maß sinken, z. B. bei Kerben darf der kleinste Krümmungsradius nicht unter dieses Maß zu liegen kommen, damit das Ähnlichkeitsgesetz der Elastizitätstheorie Geltung behält. Damit erklärt es sich, daß die Elastizitätstheorie bei scharfen Kerben mit ihren großen errechneten Spannungsspitzen praktisch nicht zu brauchen ist, da diese hohen Spannungen tatsächlich nicht auftreten.

Es drängt sich nun die Frage auf, wie groß die für den Werkstoff charakteristische Strecke ist, die die Rolle der neuen elastischen Konstante spielt. Um diese Frage für Stahl 37 zu beantworten und zugleich zu zeigen, daß das Ähnlichkeitsgesetz der Elastizitätstheorie für kleine Körperabmessungen nicht mehr gilt, haben wir Walzendruckversuche durchgeführt. Es wurden zu diesem Zweck Stempel aus Werkzeugstahl hergestellt, die in ihrem unteren Teil in der Umgebung der Druckstelle die Gestalt von zylindrischen Walzen hatten. Es wurde eine größere Anzahl von Stempeln mit verschiedenen Walzendurchmessern für die Versuche verwendet. Mit jedem dieser Stempel wurde eine Versuchsreihe in der Weise durchgeführt, daß der Stempel quer zur Achse eines Vierkantstabes aus normalgeglühtem Stahl 37 auf einer polierten Seitenfläche des Stabes in räumlichen Abständen verschieden stark eingedrückt wurde. Es entstanden dadurch an jeder Druckstelle über die ganze Breite von 15 mm der Stabseitenfläche schmale rechteckige Druckflächen, die um so schmäler ausfielen, je geringer der Stempeldruck war.

Nachdem mit ein und demselben Stempel, aber verschieden starken Belastungen, auf einer Seitenfläche des Stabes nebeneinander eine Reihe von solchen schmalen Druckflächen hergestellt worden waren, wurde der Stab nach Anlassen auf 200 bis 300° in der Mitte senkrecht zu den Druckflächen sorgfältig aufgeschnitten und die polierte Schnittfläche mit dem bekannten Fryschen Ätzmittel (120 cm³ konz. Salzsäure, 100 cm³ Wasser, 90 g Kupferchlorid [krist.]) behandelt, das die Fließ-

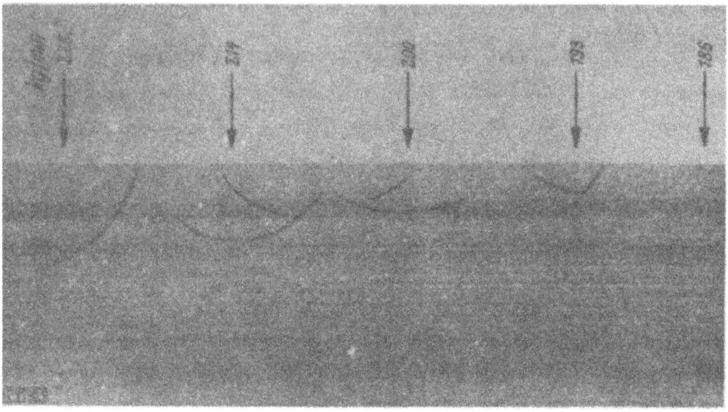

Bild 75

linien sichtbar macht. Auf diese Weise sind u. a. die Bilder 75 und 76 entstanden, in denen die Pfeile die Mitten der Druckflächen angeben, unter denen im Innern des Körpers die Fließlinien mehr oder weniger deutlich zu erkennen sind. Je stärker der Stempeldruck war, um so deutlichere Fließlinien traten beim Ätzen in Erscheinung. Solange die Belastung innerhalb der Elastizitätsgrenzen erfolgte, traten nachträglich beim Ätzen keine Fließlinien auf. In den Bildern 75 und 76 ent-

Bild 76

sprechen die von links nach rechts aufeinanderfolgenden Druckstellen abnehmenden Walzendrücken. Die Höhe dieser Walzendrücke P (kg/mm) bezogen auf 1 mm Walzenlänge, ist den einzelnen Druckstellen beigeschrieben. Sowohl in Bild 75 wie in Bild 76 entspricht die letzte Druckstelle rechts einem elastischen Spannungszustand, da hier keine

Fließlinien auftraten. Die übrigen, noch kleineren Walzendrücken entsprechenden Druckstellen sind in den beiden Bildern 75 und 76 nicht mehr mit aufgenommen worden, da sie erst recht keine Fließlinien zeigten.

Besonderes Interesse beanspruchen die kleinsten Walzendrücke, bei denen eben noch Fließlinien sichtbar sind; dies ist in Bild 75 der Walzendruck $P_1 = 193$ kg/mm und in Bild 76 der Walzendruck $P_2 = 14{,}4$ kg/mm. Daß die Fließgebiete in beiden Bildern ganz verschiedenes Aussehen haben, hängt mit den verschiedenen Walzenhalbmessern r der beiden zugehörigen Stempel zusammen. Der zu Bild 75 gehörige Walzenhalbmesser ist $r_1 = 240$ mm, dagegen der zu Bild 76 gehörige nur $r_2 = 9$ mm. Bei den acht verschiedenen Walzenhalbmessern, die wir untersucht haben, stimmen die auf die oben beschriebene Weise gewonnenen Bilder der Fließgebiete teilweise mit dem charakteristischen Aussehen des Bildes 1 und teilweise mit dem des Bildes 2 überein, und zwar so, daß die zu großen Walzenabmessungen gehörigen Bilder dem Bilde 75 und die zu kleinen Walzenabmessungen gehörigen dem Bilde 76 ähneln. So konnten wir bei einem Walzenhalbmesser von $r = 120$ mm noch deutlich Fließlinien beobachten, ebenso wie bei $r_1 = 240$ mm des Bildes 75. Dagegen trat ähnliches Aussehen der Fließgebiete wie in Bild 76 bei den Walzenhalbmessern $r = 2; 4{,}5; 9$ und 16 mm auf. Den Übergang zwischen den beiden Typen von Fließgebieten, wie sie durch die Bilder 75 und 76 vertreten sind, bildeten die beiden Walzendruckversuche mit den Halbmessern $r = 30$ mm und $r = 60$ mm. Während bei $r = 60$ mm noch Fließlinien nach Art des Bildes 75 festzustellen waren, die aber schon sehr nahe an die Eindruckoberfläche gerückt waren, hatte bei $r = 30$ mm das Fließgebiet zwar noch bogenförmiges Aussehen, reichte aber schon bis an die Eindruckoberfläche ähnlich wie in Bild 76. Es ist anzunehmen, daß, entsprechend dem verschiedenen Aussehen der durch die Bilder 75 und 76 gekennzeichneten beiden Arten von Fließgebieten, der vor dem Eintreten des Fließens herrschende elastische Spannungszustand in beiden Fällen ein vollständig anderer ist.

In Bild 75 fällt auf, daß mit Beginn des Fließens bei $P = 193$ kg/mm schon gleich zwei deutlich sichtbare längere Fließlinien auftreten, die sich auf der Symmetrielinie schneiden. Diese Feststellung entspricht der schon öfters beobachteten Erscheinung, daß die Fließlinien bei ihrem ersten Auftreten stets auf eine größere Strecke durchreißen, was man als »quantenhaftes Fließen« bezeichnet hat. Besonders verdient die Beobachtung hervorgehoben zu werden, daß nach Bild 75 die Fließlinien im Innern entstehen und auch bei stärkerem Druckanstieg kaum bis zur Oberfläche weiterwachsen. Es ist dies ein Beweis dafür, daß der Zusammenbruch des elastischen Spannungszustandes nicht auf eine Oberflächenwirkung zurückzuführen ist, wie früher angenommen worden war, sondern daß er von innen heraus, also von Stellen aus erfolgt, die nicht mehr zur Oberflächenschicht zu rechnen sind.

Die Erweiterung gegenüber den früheren Versuchen besteht darin, daß wir hier Walzendruckversuche mit verschiedenen Walzenhalbmessern durchgeführt und jedesmal in derselben Weise wie bei den durch Bild 75 und 76 charakterisierten Fällen die niedrigste Grenze des Walzendruckes P (kg/mm) bestimmt haben, bei der eben gerade die ersten Fließlinien auftraten. Da unterhalb dieser Grenzbelastung der Spannungszustand rein elastisch ist, gibt diese Belastungsgrenze zugleich die Grenze für die Gültigkeit der Hertzschen Härteformeln. Da sich in den Schnitten, wie sie an den Beispielen Bild 75 und 76 zu erkennen sind, ebene Spannungszustände ausbilden, gelten die für Walzendrücke gültigen Hertzschen Formeln in folgender Form:

$$a = 2\sqrt{\frac{2}{\pi}\left(1 - \frac{1}{m^2}\right)\frac{P r}{E}}\ \text{[mm]} \quad \ldots\ldots\ldots \quad (21)$$

$$p_0 = \sqrt{\frac{1}{2\pi\left(1 - \frac{1}{m^2}\right)} \cdot \frac{P E}{r}}\ \text{[kg/mm}^2\text{]} \quad \ldots\ldots \quad (22)$$

$2\,a$ (mm) bedeutet die Breite der elastischen Druckfläche, $p_0 = 2\,P/\pi\,a$ (kg/mm²) der in der Mitte der halbkreisförmigen Druckverteilung herrschenden größten Flächendruck, $E = 21\,000$ (kg/mm²) den Elastizitätsmodul von Stempel und Probestab, $1/m = 0{,}3$ die Poissonsche Konstante beider Werkstoffe und r (mm) den Walzenhalbmesser des Stempels. Wie aus Gl. (52a) von § 14 hervorgeht, beträgt die größte Schubspannung

$$\tau_{max} = 0{,}30\,p_0\ \text{[kg/mm}^2\text{]} \quad \ldots\ldots\ldots\ldots \quad (23)$$

Diese Spannung tritt im Probestab auf der Symmetrieachse in einem Abstand $z = 0{,}78\,a$ unter der Oberfläche des Stabes auf. Unter der Annahme der Mohrschen Theorie über die Anstrengung des Werkstoffes ist dieses τ_{max} für den Beginn der Zerstörung maßgebend. Wir haben nun für acht Stempel mit verschiedenen Walzenhalbmessern $r = 240$ bis 2 mm Versuchsreihen in der oben beschriebenen Art durchgeführt und jedesmal den Grenzfall des ersten Auftretens der Fließlinien bestimmt. Indem wir den zugehörigen Walzendruck P in Gl. (22) einsetzten und τ_{max} nach Gl. (23) errechneten, erhielten wir eine Abhängigkeit des kritischen Wertes τ_{max}, bei dem der Zusammenbruch des elastischen Spannungszustandes erfolgt, nach Bild 77. Bei Gültigkeit des Ähnlichkeitsgesetzes müßte der kritische Wert τ_{max} unabhängig vom Halbmesser r des Stempels bzw. der Breite $2\,a$ der Druckfläche sein. Dies trifft auch für Werte $2\,a > 2{,}2$ mm zu, wie aus Bild 77 hervorgeht. Offenbar ist für den Spannungszustand im Probestab die maßgebende

Strecke die Breite 2 a der Druckfläche. Das Ähnlichkeitsgesetz der Elastizitätstheorie versagt demnach, wenn bei ähnlicher Verkleinerung charakteristische Abmessungen, wie hier die Breite der Druckfläche oder bei Kerben der kleinste Krümmungshalbmesser, unter diesen Wert f = 2,2 mm zu liegen kommt, so daß f = 2,2 mm die neue elastische Konstante für Stahl 37 darstellt. Für 2 $a >$ 2,2 mm stimmt der kritische Wert τ_{max} gut mit der aus Zugversuchen an Probestäben aus diesem Werkstoff ermittelten Fließgrenze $\sigma_s = 26{,}2$ kg/mm² überein; denn erfahrungsgemäß entspricht die zugehörige Schubspannung, bei der das Fließen eintritt, $\tau_s = (0{,}5$ bis $0{,}61) \cdot \sigma_s = 13{,}1$ bis 16,0 kg/mm². In unserem Falle ist für große Abmessungen nach Bild 77 der Wert der kritischen Schubspannung $\tau_{max} = 16$ kg/mm².

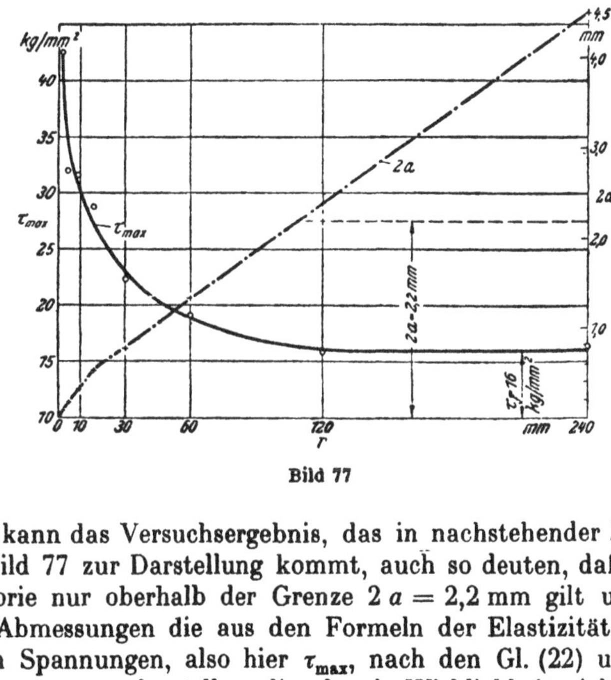

Bild 77

Man kann das Versuchsergebnis, das in nachstehender Zahlentafel und in Bild 77 zur Darstellung kommt, auch so deuten, daß die Elastizitätstheorie nur oberhalb der Grenze 2 a = 2,2 mm gilt und daß für kleinere Abmessungen die aus den Formeln der Elastizitätstheorie berechneten Spannungen, also hier τ_{max}, nach den Gl. (22) und (23) nur »Nennspannungen« darstellen, die aber in Wirklichkeit nicht auftreten, da in diesen Fällen die Elastizitätstheorie in der üblichen Form keine Gültigkeit mehr besitzt.

Um einen Anhaltspunkt zu bekommen, wie weit bei kleinen Abmessungen 2 $a <$ 2,2 mm die »Nennspannung« τ_{max} anwachsen darf, ohne daß das rein elastische Verhalten des Probestabes gestört wird, kann die Feststellung dienen, daß wenigstens angenähert das Produkt $\tau_{max} \sqrt[3]{2\,a}$ = const ist, wie man aus den Versuchspunkten des Bildes 77 und der Zahlentafel entnehmen kann.

Zahlentafel. Walzendrücke und Breiten der Druckflächen beim ersten Auftreten der Fließlinien.

r	Auftreten der ersten Fließlinien bei:				$\tau_{max} \sqrt[3]{2a}$
mm	P kg/mm	$2a$ mm	p_0 kg/mm²	τ_{max} kg/mm²	
2	10,3	0,092	141,5	42,5	19,2
4,5	14,4	0,174	106,0	32,0	17,9
9	26,7	0,322	105,4	31,6	21,6
16	40,0	0,532	95,8	28,8	23,3
30	45,0	0,770	74,4	22,3	20,5
60	66,0	1,320	63,7	19,1	21,0
120	91,5	2,194	53,1	15,9	20,6
240	193,0	4,500	54,6	16,4	—

Außer den beschriebenen Walzendruckversuchen haben wir auch Zugversuche an kreisgelochten Flachstäben aus Stahl 37 durchgeführt, um den theoretischen Spannungsanstieg an scharfen Kerben nachzuprüfen. Die Querschnittsabmessungen des Flachstabes betrugen 130 × 12 mm². In der Mitte der Flachseite wurde zunächst ein Kreisloch von 1,8 mm Dmr. sorgfältig gebohrt. Zu beiden Seiten des Loches wurde mit je einem Spiegelmeßgerät von 2 mm Meßlänge sowohl in der Zugrichtung als auch quer hierzu die elastische Durchmesseränderung des Loches gemessen. Bei langsam steigender Zuglast und gelegentlicher Entlastung, um den elastischen Spannungszustand nachzuweisen, wurde die Grenze der rein elastischen Formänderung bei $p_1 = 18{,}8$ kg/mm² als durchschnittliche Spannung, bezogen auf den kleinsten Querschnitt, ermittelt. Da der Lochdurchmesser von $d = 1{,}8$ mm gegenüber der Stabbreite von $b = 130$ mm als sehr klein anzusehen ist, müßte innerhalb der Elastizitätsgrenzen mit guter Annäherung das für $b/d = \infty$ gültige Gesetz der Verdreifachung der durchschnittlichen Spannung p_1 am Lochrand im kleinsten Stabquerschnitt bestehen, d. h. es müßte am Lochrand die größte Zugspannung $\sigma_1 = 3\,p_1 = 56{,}4$ kg/mm² auftreten, und zwar elastisch. Dies ist aber nicht möglich, da die Fließgrenze des Werkstoffes schon bei 26,0 kg/mm² liegt, wie wir an einem normalen Probestab aus diesem Werkstoff festgestellt haben.

Ebenso wie bei den Walzendruckversuchen mit kleinen Walzendurchmessern gilt hier für die Kerbspannungen bei scharfer Kerbe, daß die aus der Elastizitätstheorie berechnete Spannung σ_1 nur eine »Nennspannung« ist, die in Wirklichkeit nicht eintritt, da für die Umgebung der Kerbstelle die Elastizitätstheorie nicht mehr gilt. Die für die Kerbe maßgebende Größe dürfte hier der Lochhalbmesser von $r = 0{,}9$ mm sein. Er liegt unterhalb der für diesen Werkstoff aus unseren Walzendruckversuchen ermittelten Grenzstrecke $f = 2{,}2$ mm. Damit dürfte der Widerspruch zur üblichen Elastizitätstheorie hinreichend geklärt sein. Es muß hier noch dahingestellt bleiben, ob die maßgebende Größe hier tatsächlich der Lochhalbmesser r ist; möglicherweise ist es auch eine mit der Steilheit des Spannungsanstieges zusammenhängende Größe, die unmittelbar gleich der neuen elastischen Konstante $f = 2{,}2$ mm gleichzusetzen ist, während der Lochhalbmesser erst mittelbar mit f zusammenhängt.

Es sei übrigens noch erwähnt, daß wir bei diesen Versuchen kurz nach Überschreiten der durch den geradlinigen Anstieg der Formänderungen erkennbaren Elastizitäts- bzw. Proportionalitätsgrenze das Auftreten der ersten Fließlinien am polierten Lochrand feststellen konnten. Es ist dies ein Beleg dafür, daß das bei unseren Walzendruckversuchen als »Grenze der Elastizität« gekennzeichnete erste Auftreten von Fließlinien bei Stahl 37 mit guter Annäherung richtig gedeutet ist.

Nach diesem ersten Versuch haben wir das Loch auf einen Durchmesser von $d = 9{,}8$ mm ausgebohrt, wodurch das durch den ersten Versuch in der unmittelbaren Umgebung des kleinen Loches aufgetretene überelastisch beanspruchte Gebiet wegfiel. Wir haben den Dehnungsversuch mit neuen Feinmeßgeräten von 10 mm Meßlänge in derselben Weise wie vorher beim kleinen Loch wiederholt und fanden als Grenze der Elastizität eine auf den kleinsten Querschnitt bezogene durchschnittliche Spannung von $p_2 = 14{,}55$ kg/mm². Hier dürfte schon kein Größeneinfluß mehr maßgebend sein; denn bei einem dritten entsprechend durchgeführten Versuch, bei dem das Loch auf einen Durchmesser von 19,5 mm ausgebohrt war, ergab sich als Grenze der Elastizität eine mittlere Spannung von $p_3 = 14{,}32$ kg/mm², also nicht wesentlich verschieden von p_2.

Da der elastische Spannungszustand in einem kreisgelochten Stab endlicher Breite in Abhängigkeit von dem Verhältnis b/d zwischen Stabbreite b und Lochdurchmesser d bisher noch nicht streng bekannt ist, läßt sich der Formfaktor, der die Höhe der elastischen Spannungsspitze am Lochrand angibt, in den beiden letzten Fällen nicht angeben; er ist jedenfalls wesentlich kleiner als 3, wahrscheinlich kaum größer als 2. Beträgt er 2, so errechnet sich aus den angegebenen Werten von p_2 bzw. p_3 die hier ungefähr zutreffende Fließspannung von 29 kg/mm² des verwendeten Werkstoffes.

Aus den hier beschriebenen Versuchen dürfte einwandfrei hervorgehen, daß die Elastizitätstheorie in ihrer jetzigen Form nicht zu brauchen ist, wenn sie sehr steile Spannungsspitzen liefert. Infolgedessen versagt in diesen Fällen das Ähnlichkeitsgesetz der Elastizitätstheorie. Spannungen, die ein Modellkörper unter Umständen leicht elastisch aufnimmt, braucht eine nach dem Ähnlichkeitsgesetz der Statik vergrößerte Ausführung nicht mehr ohne Schaden zu ertragen. Erfahrungsgemäß besitzen z. B. Walzen- und Kugellager kleinerer Abmessungen eine weit größere Lebensdauer als solche von großen Abmessungen bei ähnlich vergrößerter Belastung.

§ 47. Über die Plastizitätsbedingung der begrenzten Gestaltänderungsenergie

Es wird angenommen, daß es sich um einen Körper aus quasiisotropem Material handelt, so daß die Lastdehnungslinie für den einachsigen Spannungszustand das Aussehen von Bild 78 hat, d. h. die Zugspannung σ steigt auf einem gradlinigen Ast an, bis sie ihren größten Wert σ_v erreicht hat, den sie bei weiterer Formänderung beibehält. Bild 78 liegt die Idealisierung des quasiisotropen Materials zugrunde. Da die Stähle und Metalle tatsächlich nicht isotrop sind, sondern aus einem Haufen wild durcheinander gewachsener Kristalle bestehen, hat die Last-Dehnungslinie keinen Knick wie in Bild 78, sondern zeigt einen allmählichen Übergang von der Hookeschen Geraden in den mehr horizontal gerichteten Teil der Last-Dehnungslinie. Es rührt dies von dem verschiedenen Verhalten der Kristalle in den verschiedenen Kristallrichtungen her. Die zur Zugrichtung günstig gelegenen Kristalle geraten zuerst in den elastisch-plastischen Grenzzustand, während die anderen noch rein elastisch deformiert werden und erst bei einer höheren Belastung auch an der plastischen Deformation teilnehmen.

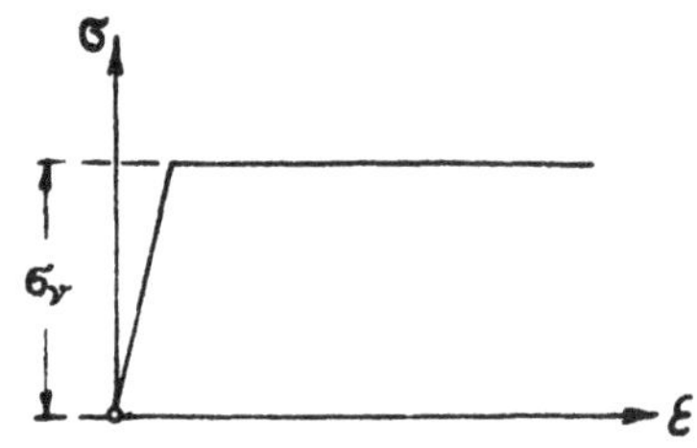

Bild 78

Der Einfachheit halber idealisieren wir unser Material in der Weise, wie es durch Bild 78 zum Ausdruck kommt; σ_v hat dann die Bedeutung der Fließspannung. Der Ausdruck für die auf die Volumeneinheit bezogene Formänderungsarbeit lautet nach »Drang und Zwang« Bd. I, 3. Aufl., S. 51 für den dreiachsigen Spannungszustand

$$A_{g3} = \frac{1}{12G}[(\sigma_x - \sigma_y)^2 + (\sigma_y - \sigma_z)^2 + (\sigma_z - \sigma_x)^2] + \frac{1}{2G}(\tau_{xy}^2 + \tau_{yz}^2 + \tau_{zx}^2) \quad \ldots (24)$$

Für den zweiachsigen Spannungszustand, mit dem wir uns hier beschäftigen wollen, geht dieser Ausdruck über in

$$A_{g2} = \frac{1}{12G}[(\sigma_x - \sigma_y)^2 + \sigma_x^2 + \sigma_y^2] + \frac{1}{2G}\tau_{xy}^2 \quad \ldots \ldots (25)$$

und schließlich für den einachsigen lautet er:

$$A_{g1} = \frac{\sigma^2}{6G}, \quad \ldots \ldots \ldots \ldots (26)$$

wenn mit σ die einachsige Zug- oder Druckspannung bezeichnet wird.

Für den ebenen Spannungszustand kann man die Formänderungsarbeit durch Gl. (25) auch mit Hilfe der beiden Hauptspannungen σ_1

und σ_2 folgendermaßen ausdrücken:

$$A_{\sigma 2} = \frac{1}{12\,G}\,[(\sigma_1 - \sigma_2)^2 + \sigma_1^2 + \sigma_2^2] = \frac{1}{6\,G}\,(\sigma_1^2 - \sigma_1\,\sigma_2 + \sigma_2^2) \qquad (27)$$

Vergleicht man diesen Ausdruck mit der Gestaltänderungsarbeit für den einachsigen Spannungszustand nach Gl. (26), in der man für σ die Grenzspannung oder Fließspannung σ_v einsetzt, so erhält man durch Gleichsetzen die folgende Beziehung:

$$\sigma_1^2 - \sigma_1\,\sigma_2 + \sigma_2^2 = \sigma_v^2 \quad \ldots\ldots\ldots \quad (28)$$

zwischen den Hauptspannungen σ_1 und σ_2, die zu Grenzspannungszuständen gehören. In der letzten Gleichung ist σ_v als Werkstoffkonstante anzusehen.

Wir stellen uns nun die Aufgabe, in der σ-τ-Ebene die Umhüllende der Mohrschen Kreise zu finden, die auf Grund der Annahme der begrenzten Gestaltänderungsenergie zu elastisch-plastischen ebenen Grenzspannungszuständen gehören. Aus der Bedeutung der Hauptspannungen folgt die Gleichung

$$\left(\sigma_x - \frac{\sigma_1 + \sigma_2}{2}\right)^2 + \tau_{xy}^2 = \left(\frac{\sigma_1 - \sigma_2}{2}\right)^2, \quad \ldots\ldots \quad (29)$$

die aus dem Mohrschen Kreis abgelesen werden kann. Betrachtet man in dieser letzten Gleichung die zu einem Punkt der σ-τ-Ebene gehörigen Spannungen σ_x und τ_{xy} als gegeben, so gibt es ein Kreisbüschel von Mohrschen Kreisen, die alle durch die Punkte mit den Koordinaten σ_x, τ_{xy} und σ_x, $-\tau_{xy}$ der σ-τ-Ebene hindurchgehen. Jedem dieser Mohrschen Kreise entspricht ein anderes Wertepaar der Hauptspannungen σ_1 und σ_2. Durch Differentiation der Gl. (29) nach σ_1 unter Berücksichtigung der Veränderlichkeit von σ_1 und σ_2 und der Konstanz von σ_x und τ_{xy} erhält man

$$-\left(\sigma_x - \frac{\sigma_1 + \sigma_2}{2}\right)\left(1 + \frac{d\,\sigma_2}{d\,\sigma_1}\right) = \frac{\sigma_1 - \sigma_2}{2}\left(1 - \frac{d\,\sigma_2}{d\,\sigma_1}\right) \quad \ldots \quad (30)$$

Bildet man auch mit Hilfe von Gl. (28) den Differentialquotienten $\frac{d\,\sigma_2}{d\,\sigma_1}$, so erhält man

$$2\,\sigma_1 - \sigma_2 - \sigma_1\,\frac{d\,\sigma_2}{d\,\sigma_1} + 2\,\sigma_2\,\frac{d\,\sigma_2}{d\,\sigma_1} = 0$$

oder

$$\frac{d\,\sigma_2}{d\,\sigma_1} = \frac{\sigma_2 - 2\,\sigma_1}{2\,\sigma_2 - \sigma_1} \quad \ldots\ldots\ldots\ldots \quad (31)$$

Setzt man diesen Wert von $\frac{d\,\sigma_2}{d\,\sigma_1}$ in Gl. (30) ein, so bezieht sich die dadurch erhaltene Gleichung auf einen elastisch-plastischen Grenzzustand. Sie lautet nach einfacher Umformung

$$\sigma_x = \frac{2}{3}(\sigma_1 + \sigma_2) \quad . \; . \; . \; . \; . \; . \; . \; . \; . \; . \quad (32)$$

Die Gl. (28), (29) und (32) zusammengenommen, beziehen sich auf die elastisch-plastischen ebenen Spannungszustände. Infolgedessen sind σ_x und τ_{xy} die Koordinaten der gesuchten Kurve, die die Mohrschen Kreise dieser Grenzzustände umhüllt. Eliminiert man aus diesen drei Gleichungen die Hauptspannungen σ_1 und σ_2, so erhält man als Gleichung dieser Grenzkurve in rechtwinkligen Koordinaten σ_x und τ_{xy}:

$$3\,\sigma_x^2 + 12\,\tau_{xy}^2 = 4\,\sigma_v^2 \quad . \; . \; . \; . \; . \; . \; . \; . \; . \; . \quad (33)$$

Dies ist aber eine Ellipse von den Halbachsen $\frac{2}{\sqrt{3}}\,\sigma_v$ in der σ-Achse und $\frac{\sigma_v}{\sqrt{3}}$ in der τ-Achse, so daß sich die Halbachsen wie 2 : 1 verhalten (s. Bild 79). Wir wollen diese Betrachtungen auf einen geschwächten Streifen AA eines durch P auf Zug beanspruchten Flachstabes (siehe Bild 80) anwenden. Im mittleren Teil des Streifens AA, abgesehen

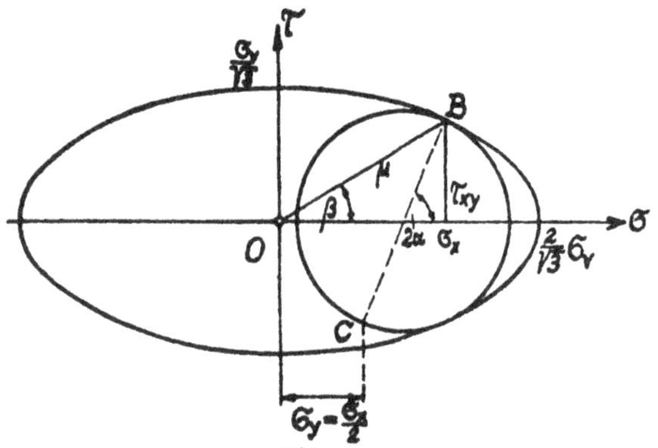

Bild 79

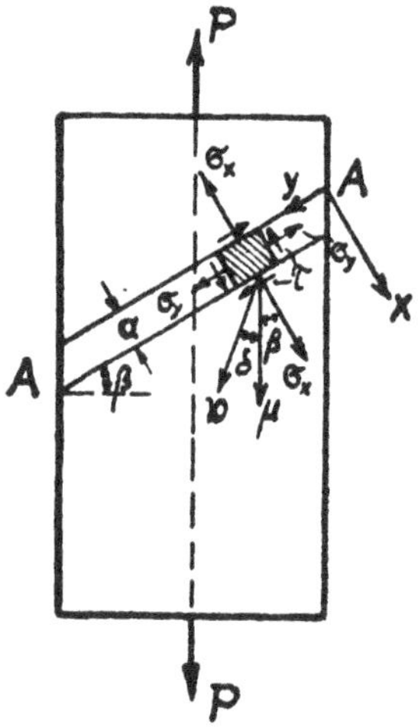

Bild 80

von seinen Enden, wird sich ein homogener ebener Spannungszustand ausbilden, der aber wegen des Zusammenhanges des Streifens mit den ungeschwächten oberen und unteren Teilen des Zugstabes kein einachsiger ist. Die auf den Streifen treffende schiefe Belastung parallel zur Stabachse sei mit μ bezeichnet. Wenn die Belastung P des Streifens gesteigert wird, tritt zuerst im Streifen AA der elastisch-plastische Grenzzustand ein, während die übrigen, unverschwächten Teile des Zugstabes noch rein elastisch deformiert sind. Bei steigender Last P wandert der die Spannung im Diagramm von Bild 79 darstellende Punkt von 0 auf der Geraden unter dem Winkel β gegen die σ-Achse weiter, bis er im Punkt B die Grenzspannungsellipse erreicht. Der im Punkt B die Ellipse berührende Mohrsche Spannungskreis ist in Bild 79 eingezeichnet, ebenso die dem Punkt B entsprechenden Grenzspannungen σ_x um τ_{xy}. Um auch noch die zugehörige Grenzspannung σ_y, die in den Schnitten senkrecht zum Streifen AA auftritt, zu bestimmen, betrachtet man den dem Punkt B im Mohrschen Spannungskreis diametral gegenüberliegenden Punkt C, der diesem Schnitt entspricht. Man liest nun aus Bild 79 die geometrische Beziehung ab:

$$\sigma_y = \sigma_x - \frac{2\,\tau_{xy}}{\operatorname{tg} 2\alpha}.$$

Da nun aber aus der Ellipsengleichung (33) durch Differentiation folgt:

$$\operatorname{tg} 2\alpha = -\frac{d\,\sigma_x}{d\,\tau_{xy}} = 4\,\frac{\tau_{xy}}{\sigma_x},$$

so erhält man durch Einsetzen in die vorige Gleichung

$$\sigma_y = \sigma_x - \frac{\sigma_x}{2} = \frac{\sigma_x}{2} \quad \ldots\ldots\ldots\ldots \quad (34)$$

Diese Beziehung hätte man aus Gl. (32) sofort ableiten können oder schließlich auch noch auf folgendem Weg. Wegen der Verbindung des Streifens AA mit den übrigen Teilen des Stabes, die rein elastisch deformiert werden, muß die plastische Deformation des Streifens in Richtung AA Null sein. Da nun aber die plastischen Dehnungen ε_p ebenso von den Spannungen σ_x und σ_y abhängen wie die elastischen, nur mit dem Unterschied, daß an Stelle des Elastizitätsmodul E der variable Plastizitätsmodul E_p tritt, und für die Poissonsche Konstante m der Wert 2 zu setzen ist, folgt:

$$\varepsilon_{yp} = \frac{1}{E_p}\left(\sigma_y - \frac{1}{2}\,\sigma_x\right) = 0;$$

d. h. wieder Gl. (34). Da wir dieselbe Beziehung oben aus der Annahme abgeleitet haben, daß der zugehörige ebene Spannungszustand dem Mohrschen Kreis entspricht, der im Punkt B die Ellipse berührt, so ist damit bewiesen, daß in dem Streifen AA tatsächlich mit wachsender schiefer Spannung μ im Grenzfall des elastisch-plastischen Gleichgewichtes der zugehörige Spannungszustand durch den in B die Spannungsellipse berührenden Mohrschen Spannungskreis dargestellt wird. Diese Feststellung läßt sich aber noch folgendermaßen ausdrücken: Der Spannungszustand im Grenzfall des elastisch-plastischen Gleichgewichtes stellt sich so ein, daß das Maximum des Deformationswiderstandes eintritt. In der Tat schneiden alle übrigen innerhalb der Grenzellipse gelegenen Mohrschen Kreise die Linie OB in Punkten auf dieser Verbindungslinie, so daß das wirklich eintretende μ gleich OB (s. Bild 79) unter allen anderen ein Maximum bedeutet. Um den Winkel δ (s. Bild 80) zu bestimmen, unter dem sich beim Eintritt des Fließens der unterhalb des geschwächten Streifens AA befindliche Teil des Stabes gegen den oberen Teil verschiebt, bildet man zunächst das Verhältnis der Verschiebungen v_x bzw. v_y senkrecht und parallel zum Streifen AA:

$$\operatorname{tg}(\delta+\beta)=\frac{v_y}{v_x} \quad \ldots\ldots\ldots \quad (35)$$

und setzt darin

$$v_x = a\,\varepsilon_x = a\left(\frac{\sigma_x}{E_p}-\frac{1}{2}\frac{\sigma_y}{E_p}\right)=\frac{3}{4}\,a\,\frac{\sigma_x}{E_p} \quad \ldots\ldots \quad (36)$$

worin E_p wieder den im Fließzustand veränderlichen plastischen Modul bedeutet, und

$$v_y = a\,\gamma = a\,\frac{\tau_{xy}}{G_p}=3\,a\,\frac{\tau_{xy}}{E_p}=3\,a\,\frac{\sigma_x}{E_p}\operatorname{tg}\beta \quad \ldots\ldots \quad (37)$$

worin einerseits von der Beziehung zwischen den plastischen Moduln E_p und G_p mit $m = 2$

$$G_p = E_p\,\frac{m}{2(m+1)}=\frac{1}{3}\,E_p$$

Gebrauch gemacht ist, andererseits gemäß Bild 79 von der Beziehung

$$\frac{\tau_{xy}}{\sigma_x}=\operatorname{tg}\beta.$$

Mit den Werten von v_x und v_y nach Gl. (36) und (37) erhält man aus Gl. (35)

$$\operatorname{tg}(\delta+\beta)=4\operatorname{tg}\beta,$$

woraus unter Verwendung der trigonometrischen Formel

$$\operatorname{tg}(\delta+\beta)=\frac{\operatorname{tg}\delta+\operatorname{tg}\beta}{1-\operatorname{tg}\delta\operatorname{tg}\beta}$$

folgt:

$$\operatorname{tg}\delta=\frac{3\operatorname{tg}\beta}{1+4\operatorname{tg}^2\beta} \quad \ldots\ldots\ldots \quad (38)$$

Damit ist die Richtung δ, in der der unterhalb des geschwächten Streifens AA liegende Stabteil relativ gegen den oberhalb liegenden sich beim Fließen verschiebt, festgelegt. Der Winkel δ ist demnach nur vom Winkel β, den der Streifen AA mit dem Stabquerschnitt einschließt, abhängig.

Versuche von Prof. Bijlaard haben gezeigt, daß an einem Zugstab aus Stahl mit einem schiefen geschwächten Schnitt AA nach Bild 80 die nach Formel (38) sich ergebende Richtung der plastischen Verschiebung auch tatsächlich eintritt. Wenn man eine zur Achse des Stabes symmetrisch gelegenen geschwächten Doppelstreifen nach Bild 81 verwendet, muß aus Symmetriegründen die plastische Deformation parallel zur Symmetrieachse erfolgen. Dagegen braucht die auf den Einzelteil des Doppelstreifens entfallende Spannung μ nicht parallel zur Achse zu gehen, sondern kann mit ihr einen Winkel γ einschließen (s. Bild 81), weil sich die Horizontalkomponenten von μ an beiden Teilstreifen aufheben. Die effektive Spannung μ_e beim Fließen ist dann $\mu_e = \mu \cos \gamma$ und kann aus Bild 82 abgelesen werden, indem man an die elastisch-plastische Grenzellipse im Punkt B die Tangente legt und auf diese von O aus die Senkrechte fällt, die im Punkt D die Tangente trifft. OD ist dann gleich μ_e. Die zugehörige Kurve durch D ist die Fußpunktkurve zur Ellipse, die in Bild 82 gestrichelt eingezeichnet ist. Es handelt sich hier also um eine scheinbare Erhöhung der Fließspannung μ_e über die Grenzellipse hinaus bis zum Punkt D, die auch gut durch Experimente festgelegt werden konnte. Diese Versuche dienen zur Bekräftigung der Annahme, daß für das Eintreten des Fließens die begrenzte Gestaltänderungsarbeit maßgebend ist. Wegen weiterer Einzelheiten sei auf die Arbeit von Prof. Ir. P. P. Bijlaard, Bandoeng, Netherl. Indies »Theory of local plastic deformations« verwiesen, aus der die vorstehenden Überlegungen entnommen sind.

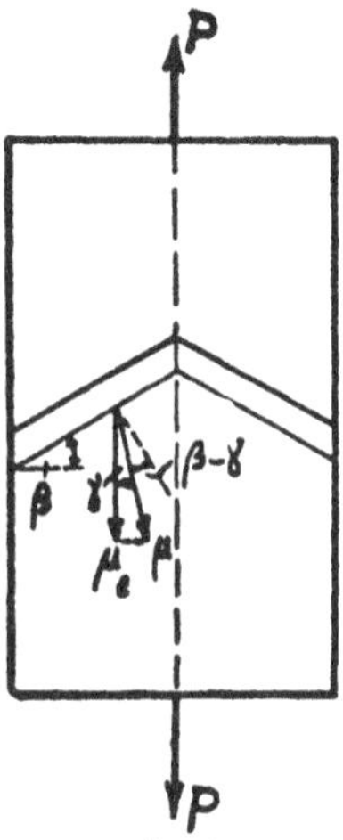

Bild 81

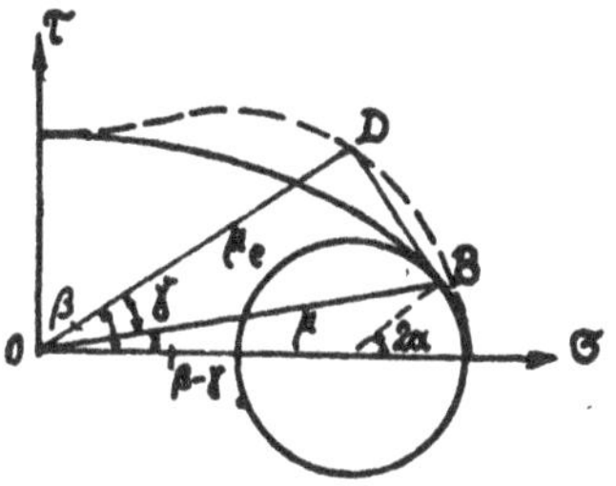

Bild 82

Lebenslauf von Prof. Dr. Ludwig Föppl

Geboren am 27. Febr. 1887 in Leipzig als Sohn des nachmaligen o. Professors an der Technischen Hochschule München, Dr. August Föppl. Seit 1894 in München. Hier Besuch der Volksschule und des Humanistischen und Realgymnasiums. Reifeprüfung Sommer 1906.

1906—1908	Technische Hochschule München als Maschineningenieur bis zum Vorexamen.
1908—1909	Universität Göttingen.
1909—1910	Universität und Technische Hochschule, München.
1910	Lehramtsprüfung für Mathematik und Physik.
1910—1912	Universität Göttingen. Doktorprüfung bei David Hilbert.
1912—1914	Assistent bei Felix Klein.
März 1914	Habilitation an der Universität Würzburg, für angewandte Mathematik.
Sommer-Semester 1914	Privatdozent an der Universität Würzburg. Vorlesungen über Reihenentwicklungen der mathematischen Physik.
1914—1918	Militärdienst.
1919—1920	Als Privatdozent an die Technische Hochschule München berufen, um vertretungsweise Vorlesungen über Mechanik zu halten.
1. 4. 1920	Als o. Professor für Mechanik an die Technische Hochschule Dresden berufen.
Ab 1. 4. 1922 bis heute	o. Professor für Mechanik an der Technischen Hochschule München.

Veröffentlicht unter Military Government Information Control License Nr. US-E-179.
1. und 2. Tausend 1947. Satz von R. Oldenbourg, Graphische Betriebe G. m. b. H., München. Druck: Omnitypie-Gesellschaft Nachfolger Leopold Zechnall, Stuttgart.